简化设计丛书

木结构简化设计

原第5版

[美] 哈里·帕克　詹姆斯·安布罗斯　编著
刘伟庆　欧谨　译

知识产权出版社
全国百佳图书出版单位
中国水利水电出版社
www.waterpub.com.cn

内容提要

本书是“简化设计丛书”中的一册。本书涵盖的内容主要是应用广泛、形式普通的木结构而不是特别的、复杂的和非常少见的结构。本书为那些在工程力学、结构分析和高精度计算等方面缺少经验或训练读者，提供了一个学习木结构建筑设计的机会。

本书不仅涵盖面广，并且提供了大量在美国常见的木结构建筑的实用信息。本版与美国现行的设计标准、建筑施工规范保持了一致。

本书可供结构工程师、建筑师和土木建筑专业师生参考。

责任编辑：张　冰　曹永翔

图书在版编目（CIP）数据

木结构简化设计：第5版/（美）帕克（Parker，H. S.），安布罗斯（Ambrose，J.）编著；刘伟庆，欧谨译．—北京：知识产权出版社：中国水利水电出版社，2014. 1

（简化设计丛书）

书名原文：Simplified Design of Wood Structures

ISBN 978-7-5130-2509-6

Ⅰ. ①木…　Ⅱ. ①帕…②安…③刘…④欧…　Ⅲ. ①结构设计　Ⅳ. ①TU366. 204

中国版本图书馆CIP数据核字（2013）第298233号

简化设计丛书

木结构简化设计　原第5版

［美］哈里·帕克　詹姆斯·安布罗斯　编著

刘伟庆　欧谨　译

出版发行：知识产权出版社　中国水利水电出版社

社　　址：北京市海淀区马甸南村1号	**邮　　编：**100088
网　　址：http：//www. ipph. cn	**邮　　箱：**bjb@ cnipr. com
发行电话：010-82000860转8101/8102	**传　　真：**010-82005070/82000893
责编电话：010-82000860转8024	**责编邮箱：**zhangbing@ cnipr. com
印　　刷：北京中献拓方科技发展有限公司	**经　　销：**新华书店及相关销售网点
开　　本：787mm×1092mm　1/16	**印　　张：**13. 25
版　　次：2008年7月第1版	**印　　次：**2014年1月第2次印刷
字　　数：314千字	**定　　价：**30. 00元

京权图字：01-2003-4621

ISBN 978-7-5130-2509-6

本丛书由南京工业大学组译

帕克/安布罗斯　简化设计丛书
翻 译 委 员 会

主任委员

孙伟民　教授，一级注册结构师，南京工业大学副校长、建筑设计研究院总工

委　　员

刘伟庆　教授，博士，博导，南京工业大学副校长

陈国兴　教授，博士，博导，南京工业大学土木工程学院院长

李鸿晶　教授，博士，南京工业大学土木工程学院副院长

董　军　教授，博士，南京工业大学新型钢结构研究所所长（常务）

原第5版

前言

本书为那些在工程力学、结构分析和高精度计算等方面缺少经验或训练的读者，提供了一个学习木结构建筑设计的机会。这里涵盖的内容主要是应用广泛、形式普通的木结构，而不是特别的、复杂的和非常少见的结构。从设计者的角度出发，他们必须作出必要的决定，以确保结构安全和施工顺利。

出版这本书的必要性和本书的基本写作风格在帕克（Parker）教授的第一版序言里都已做了清楚的介绍。本书后来的版本（包括本版）沿用了这种工作方法。

本版和美国现行的设计标准与施工规范保持了一致。随着设计方法和数据的日益精确和复杂，工业制造技术逐渐交叉和多样化，对本书所涵盖的内容作出了一个简明的论述，显得越来越困难。不过，本版依然保持着简明扼要、内容适度的特点。

对于本书的出版，我要感谢国家林产品协会（National Forest Products Association）和国际建筑行政管理人员大会（International Conference of Building Officials）允许引用其出版资料。由于最新的《国家木结构设计规范》(National Design Specification for Wood Construction）在设计方面做了较大的调整，因此我也要感谢在评估这一变动对普通设计工作的影响程度中提出建议和提供帮助的人。特别是爱达荷大学（University of Idaho）的托马斯·M. 戈尔曼（Thomas M. Gorman）教授；同时，我要感谢威廉·A. 多斯特（William A. Dost)，他仔细地阅读了先前的版本，并且提出了许多改进意见。

写出一本“简化”教材，需要作出许多艰难的取舍，以保持本书的简明扼要和内容适度。在帕克教授的指导下，我努力在本书中涵盖所有的常见情况，强调掌握基本概念，并且提供了大量美国常见木结构建筑的实用信息。

我特别要感谢出版商——纽约的约翰·威利父子公司（John Wiley and Sons），感谢编辑埃弗里特·斯梅瑟斯特（Everett Smethurst）和琳达·巴思盖特（Linda Bathgate）、发行人佩吉·伯恩斯（Peggy Burns）以及图书印制部门的许多人，特别是罗伯特·J. 弗莱彻四世（Robert J. Fletcher Ⅳ）和米拉格罗斯·托里斯（Milagros Torres）。我还要感谢约翰·威利父子公司允许我引用其出版物中的资料。

由于我一直将家作为办公室，因此我再次感谢我的家庭对我的支持和直接帮助。特别感谢我的妻子佩吉，她现在已经成为我的写作伙伴。

詹姆斯·安布罗斯

1994年3月

原第1版

前　言

本书是一套建筑结构构件设计方面系列丛书的第五册。作者简明扼要地介绍了确定木构件尺寸的常用方法。建筑中承受荷载的木构件是本书的主要内容。

本书不仅可以用作教科书，而且适合作为年轻建筑师和营造师的自学指导书。基于这个目的，本书较大篇幅用于解决实际问题，并附有习题供学生解答。本书不仅讲解了构件设计中的力学基本原理，还收录了大量安全荷载表格。这些表格可以使设计者在给定的条件下快捷选择适当的构件尺寸。

本书包括了应力表格、截面特性和有关木结构建筑的技术信息，因此不必使用其他参考书。

本书假定读者先前没有经过前期训练，与本系列丛书的前几册一样，不涉及高等数学，只需具备高中算术和代数知识基础即可。

在材料准备中，作者运用了常用的设计方法，吸取了许多权威机构在木结构建筑方面的建议和见解，它们是美国农业部林业实验室（Forest Products Laboratory of the United States Department of Agriculture）、国家木材加工协会（National Lumber Manufactures Association）、木材工程公司（Timber Engineering Company）、南方松木协会（Southern Pine Association）、西海岸伐木人协会（West Coast Lumber men's Association）和美国

钢结构协会（American Institute of Steel Construction）。非常感谢这些协会和组织同意引用其表格和技术信息。没有这些帮助，就不可能完成这本特色鲜明的书。

哈里·帕克

于宾夕法尼亚州南安普顿海活楼

1948 年

目　录

绪　论

0.1　学习建议

为了有效地使用本书以获得木结构设计知识，我们建议如下：

(1) 按照顺序学习每一节，确定熟练掌握本节之后再继续学习下一节。

(2) 每个待解决问题都是用来说明一些基本原理或方法，因此，在动手解决问题之前要仔细阅读，确信已经准确理解有关内容。

(3) 无论什么时候，只要有可能，就将所给的条件和数据概括成图表，从表中可以轻松地看出所需解决的问题和解决问题所需的方法。

(4) 养成检查答案的习惯。自己检查是培养一个人对计算结果准确性抱有信心的最好途径。而且，书后附自习题答案，可供核对。

(5) 解题过程中，养成给每个数字一个定义的习惯。方程的解是一个数值，它可能是多少磅，或者是每平方英寸多少磅？单位是英尺·磅（ft·lb）还是英寸·磅（in·lb)？给数值以明确的定义就可以正确地理解该数值，以防后面犯错。一般采用缩写词就是为了此目的，在后面计量单位的讨论中确定本书中用到的缩写词的意义。

0.2　计算精度

在专业的设计公司，结构计算多数由计算机来完成，尤其对复杂或重复的计算。致力于专业设计工作的人士应具有运用计算机辅助技术的知识背景和经验。本书所涉及的计算较为简单，用袖珍计算器就可以轻松完成，建议没有计算器的读者买一个，8 位有效数字的科学计算器就足够了。

大部分结构的计算结果都能够取整。在本书中，第三位以后数字的精确性几乎没有实质性意义。在一些例题中，计算早期要采用更高的精确度，以确保最终结果的准确性。不过，这本书中所有的计算都可由8位有效数字的袖珍计算器完成。

0.3 符号

常用的简写符号如表0.1所示。

表 0.1 常用的简写符号

符号	符号意义	符号	符号意义
>	大于	6′	6ft
<	小于	6″	6in
⩾	大于或等于	Σ	求和
⩽	小于或等于	ΔL	L的增量

0.4 计量单位

美国建筑业所用的单位制仍处于从英制（英尺、英磅等）到以米为基础的单位制的转化阶段。虽然完全向公制过渡是必然趋势，但在写产品说明时，美国的材料和建筑产品供应商仍然抵制公制，因此，大多数建筑规范和其他使用广泛的参考资料仍然使用旧制（由于英国不再使用它，所以现在称旧制为美制更贴切些!）。虽然在工作中显得有点笨拙，但在这本书中我们会尽量给出两种单位制的数据和计算，方法是普遍用美制进行计算，同时在后面以圆括弧的形式用公制标注以示辨别。

表0.2用缩写列出了美制标准单位及其在结构计算中的适用范围，表0.3给出了公制中相应的单位，表0.4给出了两者之间的换算关系。

表 0.2 度量单位：美制

单位名称		缩写	适用范围
长度	英尺	ft	大尺寸、建筑平面、梁跨
	英寸	in	小尺寸、构件横截面尺寸
面积	平方英尺	ft^2	大面积
	平方英寸	in^2	小面积、截面参数
体积	立方英尺	ft^3	大体积、材料的量
	立方英寸	in^3	小体积
力、质量	磅	lb	尤指重量、力、荷载
	千磅	kip (k)	10^3 磅
	磅每英尺	lb/ft	线性荷载（如梁上的荷载）
	千磅每英尺	kip/ft	线性荷载（如梁上的荷载）
	磅每平方英尺	lb/ft^2、psf	平面上的分布荷载
	千磅每平方英尺	k/ft^2、ksf	平面上的分布荷载
	磅每立方英尺	lb/ft^3、pcf	相对密度、重量

续表

单位名称		缩写	适用范围
力矩	英尺·磅	ft·lb	扭矩或弯矩
	英寸·磅	in·lb	扭矩或弯矩
	千磅·英尺	kip·ft	扭矩或弯矩
	千磅·英寸	kip·in	扭矩或弯矩
应力	磅每平方英尺	lb/ft^2、psf	土压力
	磅每平方英寸	lb/in^2、psi	结构应力
	千磅每平方英尺	kip/ft^2、ksf	土压力
	千磅每平方英寸	kip/in^2、ksi	结构应力
温度	华氏度	℉	温度

表 0.3　　度量单位：公制

单位名称		缩写	适用范围
长度	米	m	大尺寸、建筑平面、梁跨
	毫米	mm	小尺寸、构件横截面尺寸
面积	平方米	m^2	大面积
	平方毫米	mm^2	小面积、截面参数
体积	立方米	m^3	大体积
	立方毫米	mm^3	小体积
质量	千克	kg	材料的质量（相当于美制中的重量）
	千克每立方米	kg/m^3	密度
力（结构荷载）	牛	N	力或荷载
	千牛	kN	10^3 牛
应力	帕斯卡	Pa	应力或压强（$1Pa=1N/m^2$）
	千帕	kPa	10^3 帕
	兆帕	MPa	10^6 帕
	千兆帕	GPa	10^9 帕
温度	摄氏度	℃	温度

表 0.4　　单位换算系数

美制换算至公制时所乘的系数	美制	公制	公制换算至美制时所乘的系数
25.4	in	mm	0.03937
0.3048	ft	m	3.281
645.2	in^2	mm^2	1.550×10^{-3}
16.39×10^3	in^3	mm^3	61.02×10^{-3}

续表

美制换算至公制时所乘的系数	美　制	公　制	公制换算至美制时所乘的系数
416.2×10^3	in^4	mm^4	2.403×10^{-6}
0.09290	ft^2	m^2	10.76
0.02832	ft^3	m^3	35.31
0.4536	lb（质量）	kg	2.205
4.448	lb（力）	N	0.2248
4.448	kip（力）	kN	0.2248
1.356	ft·lb（力矩）	N·m	0.7376
1.356	kip·ft（力矩）	kN·m	0.7376
1.488	lb/ft（质量）	kg/m	0.6720
14.59	lb/ft（荷载）	N/m	0.6853
14.59	kip/ft（荷载）	kN/m	0.06853
6.895	psi（应力）	kPa	0.1450
6.895	ksi（应力）	MPa	0.1450
0.04788	psf（荷载或压强）	kPa	20.93
47.88	ksf（荷载或压强）	kPa	0.02093
0.566×（℉−32）	℉	℃	（1.8×℃）+32

0.5 术语符号

下面是本书中用到的符号，与大多数参考书用到的符号一致。

a——力臂，面积的增量；

A——平面或横截面的总面积；

b——梁横截面的宽度；

c——梁的横截面边缘到中性轴的距离；

C_D——荷载永久性系数；

C_f——形状系数；

F_F——尺寸系数；

C_p——柱的稳定系数；

C_s——受弯构件的细长度系数；

d——梁横截面高度或桁架的总高度（高度）；

D——直径，挠度；

e——偏心距（由荷载引起的偏离中性轴、形心或荷载物体的简化中心的变形尺寸），单位伸长；

E——弹性模量（单位应力与相应单位应变的比值）；

f——计算单位应力，频率；

F——力，极限应力或容许应力；

F_b——弯曲应力设计值；

F_c——顺纹的压应力设计值；
$F_{c\Theta}$—— 横纹的压应力设计值；
F_{cE}——柱的临界屈曲设计值；
F_g——顺纹的压缩设计值；
F_n——与纹理方向成某一角度的压应力设计值；
F_t——顺纹的拉应力设计值；
F_v——水平剪应力设计值；
F'_c——顺纹的压应力设计值，柱长细比的影响已作调整；
G——比重；
h——高度；
H——力的水平分量；
I——惯性矩；
J——极惯性矩；
K_{cE}——柱的屈曲系数；
l——长度（一般以 in 为单位）；
L——长度（一般以 ft 为单位）；
M——力矩，梁内弯矩的大小；
n——两种相互作用材料的弹性模量之比；
N——编号；
p——百分点，单位压力；
P——集中荷载（作用在一点的力），顺纹扣件的容许荷载；
q——均布线性荷载；
Q——横纹扣件的容许荷载；
r——回转半径；
R——弯曲半径（如圆等）；
s——物体中心距，应变或单位变形；
S——截面模量；
t——时间，厚度；
T——温度，扭矩；
v——速率，单位剪应力（在参考文献中使用，本书中未使用）；
V——总剪力，力的竖向分量；
w——宽度，单位重量，均布线性荷载单位（在梁上）；
W——均布荷载的总值，物体的总重量。

希腊符号如下：

μ——（mu）摩擦系数；
ϕ——（phi）角度；
Δ——（delta）挠度；
θ——（theta）角度。

第1章

木材的结构用途

木材用于结构已有很长的历史，特别是在大的林区尤为明显。在美国殖民地化初期，森林覆盖了整个国家的大部分面积。确实，这是东部、东南部及中西部地区早期居民面临的主要问题。由于森林生长密集，导致旅行艰难；直到19世纪中叶，通过开辟出许多适于航行的河道，旅行才得以实现。正如今天许多其他国家一样，仍在通过焚烧或其他方法毁掉森林以获得耕地或牧场。

尽管许多早期茂密的森林（最明显的是阔叶林）被破坏了，然而还有相当数量的木材用于建筑。因此，传统的木建筑得以发展，并且形成了一个巨大的产业。至今，木材仍然是建筑用材的主要来源之一。

如今我们不再大量地建造直接利用原材料的建筑了。简单地把原木劈、砍、剥皮而后制成板和柱来建造小木屋，已不是建筑的主流。现在，作为建筑材料的木材已成为工业化产品，运到施工现场前需要进行一系列相当复杂的加工过程。

一种主要用法——也是本书中提及较多的——仍然是将由原木直接切片，稍加磨平，经过简单加工的木片尽快做成实木形式的产品。我们一般称之为木材，木场几乎在美国每个社区依然是主要产业。木材确实是所有美国人的建筑材料。

本章解决与木材使用相关的基本问题，主要是建筑木材的直接使用。

1.1 说明

作为木材来源的树的特别类型称为**树种**。尽管有数千种树，但大部分建筑用木材仅来自于几十种被选作进行商业木材加工的树种。

用于建筑的树分为两类：**软木**和**硬木**。像松树和云杉这种松类或针叶类的是软木，而硬木有宽大的叶片，如橡树和枫树。软木和硬木并不能精确地显示不同树种的软硬程度。

某些软木与中等密度的硬木一样硬，而有些硬木比一些软木还要软。在美国使用最广泛的两种树是花旗松和南松，它们都属于软木。还有，许多其他的树种也可用作建筑木材。尽管“**木材**”和“**建筑木材**”这两个术语经常交换使用，但目前的使用趋势是用作大截面的木结构构件的树称为“木材”。

1.2 树的生长

美国用作木材的树是外生的，也就是说它们通过在树皮下木质组织层外层的生长而增大尺寸。树主干的横截面显示每年形成的新木层，即**年轮**，它们由颜色深浅交替的材料组成。在大部分地区，颜色较浅、具有较多渗透孔的木层生长在一年中的暖季（北半球的春季和夏季），而颜色较深、密度较大的木层生长在一年中的寒季。

在树干的底部，年轮的层数显示树的年龄。为了将树干增大到足以锯成建筑木材，树需要几年的生长期，年数依气候和树的品种而定。实际上，无论树生长多少年，木材都是建筑材料的可再生资源。

树最外层、最年轻的年轮带称为**边材**，它的颜色通常比原木中心（称为心材）浅一些。对于一些特殊的用途，边材或心材都可能是更合适的材料。然而，我们最关心的是怎样顺着年轮图案的方向将原木切成单片木材。

木材的结构主要由被称为**纤维**的细长细胞组成。这些细胞以中空管状沿原木纵向生长（在树木生长时向上传输水分和养料），这使木削片带有**纹理**的特征，纹理与木削片的长度方向一致。这为依纹理观察各种结构作用提供了参考，例如，**平行于纹理**、**垂直于纹理**或**与纹理成一定的角度**。

木材纤维状、管状细胞主要由**纤维素**和能将细胞黏结在一起的**木质素**构成，这两种物质是木材的主要化学成分。

1.3 木材的密度

细胞间隙与细胞壁厚度的排列和尺寸的差异决定了不同种类木材的密度。木材的强度与它的密度紧密相关。纹理紧密是指树木的年轮比较窄，且比较靠近。某些木材的春材和夏材之间形成明显的差别，如花旗松和南黄松。夏材是决定木材近似强度和密度的基础。所有种类木质的密度是水密度的 1.53 倍，但是木材细胞不同程度地含有空气，因此各品种木材的重量不仅与密度有关，而且与含水量有关。为了计算方便，本书中木材的平均密度取 $35lb/ft^3$。

1.4 木材的缺陷

木材中任何影响其强度和耐久性的不规则性称为**缺陷**。由于材料的天然特性，木材有几种固有的常见缺陷。下面对这几种常见的缺陷作一介绍。

节是树枝的一部分，由于树的生长，它被包裹在其中。结构构件的强度受某些类型节的位置和尺寸的影响。建筑用木材等级划分原则涉及节的数量、尺寸和位置。当容许应力作为设计值时，应考虑它们的存在。

环裂是沿纹理方向的裂缝，它主要存在于年轮之间，带有环裂的横截面如图 1.1（*a*）

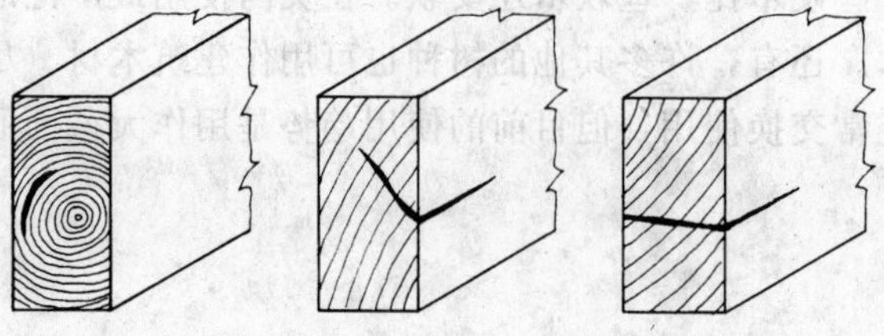
(a) (b) (c)

图 1.1 建筑用木材的一般缺陷
(a) 环裂；(b) 龟裂；(c) 劈裂

所示。环裂降低抗剪承载力，因此受弯构件直接受其影响，而纵向受压构件（柱、柱状物等）的强度受环裂的影响不大。

龟裂是沿纹理的裂缝，其中大部分横穿年轮［见图 1.1 (b)］。一般龟裂在木材的干燥过程中出现。像环裂一样，龟裂也降低木材的抗剪承载力。

劈裂如图 1.1 (c) 所示，表现为木材的纵向裂缝，由片材的一个表面向另一个表面延伸。

油眼是平行于年轮的开口，里面含有固态或液态的树脂。

圆锥状是原木典型的形状。从较短的树干或弯曲的原木加工成长片材时，就会产生一种**带斜纹理**的木片。这是单片材的特性之一，它直接影响到木材在建筑中的某些用途。

木材用于建筑时，主要涉及的普遍问题是木材的**腐烂**。这确实是有机（曾经是活着的）材料的一个自然规律，因此，木材防腐逐渐成为一项针对自然的挑战。甚至树在生长期中，其内部也会发生一定程度的腐烂；腐烂产生的孔是成型木片的另一缺陷。人们可以通过对木材进行处理或采取措施延缓腐烂，或者通过削掉腐烂部分去除已有的腐烂。比较令人关注的是继续腐烂或发生新的腐烂，这也是施工过程中面临的主要问题。不过，有多种可行的处理方法，如将防腐剂注入木块。未经处理且暴露在外的木材在防腐方面则显得特别脆弱。

1.5 木材的干燥

所有木材都含有水分；通过将木材的含水量降低至新制木片（生材）的含水量以下，从而全面改善木材对于建筑的适用性。从生材中除去水分的过程称为**干燥**，通过将木材长期放置在相对干燥的空气或窖中，加热驱除水分可完成此过程。无论是**空气中干燥**还是**窖中干燥**，经过干燥的木材都会更密实、更坚固且更不易变形。

干燥木材导致材料的分子结构收缩，主要在以下三个方向上有所变化：顺纹方向、平行于年轮方向和垂直于年轮方向。在顺纹方向，由于存在大的缺陷且不均匀，因此干燥显得非常重要。可以想象，干燥会造成木材形状和尺寸一定程度上的改变，它将影响到木材的**尺寸稳定性**。在建筑构件的装配中，此改变应尽可能发生在木构件装配以前，这一点十分重要。

木材的**含水量**是指木材中所含水的重量与干燥木材（零含水量）的重量之比，用百分比表示。对建筑用木材有专门的含水量限值。

1.6 结构用木材的使用类型

自然缺陷对木材强度的影响与所受荷载的类型有关，因此，可以根据**尺寸**和**用途**对结构用木材进行分类。四种主要的类型是：规格木材、梁和桁条、柱和撑杆、板。它们的定义如下：

规格木材：由名义尺寸为高 2～4in、宽 2in 及以上的矩形截面构成，可进一步分为宽 2～4in 的轻型框架底、宽 5in 及以上的托梁和支架。

梁和桁条：高 5in 及以上、宽 2in 及以上的矩形截面构件，按荷载施加在较窄面上时的弯曲强度来定级。

柱和撑杆：名义尺寸为 5in×5in 或更大的正方形或近似正方形截面，主要用作柱，但也适用于对弯曲强度要求不很高的构件。

板：由厚 2～4in、宽 6in 及以上的、边缘带有榫舌和凹槽或在窄面上开槽的木材构成。板使用时宽面平放，与支承构件紧密相连。

过去木材矩形横截面尺寸标注的术语有一些混淆。在分类时，将厚度描述成矩形截面的较小边，将宽度描述成矩形截面的较大边。然而，当所提到的梁截面受竖向荷载时，一般梁宽为水平边（通常是短边）、梁高为竖直边（通常是长边）。我们应该尽量不混淆它们，但遗憾的是在参考文献中却存在着混淆。

1.7 名义尺寸和加工尺寸

通常用名义横截面尺寸来表示单块结构用木材。例如，我们说的 6×12，是指宽 6in、高 12in，长度不定的木材。然而，在**加工或四面平刨**（S4S）之后，木材的实际尺寸是 5.5in×11.5in。表 5.1 前两栏给出了结构用木材的名义尺寸和标准的加工尺寸。

木材的出售是以用**板尺**表示的名义尺寸的容积为依据的。一板尺是指 12in×12in×1in 的容积、144in^3 或 1/12ft^3（名义尺寸）。

1.8 结构用木材的等级划分

为了确定木材的质量，需要对木材进行等级划分。结构用木材等级的确定与强度特性和使用类型有关，以便能确定设计的容许应力（第 4 章）。不同种类木材的等级采用商品化的标示方法，例如一级、二级、优质结构用木材、密实二级，都由相关的等级划分机构确定。这些工业协会有南松检验局（Southern Pine Inspection Bureau）、西海岸木材检验局（West Coast Lumber Inspection Bareau）和西部木产品协会（Western Wood Products Association）等。

第2章

设计方法

本书的主要目的是阐述采用木产品进行建筑的结构设计，也可以作为学习普通木结构的入门参考书。对于第二个目的，有必要审视许多孤立的现象和问题，以便集中学习，然而，设计是典型的宽基础、全面的工作。与典型的学习过程相比，专业工作中的设计过程是典型的逆面工作，一般先考虑整体建筑，然后再考虑它的组成构件。本章概述的设计工作，尤其适用于在设计木结构建筑中遇到的情况。

2.1 设计目标

任何专门的建筑结构设计一般都有一些简单的目标。虽然它们的重要性等级依不同情况而变，但是一般的目标如下：

(1) 为预期荷载条件下提供结构足够的安全度，安全是指该建筑物用户的生命安全。

(2) 形成和布置结构，使建筑结构的其他单元最容易适应且相互干涉最小。

(3) 在工作性能相同的前提下，以有效的方式并以最低的价格提供完整的结构。

(4) 满足当前由工业和专业机构颁布和强制性建筑规范管理的设计标准。

要达到这些目标需要从专业的角度给予判断，且经常带有一些主观估计。然而，安全性和造价是可以相当准确地估计的。公众首先关心的是安全，这是可以理解的；而建筑业主或投资者通常重视造价。不带任何偏见排序的话，我们来详细考虑这些基本目标中的每一条。

1. 造价

在建筑完成之前，不同的人估计所推荐结构的造价，对设计方案会产生很重要的影响，尤其是在建筑材料和类型的选择上。虽然预算最好由那些有专业基础的、经常从事此工作的人员完成，但是每个设计师应该对价格因素和普通建筑的相关造价有所了解，不至于出现很尴尬的情形——初步设计因为造价问题而被证明是完全不可行的。

控制造价是结构设计中很难但必需的一部分。对于结构本身，底线造价是结构完成时所支付的费用，通常以美元/ft^2（建筑面积）为单位来衡量。对于单个构件，例如单片墙，可以用其他的单位来衡量。对于整栋建筑物，个别的造价要素或构件，如材料、劳动力、运输、装配、试验及检查，必须汇总成某一单位造价。

然而，结构造价控制设计仅仅是设计问题的一个方面，更有意义的是整栋建筑物的竣工造价。努力节省某些用于结构的费用可能导致建筑物其他部分费用的增加，多层建筑的楼板结构就是一个常见的例子。楼板梁的效能取决于与跨度成比例的梁高的余量，然而，楼板和顶棚构造、管道和照明设备的安装尺寸要求不变时，增加梁高就意味着增加层高和建筑物的整体高度，因而增加建筑物表面、内墙、电梯、管道系统、管道、楼梯等，导致增加造价，这可能抵销梁节省的小费用。真正能有效降低结构造价经常主要靠节省非结构部分的造价，在某些情况下要牺牲一些结构效能。

真实的造价只能由交付竣工建筑的人决定。最可靠的估价是对施工工程的报价或投标，估价离支付商品的实际费用越远，估算值就越具投机性。

如果设计师不是受承包商的雇用，那么就必须在与同一地区最近完成的类似工程对比的基础上估算造价。这种猜测必须根据当地市场、承包商与供货商的竞争及总体经济状况的最新发展作出调整，然后，将上述四种最佳猜测放在一起得出最佳的方案。

慎重的估价要求大量的训练和经验以及当前的可靠、及时的信息来源。对于绝大多数工程，出版物或计算机数据库等形式的各种信息来源都是有用的。

为了获得完整的、全面的节省造价的办法，在结构设计工作中制定了如下一些一般规定：

(1) 减少材料的用量通常是降低造价的一种方式，但是，必须标明不同等级材料的单价。高等级的钢材或木材可能与其代表的应力值成比例地更贵一些，更多地使用价格较低的材料可以降低造价。

(2) 一般来说，用标准的、普通的规格产品通常是一种节省费用的做法，因为特殊尺寸或形状的产品较贵。也许 2×3 的立柱的价格比 2×4 的高，是因为 2×4 的立柱应用广泛且购买量大。

(3) 减少系统的复杂性通常是一种节省费用的做法。当承包商承接一项较简单的工程时，简化存货的购买、处理、管理等，将体现出较低的报价。少用几种材料等级、扣件尺寸及其他方面的类型，与不同零件的数量最少一样重要。任何构件都在工地上装配特别是这样在工厂中有大量存货不是问题，但这在工地上通常难以应付。

(4) 当当地建筑师和承包商对材料、产品及建筑方法非常熟悉时，造价通常可以降低。如果真的存在这种情况，最佳方案是就地取材。

(5) 不要猜测成本要素，要用你的或其他人的真实经验。造价因工作量和工期延误而发生局部变化，要掌握费用信息的实时数据。

(6) 一般来说，劳动力成本比材料成本更高。立模、绑扎钢筋、浇筑混凝土及混凝土表面处理的劳动力成本是现场浇筑混凝土的主要因素，在这些地方节省比节省材料用量更有意义。

(7) 建筑投资的本质：时间就是金钱。建造速度可能是主要的优势。然而，如果建筑的其他方面没有很好地利用这一优势赢得时间，快速施工也不一定能成为优势。例如，钢框架的施工速度通常很快，然而四处矗立的空框架会生锈，因此，剩下的工作也要快速跟上。

2. 安全

生命安全是建筑结构设计中主要关心的问题。主要考虑两个方面：建筑防火和荷载作用下倒塌的小概率事件；两者都对结构设计师产生强烈的影响。防火的主要因素如下：

(1) **建筑物的可燃性**。如果建筑物可燃，它们就像火上浇油，加速建筑物的倒塌。

(2) **高温时的强度损失**。它与时间赛跑，从着火时刻到结构失效——很长的时间间隔，为居住者逃离建筑物提供了较好的机会。

(3) **遏制火的策略**。火通常从某个部位开始，尽快阻止火的蔓延是十分必要的。墙、地板及屋顶应该用防火建筑材料建造。

建筑规范的主要部分必须涉及防火安全方面的问题。根据经验和试验对材料、系统和施工详图进行防火鉴定，这些规定构成对建筑设计的约束。

建筑防火安全不仅体现在结构设计上，畅通的出口通道、合适的出口、检测与报警系统、消防设备（喷淋装置、管体式水塔和消防橱等）及无毒或非易燃材料也是重要的。所有这些因素都将有助于和时间赛跑，这场赛跑的性质及对控制火灾的基本方法如图 2.1 所示。

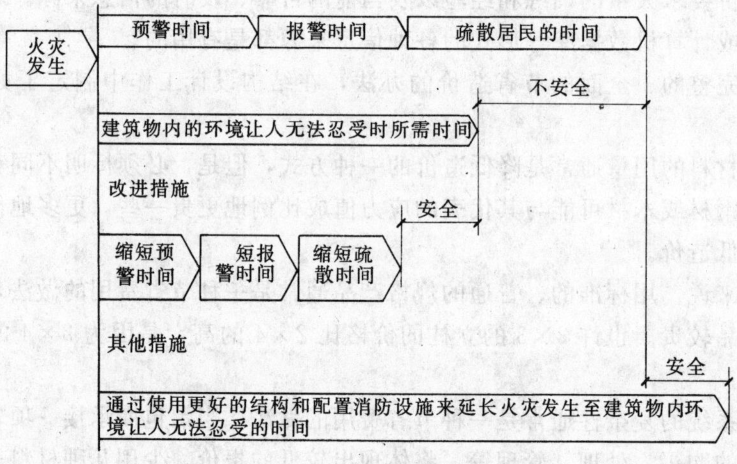

图 2.1 防火安全措施概述

建筑结构也必须支承荷载。这方面的安全性体现在结构超出特定荷载值所要求的结构承载力的富余量上。此富余量可以**安全系数**（SF）的形式体现，定义如下：

$$SF = \frac{结构的实际承载力}{荷载所要求的承载力}$$

建筑的使用者可能觉得安全系数为 10 才安全，但是这种建筑的造价或就其总体尺寸来说可能是不合理的。多年来，建筑结构设计中平均安全系数取 2，没有特别的理由取这个值而不是经验值。

传统的结构设计主要发展成目前被称为**"应力设计"**的方法；此方法利用源于经典材

料弹性理论的基本关系和通过两种主要极限的对比确定的设计合适性或安全性：可接受的最大应力水平和容许的变形极限（挠度、伸长等）。根据**使用荷载**计算应力和变形的极限值，使用荷载是指正常使用条件下结构承受的荷载。此方法也称为**工作应力法**，应力极限称为**容许工作应力**，能容许的最大变形称为**容许挠度**、**容许伸长**等。

为了确定令人信服的应力极限和应变极限，需要对实际结构进行试验，可选择在工地现场（真实结构）和实验室（足尺试件或模型）。当自然界提供其自身的结构失效试验时，为了研究和确立可靠性，各界人士有针对性地进行了研讨。

很久以前，理论研究和真实材料与结构试验就已经说明了工作应力法在精确预测结构失效极限方面的局限性，主要原因是通过假设材料是理想弹性体推出的非常理想化的关系。最新的结构设计方法主要是基于**强度法**，它将失效极限作为设计工作的基础。在 2.3 节中将更详细地描述此方法。

实质上，工作应力法包括设计结构能正常工作，占其总承载力适当的比例；强度法包括设计结构，在超出正常使用状态所承担的荷载时**失效**。一般喜欢采用强度法的主要原因是，相对来说，比较容易通过试验演示结构的失效，确实适合作为工作条件，然而，这是非常完美的理论推测。无论如何，强度法在目前的专业设计工作中广泛受到欢迎。强度法首先主要应用于钢筋混凝土结构设计，但它现在覆盖了结构设计工作的所有领域。

2.2 容许应力设计

对于木结构来说，大部分结构设计工作采用容许应力法。本书中所有例题都采用容许应力法，以与设计规范和标准相衔接。然而，许多数据和当前用于分析结构性能的公式，都考虑了基本木材和由其制成的构件的极限强度。

对于所有结构设计工作，强度法应用的方向逐渐变多，这是大势所趋。现在利用计算机辅助设计（CAD）的方法进行研究和设计工作与用别的方法一样轻易地就能完成。因此，更复杂的、更精确的方法即将流行起来。由于试验结果和统计风险分析与强度法直接相关，完全采用 CAD 技术可能意味着采用强度法。

同时，在使用荷载下，设计问题的本身似乎更趋向于工作应力法或容许应力法。对任何一种方法，都必须尽可能明确使用荷载。确切地说，就是要确定结构应起的作用。在工作应力法中，下一步就是根据内部形成的应力条件结构的使用特性具体化。如果能够确定这些应力的安全极限（容许应力），结构的性能就可与预期的使用状态联系起来。

如同一段学习经历，上述过程有助于将结构作用与实际荷载条件联系起来。这有助于理解在应力及相应的尺寸变形方面结构发生的变化。调整结构的参数（材料强度、横截面尺寸等）能够直接在相对安全的条件下减小应力或变形。

基于以上所有考虑，本书中选择采用容许应力法。此外，这种方法能简化工作和使本书保持简练。这本书更容易为在数学和工程研究工作方面有一定局限性的读者所理解，允许利用许多有用的辅助设计工具，并且主要是以现行规范为基础。

2.3 强度设计

两种基本设计方法都包含两个主要步骤：

第一步，估计和量化所要求的荷载条件（称为**使用荷载**）。容许应力法直接采用这些荷载，而强度法需用荷载系数乘以荷载进行调整，从而得出**设计荷载**（称为**计算荷载**）。

第二步，计算结构在荷载类型和特定荷载值下的结构反应。在容许应力法中，此计算包括一些形式的应力检查；在强度法中，计算结构在使用荷载下的极限状态（称为**极限强度**）。为了考虑各种情况，设计时极限强度要求乘以**抗力系数**。

1. 计算荷载

结构上的荷载来源各异，主要有重力、风和地震。在研究和设计工作中，首先必须用各种方法识别、测量和量化荷载，然后进行计算（对于强度法）。在大多数情况下，也必须用所有可能的统计方法将它们组合起来，得出一个以上的典型设计荷载。

《统一建筑规范》（Uniform Building Code，简称 UBC）要求结构至少应考虑以下几种荷载组合形式：

(1) 恒载＋楼面活载＋屋顶活载（或雪荷载）。

(2) 恒载＋楼面活载＋风载（或地震荷载）。

(3) 恒载＋楼面活载＋风载＋雪荷载/2。

(4) 恒载＋楼面活载＋雪荷载＋风载/2。

(5) 恒载＋楼面活载＋雪荷载＋地震荷载。

对于许多结构来说，因为还需要考虑它们的特殊情况，所以这只是荷载组合中的一部分。例如，剪力墙的稳定性可能只取决于恒载和侧向荷载（风荷载或地震荷载）的组合，木材的长期应力状态或混凝土的徐变效应可能仅仅与作为永久荷载条件的恒载有关。最后，优秀工程设计的评定必须要求其荷载组合是确实所需的。

单一的荷载组合可能提倡考虑所给结构的最大效应。然而，在复杂结构（桁架、抗弯框架等）中，单个构件可能使用不同的关键荷载组合进行设计。而有的简单结构的关键组合可以容易地表达出来，但有的时候也需要对许多组合进行全面的研究，然后进行详细地对比，以确定真实的设计要求。

强度法中不同类型的荷载（恒载、活载和风荷载等）使用各自的系数，这增加了计算的复杂性，因为在不同的组合中可能使用不同的系数。若对一个复杂的、不确定性结构的所有组合进行全面的研究，则可能需要进行大量的计算。

2. 抗力系数

给荷载增加分项系数是强度设计法中调整结构安全度控制的一种形式；另一种基本的调整形式是修正结构的抗力。这需要首先确定某些方面的强度（抗压强度、抗弯强度和极限挠度等），然后降低一定的百分比。降低量（抗力系数）主要基于以下方面的考虑：理论的可靠性、产品的质量控制和精确预测性能的能力等。

强度设计法通常就是对比承载结构的计算荷载（乘百分比**放大后的荷载**）和计算抵抗力（乘百分比**减小后的**抵抗力）。因此，当在一些情况下荷载系数显得偏低的时候，就用抗力系数放大结构的安全百分比水平。

第3章

结构分析

所有结构设计工作中关键部分是理解和估计结构在抵抗其必须承担荷载时的物理性能。为了支持这种研究，通常必须进行大量的计算工作。本章阐述设计工作中用到的一些力学基础。最后介绍一些简单的结构性能，对顺利完成设计工作很有意义。

3.1 概述

在讨论受荷状态下的结构用木材的强度和性能前，很有必要清楚地理解**单位应力**的概念。全书中有许多术语，它们可能是熟悉的或不熟悉的，这取决于读者在结构工作方面的阅历而定。对于已具备一些结构力学知识（静力学和材料力学）的读者，本章将作为对力学知识的回顾。无论如何，准确理解在设计工作中用到的术语和概念是很重要的。

3.2 力和荷载

在力学中，**力**是指趋向于改变物体的静止状态或运动状态的作用，可以认为是沿一个作用方向上的一个作用点拉或推物体。这样的力使静止的物体产生运动的趋势，但此趋势可能因另一个或一些力的作用而被抑制。在建筑结构中主要考虑平衡力，就是说，使物体处于静止状态的力。力的单位是 lb、kg 和 t 等，在工程中广泛使用的是千磅（kip），即 1000lb。物体的**重力**是由地球的吸引而产生的竖直向下的力。

荷载是由分力叠加引起的压力或拉力的**量值**。工程中两种最普遍的荷载形式是**均布荷载**和**集中荷载**。

均布荷载是指单位长度上的大小一致的荷载，它分布在构件的一部分或全长上。例如，支承楼板的托梁是承受均布荷载的构件。应该注意到，托梁的自重也是均布荷载。

集中荷载是指作用在梁或桁架上的荷载，可能作用在一点上。建筑中的桁架承受楼面梁传来的集中荷载。

恒载是指建筑材料的自重，即梁、桁架、楼板和隔墙等的重量。**活载**是指可能由建筑的使用引起的荷载，包括居住者、家具、设备、存储材料的重量及雪荷载。所有的恒载和活载加起来就是**总荷载**。

图 3.1（*a*）是木结构建筑中的一跨楼面框架。柱中心距在一个方向上是 14ft，在另一方向上是 16ft；主梁横跨短边，梁沿长边。每根主梁在其跨距为 14ft 的中心处支承一根梁，梁支承木楼板（图中未标出），它与主梁平行布置。假设楼板上的总荷载是 80lb/ft^2，在这个跨中间的梁支承的楼板面积如图中阴影部分所示，它是 7ft×16ft，即 112ft^2，因此分布在梁上的总均布荷载是 112×80＝8960lb。图 3.1（*b*）是习惯表示图，它代表梁荷载。本书中，我们用 W 代表总均布荷载，用 w 代表每英尺上的均布荷载。在本例中，W＝8960 lb，w＝ 8960÷16＝560lb/ft。

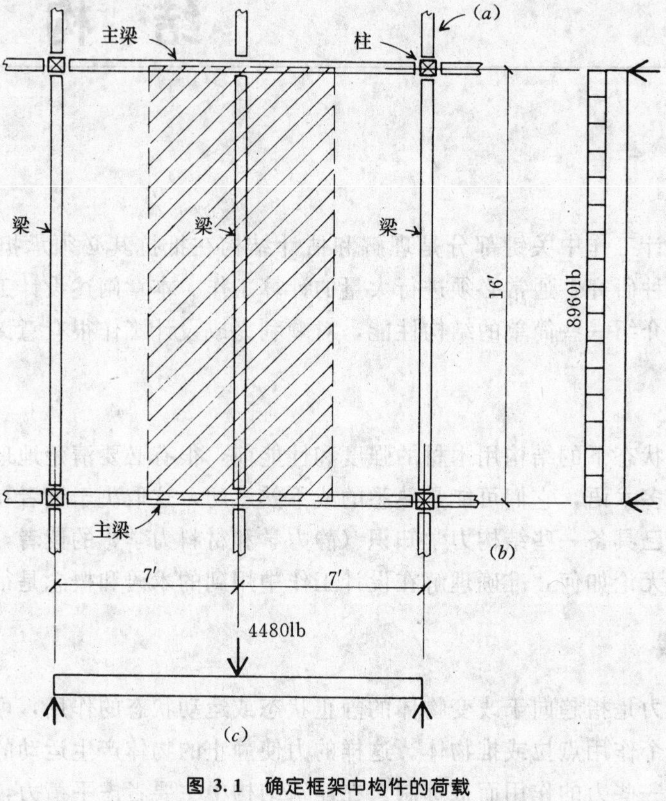

图 3.1 确定框架中构件的荷载
（*a*）框架平面；（*b*）梁荷载；（*c*）桁架荷载

梁的荷载关于跨的中点对称［见图 3.1（*b*）］，因此在梁的两端各施加 8960÷2＝4480 lb 的集中荷载，如图 3.1（*c*）所示。设计主梁时，还必须考虑邻跨传来的荷载。假设邻跨的布置、跨长与此跨相同，则作用在主梁中点的集中荷载就等于 4480×2＝8960lb。

3.3 直接应力

构件中的**应力**是抵抗外力的内部抗力。沿构件轴向的作用力称为**轴力**或**轴向荷载**。在

图 3.2 中，短木柱 B 承受由重力 P 引起的轴向荷载。施加在柱上的压力使柱产生变短的趋势，而柱内产生的压应力抑制了这种趋势。在轴向荷载作用下柱内产生的应力称为直接应力。

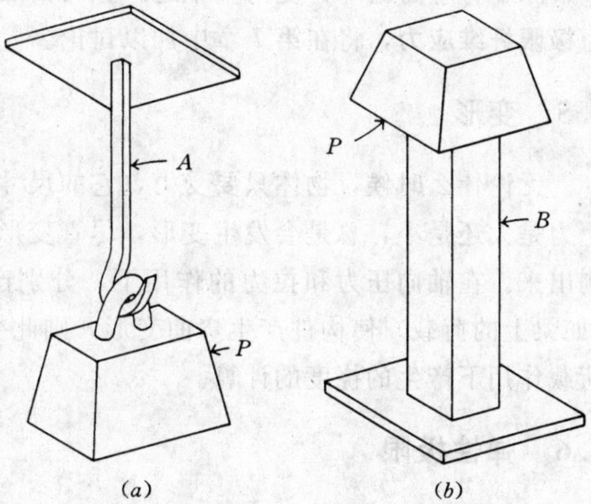

图 3.2 直接应力

直接应力的一个特征是可以假设内部抗力在构件截面上均匀分布。因此，如果图 3.2 中的 P 等于 6400lb，且 B 是常规 6×6 的柱（加工面积等于 30.25ft^2），那么每平方英寸柱横截面上的应力等于 6400÷30.25＝212lb/in^2，此单位面积上的应力称为**单位应力**，以区别于内力（6400lb）。对于荷载或外力 P、截面面积 A 及单位应力 f，三者之间的基本关系可以用下式表达：

$$f=\frac{P}{A} \text{ 或 } P=fA \text{ 或 } A=\frac{P}{f}$$

用此表达式时，记住它的两个基本假定：荷载沿轴向作用且在横截面上应力均匀分布。同时要注意：若已知其中的两个量，则可以解出第三个量。

3.4 应力类型

主要考虑三种基本的应力：**压应力**、**拉应力**和**剪应力**。正如 3.3 节中所提到的一样，压应力是由压缩或挤压构件的力引起的，其中那个截面上 212lb/in^2 的应力就是**压应力**。

拉应力是由伸长或拉伸构件的力引起的［见图 3.1（*a*）］。桁架的下弦和腹杆及桁架椽（见第 20 章）都处于拉紧状态。若已知构件中总的轴向拉力（总应力）及构件的横截面面积，则可由基本的直接应力公式 $f=P/A$ 解出单位拉应力。

剪应力是由大小相等且相互平行，作用方向相反的力引起的，这两个力使构件的相邻面产生相对滑动的趋势。图 3.3（*a*）表示一个承受均布荷载的梁，此梁有顺两个支座下滑而破坏的趋势，如图 3.3（*b*）所示。这是一个竖向剪力的例子。图 3.3（*c*）表示梁夸大的弯曲作用和梁的某些部分发生水平滑动破坏。图 3.3（*d*）表示屋顶桁架因剪应力而破坏的趋势，此剪应力是上弦在末端接点处产生的推力引起的。图 3.3（*c*）和（*d*）表示的是**水平剪应力**，后者表示木梁的剪切破坏是由水平剪应力引起的，而不是竖向剪应力引起的。这是正确的，因为木材沿纹理方向比沿垂直于纹理方向的抗剪能力要小。确定梁中水平方向最大单位剪应力的方法将在第 7 章中阐述。

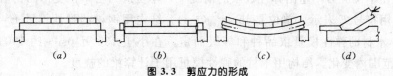

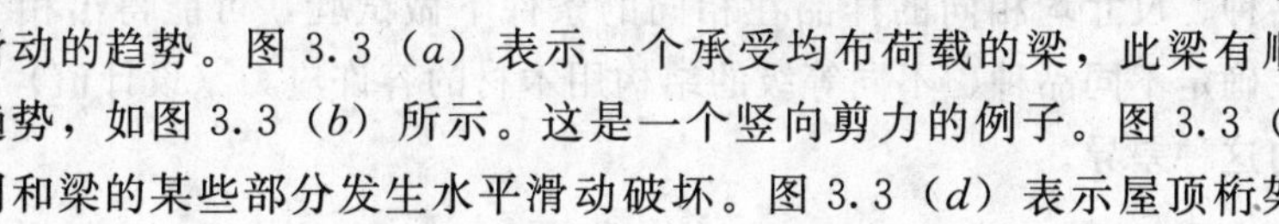

图 3.3 剪应力的形成

除了剪应力之外，受荷梁中还产生**弯曲应力**（拉应力和压应力）。对弯曲应力，又称为**极限纤维应力**，将在第 7 章中加以讨论。

3.5 变形

无论什么时候，物体只要受力，它的尺寸或形状就会发生改变，此改变称为**变形**。无论力是大还是小，总是会发生变形，尽管变形经常小到即使采用最精密的仪器也很难将它测出来。在轴向压力和拉力的作用下，分别产生缩短和伸长变形。若作用在构件上的力（如梁上的荷载）使构件产生弯曲变形，则此变形称为**挠度**。将在第 7 章讨论木梁在各种荷载作用下产生的挠度的计算。

3.6 弹性极限

当前，木结构构件的设计主要基于弹性理论，**假设变形与应力成正比**。换句话说，若一个作用力（用单位应力计量）使材料产生一定的变形，则 2 倍的力将产生 2 倍大小的变形。这种应力与变形的关系在一定的极限范围内是正确的；超越此极限范围后，变形就开始以比荷载增加更快的速率增大。极限状态下，材料中的单位应力称为材料的**弹性极限**或者**比例极限**。

弹性是材料的属性；当施加在材料上的荷载被卸掉时，弹性使材料恢复原来的尺寸和形状。然而，**这仅仅在单位应力不超出弹性极限时才成立**。超出弹性极限时将出现残余变形，称为**永久变形**，残留在构件中。确定用于木结构构件设计中的容许单位应力，目的在于让使用荷载作用下的单位应力不超出材料的弹性极限或比例极限。

3.7 极限强度

材料的**极限强度**定义为构件破坏时或即将破坏时的单位应力。一些建筑材料在弹性极限和极限强度之间具有相当大的储备强度，但是这种“非弹性”强度在结构设计的弹性理论中并没有被直接考虑。

要注意的是，不同品种木材的强度特性并不是像其他建筑材料（如建筑钢材）定义得一样清楚。品种、尺寸均相同的样品在相同的条件下做试验，可能得出相当离散的强度值。当然，在确定不同品种、不同等级的结构用木材的容许应力（设计值）的时候，会考虑试验结果的这种差异。

3.8 弹性模量

材料的**弹性模量**是材料**刚度**的量度。钢材样品承受荷载时产生一定的变形，但相同尺寸的木材样品承受相同的荷载时产生的变形可能是钢材的 15～20 倍。因此，我们说钢材比木材**硬**。在单位应力不超出弹性极限的前提下，单位应力与单位变形的比值称为材料的弹性模量，用符号 E 表示，单位是 lb/in^2（psi）。结构用钢材的弹性模量 $E=2900$ 万 psi（200GPa），木材的弹性模量依品种和等级而定，在小于 100 万 psi～约 190 万 psi（7～13GPa）的范围内变化。结构用木材的弹性模量用于计算梁的挠度。

3.9 容许设计值

容许单位应力是用于设计计算中的应力，一种被认为是受荷结构构件能够承受的特定形式的最大单位应力。容许单位应力有时也称为**工作应力**，在 1991 年国家林产品协会（参考文献 1）出版的美国《国家木结构设计规范》（National Design Specification for Wood Construction，简称 NDS）中被称为**设计值**，以供参考。确定拉、压、剪、弯的容许单位应力的方法因不同材料而异，在美国材料与试验协会（American Society for Testing and Materials）颁布的规范中有详细的描述。第 4 章将讨论结构用木材的容许单位应力。

第4章

设计数据及标准

对于任何木结构的设计，主要考虑的是确定容许应力的设计值和所给木材的弹性模量。本章探讨在确定这些设计值的过程中遇到的问题。

4.1 概述

确定用于木结构设计中的单位应力需考虑许多因素。大量的试验已经得出了**无疵木材的强度值**。为了获得木材的设计值，需通过系数对无疵木材的强度值进行修正；此系数考虑因木材缺陷、树节的尺寸和位置、构件的尺寸、木材的疏密程度及木材在使用时准确的湿度值或干燥状态引起的强度损失。对于特殊的设计应用，可能还会根据荷载类型与特殊结构的用途而进行其他方面的修正。

4.2 设计值列表

用于设计工作中的容许应力和弹性模量一般参考《木建筑设计值》（Design Values for Wood Construction），它是对 NDS 的一个补充。表 4.1 即根据此出版物改编而来，并给出了一种流行的结构用木材花旗松-落叶松的值。为了从表中查出某一木块的值，需确定下列资料：

（1）**品种**。NDS 列出了 26 个不同的品种，表 4.1 中仅包含了其中的一种。

（2）**使用时的含水量**。表 4.1 中假设的含水量是针对表中指定的品种，且表中的数据已知。其他品种的含水量的调整描述在 NDS 的脚注或各种阐释中。

（3）**等级**。等级如表 4.1 第一列所示，此表基于外观等级划分标准。

（4）**尺寸或使用类型**。表 4.1 中第二列是木材的尺寸或使用类型（例如梁和桁条）。

表 4.1 各种外观等级的结构用木材花旗松-落叶松的设计值① 单位：psi

品种和商业等级	尺寸和使用类型	端部纤维弯曲应力 F_b 构件使用单一	端部纤维弯曲应力 F_b 构件使用重复	平行于纹理的拉应力 F_t	水平剪力 F_v	垂直于纹理的压应力 $F_{c\perp}$	平行于纹理的压应力 F_c	弹性模量 E
规格木材	厚 2～4in，宽 2in	（含水量不超过 19%）						
优质结构木材		1450	1668	1000	95	625	1700	1900000
特级		1150	1323	775	95	625	1500	1500000
一级		1000	1150	675	95	625	1450	1700000
二级		875	1006	575	95	625	1300	1600000
三级		500	575	325	95	625	750	1400000
柱		675	776	450	95	625	525	1400000
结构		1000	1150	650	95	625	1600	1500000
标准级		550	663	375	95	625	1350	1400000
实用级		275	316	175	95	625	575	1300000
木材（新采木材）								
密实优质结构木材	梁和桁条	1900	—	1100	85	730	1300	1700000
优质结构木材		1600	—	950	85	625	1100	1600000
密实一级		1550	—	775	85	730	1100	1700000
一级		1300	—	675	85	625	925	1600000
二级		875	—	425	85	625	600	1300000
密实优质结构木材	柱和撑杆	1750	—	1150	85	730	1350	1700000
优质结构木材		1500	—	1000	85	625	1150	1600000
密实一级		1400	—	950	85	730	1200	1700000
一级		1200	—	525	85	625	1000	1600000
二级		750	—	475	85	625	700	1300000
面板(含水量不超过 19%)								
优质板材	面板	1750	2013	—	—	625	—	1500000
商业板材		1450	1668	—	—	625	—	1700000

① 表中所列值适用于标准持续加载条件，且木材干燥，或为含水量不超过 19%的新采木材。

资料来源：经出版商国家林产品协会许可，摘自《国家木结构设计规范》（参考文献 1），原出版物中还列出了其他木材的情况。

值得注意的是，对于花旗松-落叶松来说，根据不同的尺寸和使用类型，优质结构木材有五个等级。

(5) **结构的作用**。给出弯曲应力、拉应力、剪应力、压应力和弹性模量。

在参考资料中，表格下方有大量的脚注。本书中表 4.1 中的数据将应用到各种设计实例中，且附注是对脚注中论述过的问题的解释。在许多情况下，需对设计值进行修正，如 4.4 节所述。

4.3 支承应力

在各种情况下，木构件可能产生接触性支承应力，本质上是表面压应力。例子如下：

(1) 直接支承的木柱基底，这是产生顺纹理方向支承应力的一种情况。

（2）支承梁的端部，这是产生垂直于纹理方向支承应力的一种情况。

（3）在螺栓连接中，在螺栓与螺孔边缘的木材之间的接触面上。

（4）在木桁架中，两构件间直接挤压而产生的压应力。常见的情况是支承应力与纹理成一定角度而不是平行或垂直于纹理方向。

对于连接，支承条件通常划入对连接件单位值综合考虑，这将在第十一章中进行讨论。定义支承接触区的两个关键尺寸——螺栓的直径和构件的厚度——划入确定螺栓数的材料中。

直接支承的极限强度值仅依赖于木材的品种及相对密度。通常，对于密实等级给一个值，对于其他（普通或不密实）等级给另一个值。在表4.1中给出了垂直于纹理方向（如梁的末端）的压应力值。国家设计规范中花旗松-落叶松平行于纹理方向的支承应力值 F_g 如下：

（1）对于所有密实等级：1730psi。

（2）对于其他等级：1480psi。

4.5节将讨论应力与纹理方向成一定角度的情况，就是在两种极限应力条件下的容许应力值之间找到一个中间值。

4.4 设计值的修正

表4.1中所给的应力值，可以作为确定用于设计的容许应力值的一个基本参考。这些值都基于一些明确的规范，在许多情况下，考虑到结构计算中的实际使用情况，需要对此设计值进行修正。在一些情况下，修正就是通过乘以增加或减小的百分比系数对设计值进行简单的提高或降低；而在其他的情况下，对设计值进行更复杂的修正，如考虑长细比的影响对容许压应力进行修正。表4.1的来源脚注中描述了一部分修正，另一些修正在第3章中或者在处理特殊类型问题的NDS的各节中加以描述。下面是修正的一些主要类型：

（1）**含水量**。表中给出了假设的含水量条件，表格中的值都基于此含水量条件。对于含水量较低的木材，可以提高一些值；若暴露在空气下，潮湿的使用条件可能要求降低设计值。

（2）**荷载持续时间**。表格中的值基于所谓的**正常**持续时间的荷载，这确实是没有太多意义的。对于不同程度的短期荷载，允许提高设计值；对于一些在结构使用寿命中一直承受的荷载（主要指恒载），需要降低设计值。表4.2描述了NDS因荷载持续时间的调整而需要进行的修正。

表4.2　荷载持续时间设计值的修正①

荷载持续时间和基本用途	乘以设计值的系数 C_D	荷载持续时间和基本用途	乘以设计值的系数 C_D
永久的：恒载	0.9	7天：施工荷载（用于无雪的屋顶）	1.25
10年：居住活载	1.0	10分钟：风和地震	1.6
2个月：雪载	1.15	冲击：碰撞、制动移动的器材、砰击厚重的门②	2.0

① 经出版商国家林产品协会许可，摘自1991年版的NDS。

② 不用于连接或确定经过受压处理的构件。

(3) **温度**。在长期暴露于温度在150℉以上的地方，必须降低设计值。

(4) **处理**。注入化学药品以提高抗腐蚀、抗寄生虫、抗昆虫或耐火能力，这要求降低设计值。

(5) **尺寸**。如7.9节所述，梁高超过12in时，挠曲的影响将降低。

(6) **屈曲**。对于有屈曲倾向的梁或柱，要求进行多方面的修正。

(7) 荷载相对于纹理的方向。表格中单独给出了木材与纹理方向相关的容许压应力值。在一些情况下，荷载方向可能与纹理方向成一任意角，而不只是平行（0°）或垂直(90°)，且必须获得准确的应力值，如4.5节所述。

必须认真对待特殊的使用条件，以确定对所给设计情况进行修正。

4.5 与纹理方向相关荷载的修正

在图4.1所示的情况下，构件B上的荷载在构件A上与纹理成一倾斜角的平面内产生压应力。木材的抗压强度主要发挥在平行于纹理的方向上，而不是垂直于纹理的方向上。用以下表达式确定倾斜面上的容许单位压应力，此式称为汉金森公式（Hankinson formula）：

$$F_n=\frac{F_g F_{c\perp}}{F_g\sin^2\theta+F_{c\perp}\cos^2\theta}$$

式中 F_n——垂直于斜面的容许单位应力；

F_g——平行于纹理方向的容许单位支承应力；

$F_{c\perp}$——垂直于纹理方向的容许单位压应力；

θ——荷载方向与纹理方向的角度。

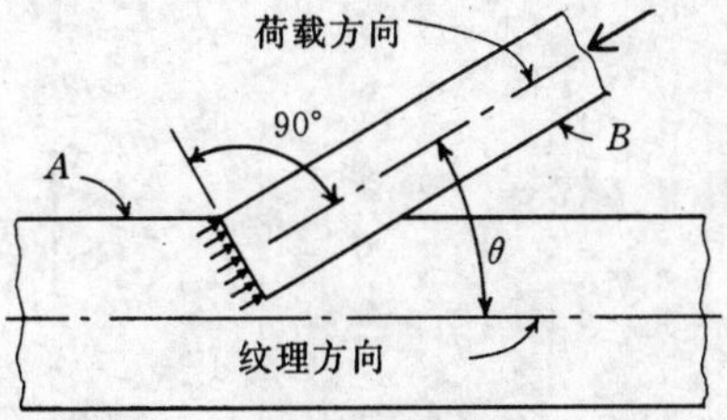

图4.1 木构件中产生与纹理方向成一定角度的应力

荷载方向平行于纹理方向时，$\theta=0°$；荷载方向垂直于纹理方向时，$\theta=90°$。表4.3给出了θ取不同值时的$\sin^2\theta$和$\cos^2\theta$值。

表4.3 汉金森公式中使用的值（见图4.1）

$\sin^2\theta$	θ (°)	$\cos^2\theta$	$\sin^2\theta$	θ (°)	$\cos^2\theta$
0.00000	0	1.00000	0.50000	45	0.50000
0.00760	5	0.99240	0.58682	50	0.41318
0.03015	10	0.96985	0.67101	55	0.32899
0.06698	15	0.93302	0.75000	60	0.25000
0.11698	20	0.88302	0.82140	65	0.17860
0.17860	25	0.82140	0.88302	70	0.11698
0.25000	30	0.75000	0.93302	75	0.06698
0.32899	35	0.67101	0.96985	80	0.03015
0.41318	40	0.58682	0.99240	85	0.00760
0.50000	45	0.50000	1.00000	90	0.00000

【例题4.1】 两根宽6in、密实等级的花旗松-落叶松原木，采用如图4.1所示的方式装配在一起，两者之间的夹角为30°。计算斜支承面上的容许单位应力。

解：参考4.3节可得，平行于纹理方向的容许单位压应力值 $F_g = 1730\text{psi}$，垂直于纹理方向的容许单位压应力值 $F_{c\perp} = 730\text{psi}$，$\theta = 30°$ 时的 $\sin^2\theta$ 和 $\cos^2\theta$ 值可由表4.3查得。然后，将上述值代入汉金森公式中，解得斜支承面上的容许单位压应力为

$$F_n = \frac{1730 \times 730}{1730 \times 0.25 + 730 \times 0.75} = 1289 \text{ psi}$$

使用某些扣件时要求进行类似的修正，例如螺栓和裂环连接件。作为另一计算方法，汉金森公式的作用可能以图解的形式出现，且能从图形中大致估计出必需的修正值，将在11.1节中加以论述。

习题 4.4.A 两根花旗松-落叶松原木，普通等级，按如图4.1所示的方式装配在一起，两者之间的夹角为45°。计算斜接触面上的容许单位压应力。

第5章 截面特性

5.1 概述

除了用容许单位应力表示木材的强度外，结构构件的性能也取决于横截面的尺寸和形状。这两方面的因素通过横截面的**特性**加以考虑，与制造构件的材料无关。本章中，我们考虑了一些特性的定义和本质，以便后面用于结构构件的设计中。

5.2 形心

物体的**重心**是假想的一个点，物体所有的重量都集中于这个点，或者是物体重力线经过的点。平面上对应于面积和形状均相同的、很薄的金属板的重心点称为面的**形心**。

当梁因承受荷载而弯曲时，梁的某一平面以上的纤维受压，而此平面以下的纤维受拉，此平面称为**中和面**。中和面与梁横截面的交线称为**中性轴**。中性轴通过截面的形心，因此知道形心的位置很重要。

对称截面的形心位置容易确定。若截面有一个对称轴，则其形心显然会在此轴上；若截面有两个对称轴，则形心就是两轴的交点。例如，图 5.1（*a*）中矩形梁横截面的形心就是它的几何中心，即对角线的交点；圆形（柱）横截面的形心是它的圆心［见图 5.1（*b*）］。

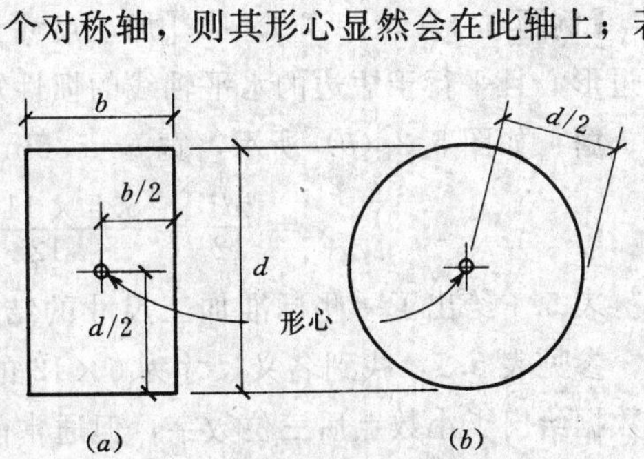

图 5.1 形心

关于标注符号，字母 b 通常表示承受荷载的构件截面的宽度，字母 d 表示与荷载作用线平行的梁截面的深度或高度。虽然有时用字母 h 表示高度，但是为了与通常的结构设计实践相一致，用 d 代表梁横截面的高度。

5.3 惯性矩

图 5.2（a）中的矩形截面，宽为 b，高为 d，过形心的水平轴线 $X—X$ 与顶边的距离为 $d/2$。截面中，a 表示一个到 $X—X$ 轴距离为 z 的无穷小的面积。如果将这个无穷小的面积乘以它到轴线距离的平方，就得量 az^2。截面的全部面积就是由这些无穷多个到 $X—X$ 轴距离不等的、轴线上面和下面的小单元面积构成的。若我们用希腊字母 $\sum$ 表示无穷个数之和，则 $\sum az^2$ 为所有无穷小面积（截面由它们构成）与它们到 $X—X$ 轴距离的平方的乘积之和，这个量称为截面的**惯性矩**，用字母 I 表示。具体来说，$I_{X-X}=\sum az^2$ 表示 $X—X$ 轴的惯性矩。

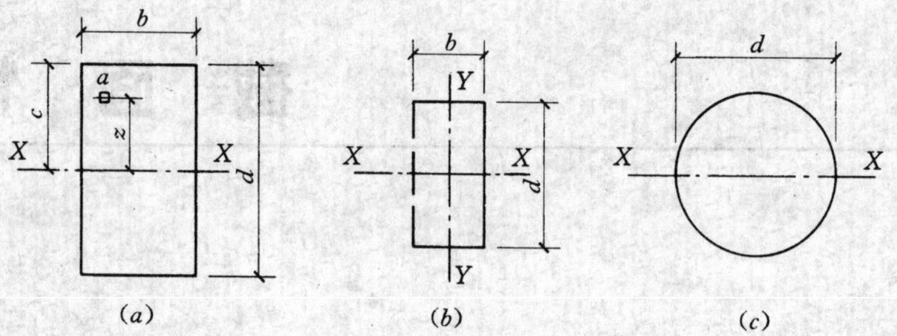

图 5.2 惯性矩求解

现在我们可以将惯性矩定义为**所有无穷小面积与它们到一个轴距离的平方的乘积之和**。结构构件横截面的线尺度单位为 in，且由于惯性矩是面积与距离的平方的乘积，所以惯性矩的单位为 in^4。通过使用微积分学能很容易推导出各种形状截面的惯性矩计算公式。推导这些公式不属本书的范围，但在这里我们介绍两种截面惯性矩的计算公式。

1. 矩形截面

考虑图 5.2（b）所示的矩形，宽为 b，高为 d，有两个主轴 $X—X$ 和 $Y—Y$，它们均经过截面的形心。很明显，矩形截面关于过形心且平行于 $X—X$ 轴的惯性矩为 $I_{X-X}=bd^3/12$，关于竖直轴的惯性矩为 $I_{Y-Y}=bd^3/12$。然而在木梁和木板的设计中，习惯于在公式中仅仅使用 I_{X-X}，且将顶面（受荷面）作为公式中的 b。

【例题 5.1】 计算 6×12［加工尺寸为 5.5in×11.5in（140mm×290mm）］木截面关于过形心且平行于短边的水平轴线的惯性矩。

解： 如图 5.2（b）所示，宽 $b=5.5$in（140mm），高 $d=11.5$in（290mm）。可得

$$I_{X-X}=\frac{bd^3}{12}=\frac{5.5\times 11.5^3}{12}=697\text{in}^4(285\times 10^6\text{mm}^4)$$

表 5.1 给出了一些标准加工尺寸的结构用木材的惯性矩，因此按公式计算是不必要的。参见表 5.1，找到名义尺寸为 6×12 的那行，在第四列中查得数据 697.068。虽然表中数据给出了小数点后三位数字，但通常前三个数字就足以满足大多数结构计算所要求的精度。

表 5.1 **标准加工尺寸的建筑用木材的参数**

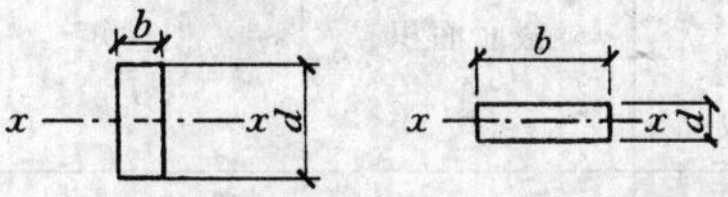

名义尺寸 *b* (in) ×*d* (in)	标准加工尺寸 (S4S) *b* (in) ×*d* (in)	截面面积 *A*	惯性矩 *I*	截面模量 *S*	近似质量①
2×3	1-1/2×2-1/2	3.750	1.953	1.563	0.911
2×4	1-1/2×3-1/2	5.250	5.359	3.063	1.276
2×5	1-1/2×4-1/2	6.750	11.391	5.063	1.641
2×6	1-1/2×4-1/2	8.250	20.797	7.563	2.005
2×8	1-1/2×7-1/4	10.875	47.635	13.141	2.643
2×10	1-1/2×9-1/4	13.875	98.932	21.391	3.372
2×12	1-1/2×11-1/4	16.875	177.979	31.641	4.102
2×14	1-1/2×13-1/4	19.875	290.775	43.891	4.831
3×1	2-1/2×3/4	1.875	0.088	0.234	0.456
3×2	2-1/2×1-1/2	3.750	0.703	0.938	0.911
3×4	2-1/2×3-1/2	8.750	8.932	5.104	2.127
3×5	2-1/2×4-1/2	11.250	18.984	8.438	2.734
3×6	2-1/2×5-1/2	13.750	34.661	12.604	3.342
3×8	2-1/2×7-1/4	18.125	79.391	21.901	4.405
3×10	2-1/2×9-1/4	23.125	164.886	35.651	5.621
3×12	2-1/2×11-1/4	28.125	296.631	52.734	6.836
3×14	2-1/2×13-1/4	33.125	484.625	73.151	8.051
3×16	2-1/2×15-1/4	38.125	738.870	96.901	9.266
4×1	3-1/2×3/4	2.625	0.123	0.328	0.638
4×2	3-1/2×1-1/2	5.250	0.984	1.313	1.276
4×3	3-1/2×2-1/2	8.750	4.557	3.646	2.127
4×4	3-1/2×3-1/2	12.250	12.505	7.146	2.977
4×5	3-1/2×4-1/2	15.750	26.578	11.813	3.828
4×6	3-1/2×5-1/2	19.250	48.526	17.646	4.679
4×8	3-1/2×7-1/4	25.375	111.148	30.661	6.168
4×10	3-1/2×9-1/4	32.375	230.840	49.911	7.869
4×12	3-1/2×11-1/4	39.375	415.283	73.828	9.570
4×14	3-1/2×13-1/4	46.375	678.475	102.411	11.266
4×16	3-1/2×15-1/4	53.375	1034.418	135.66	12.975
5×2	4-1/2×1-1/2	6.750	1.266	1.688	1.641
5×3	4-1/2×2-1/2	11.250	5.859	4.688	2.734
5×4	4-1/2×3-1/2	15.750	16.078	9.188	3.828
5×5	4-1/2×4-1/2	20.250	34.172	15.188	4.922
6×1	5-1/2×3/4	4.125	0.193	0.516	1.003
6×2	5-1/2×1-1/2	8.250	1.547	2.063	2.005
6×3	5-1/2×2-1/2	13.750	7.161	5.729	3.342
6×4	5-1/2×3-1/2	19.250	19.651	11.229	4.679
6×6	5-1/2×5-1/2	30.250	76.255	27.729	7.352

续表

名义尺寸 b (in) ×d (in)	标准加工尺寸 (S4S) b (in) ×d (in)	截面面积 A	惯性矩 I	截面模量 S	近似质量①
6×8	5-1/2×7-1/2	41.250	193.359	51.563	10.026
6×10	5-1/2×9-1/2	52.250	392.963	82.729	12.700
6×12	5-1/2×11-1/2	63.250	697.068	121.229	15.373
6×14	5-1/2×13-1/2	74.250	1127.672	167.063	18.047
6×16	5-1/2×15-1/2	85.250	1706.776	220.229	20.720
6×18	5-1/2×17-1/2	96.250	2456.380	280.729	23.394
6×20	5-1/2×19-1/2	107.250	3398.484	348.563	26.068
6×22	5-1/2×21-1/2	118.250	4555.086	423.729	28.741
6×24	5-1/2×23-1/2	129.250	5948.191	506.229	31.415
8×1	7-1/4×3/4	5.438	0.255	0.680	1.322
8×2	7-1/4×1-1/2	10.875	2.039	2.719	2.643
8×3	7-1/4×2-1/2	18.125	9.440	7.552	4.405
8×4	7-1/4×3-1/2	25.375	25.904	14.803	6.168
8×6	7-1/2×5-1/2	41.250	103.984	37.813	10.026
8×8	7-1/2×7-1/2	56.250	263.672	70.313	13.672
8×10	7-1/2×9-1/2	71.250	535.859	112.813	17.318
8×12	7-1/2×11-1/2	86.250	950.547	165.313	20.964
8×14	7-1/2×13-1/2	101.250	1537.734	227.813	24.609
8×16	7-1/2×15-1/2	116.250	2327.422	300.313	28.255
8×18	7-1/2×17-1/2	131.250	3349.609	382.813	31.901
8×20	7-1/2×19-1/2	146.250	4634.297	475.313	35.547
8×22	7-1/2×21-1/2	161.250	6211.484	577.813	39.193
8×24	7-1/2×23-1/2	176.250	8111.172	690.313	42.839
10×1	9-1/4×3/4	6.938	0.325	0.867	1.686
10×2	9-1/4×1-1/2	13.875	2.602	3.469	3.372
10×3	9-1/4×2-1/2	23.125	12.044	9.635	5.621
10×4	9-1/4×3-1/2	32.375	33.049	18.885	7.869
10×6	9-1/2×5-1/2	52.250	131.714	47.896	12.700
10×8	9-1/2×7-1/2	71.250	333.984	89.063	17.318
10×10	9-1/2×9-1/2	90.250	678.755	142.896	21.936
10×12	9-1/2×11-1/2	109.250	1204.026	209.396	26.554
10×14	9-1/2×13-1/2	128.250	1947.797	288.563	31.172
10×16	9-1/2×15-1/2	147.250	2948.068	380.396	35.790
10×18	9-1/2×17-1/2	166.250	4242.836	484.896	40.408
10×20	9-1/2×19-1/2	185.250	5870.109	602.063	45.026
10×22	9-1/2×21-1/2	204.250	7867.879	731.896	49.644
10×24	9-1/2×23-1/2	223.250	10274.148	874.396	54.262
12×1	11-1/4×3/4	8.438	0.396	1.055	2.051
12×2	11-1/4×1-1/2	16.875	3.164	4.219	4.102
12×3	11-1/4×2-1/2	28.125	14.648	11.719	6.836
12×4	11-1/4×3-1/2	39.375	40.195	22.969	9.570
12×6	11-1/2×5-1/2	63.250	159.443	57.979	15.373

续表

名义尺寸 b (in) ×d (in)	标准加工尺寸 (S4S) b (in) ×d (in)	截面面积 A	惯性矩 I	截面模量 S	近似质量[①]
12×8	11-1/2×7-1/2	86.250	404.297	107.813	20.964
12×10	11-1/2×9-1/2	109.250	821.651	172.979	26.554
12×12	11-1/2×11-1/2	132.250	1457.505	253.479	32.144
12×14	11-1/2×13-1/2	155.250	2357.859	349.313	37.734
12×16	11-1/2×15-1/2	178.250	3568.713	460.479	43.325
12×18	11-1/2×17-1/2	201.250	5136.066	586.979	48.915
12×20	11-1/2×19-1/2	224.250	7105.922	728.813	54.505
12×22	11-1/2×21-1/2	247.250	9524.273	885.979	60.095
12×24	11-1/2×23-1/2	270.250	12437.129	1058.479	65.686
14×2	13-1/4×1-1/2	19.875	3.727	4.969	4.831
14×3	13-1/4×2-1/2	33.125	17.253	13.802	8.051
14×4	13-1/4×3-1/2	46.375	47.34	27.052	11.266
14×6	13-1/2×5-1/2	74.250	187.172	68.063	18.047
14×8	13-1/2×7-1/2	101.250	474.609	126.563	24.609
14×10	13-1/2×9-1/2	128.250	964.547	203.063	31.172
14×12	13-1/2×11-1/2	155.250	1710.984	297.563	37.734
14×14	13-1/2×13-1/2	182.250	2767.922	410.063	44.297
14×16	13-1/2×15-1/2	209.250	4189.359	540.563	50.859
14×18	13-1/2×17-1/2	236.250	6029.297	689.063	57.422
14×20	13-1/2×19-1/2	263.250	8341.734	855.563	63.984
14×22	13-1/2×21-1/2	290.250	11180.672	1040.063	70.547
14×24	13-1/2×23-1/2	317.250	14600.109	1242.563	77.109
16×3	15-1/4×2-1/2	38.125	19.857	15.885	9.267
16×4	15-1/4×3-1/2	53.375	54.487	31.135	12.975
16×6	15-1/2×5-1/2	85.250	214.901	78.146	20.720
16×8	15-1/2×7-1/2	116.250	544.922	145.313	28.255
16×10	15-1/2×9-1/2	147.250	1107.443	233.146	35.790
16×12	15-1/2×11-1/2	178.250	1964.463	341.646	43.325
16×14	15-1/2×13-1/2	209.250	3177.984	470.813	50.859
16×16	15-1/2×15-1/2	240.250	4810.004	620.646	58.394
16×18	15-1/2×17-1/2	271.250	6922.523	791.146	65.929
16×20	15-1/2×19-1/2	302.250	9577.547	984.313	73.464
16×22	15-1/2×21-1/2	333.250	12837.066	1194.146	80.998
16×24	15-1/2×23-1/2	364.250	16763.086	1426.646	88.533
18×6	17-1/2×5-1/2	96.250	242.630	88.229	23.394
18×8	17-1/2×7-1/2	131.250	615.234	164.063	31.901
18×10	17-1/2×9-1/2	166.250	1250.338	263.229	40.408
18×12	17-1/2×11-1/2	201.250	2217.943	385.729	48.915
18×14	17-1/2×13-1/2	236.250	3588.047	531.563	57.422
18×16	17-1/2×15-1/2	271.250	5430.648	700.729	65.929
18×18	17-1/2×17-1/2	306.250	7815.754	893.229	74.436
18×20	17-1/2×19-1/2	341.250	10813.359	1109.063	82.943
18×22	17-1/2×21-1/2	376.250	14493.461	1348.229	91.450
18×24	17-1/2×23-1/2	411.250	18926.066	1610.729	99.957

续表

名义尺寸 b (in) $\times d$ (in)	标准加工尺寸 (S4S) b (in) $\times d$ (in)	截面面积 A	惯性矩 I	截面模量 S	近似质量①
20×6	19-1/2×5-1/2	107.250	270.359	98.313	26.068
20×8	19-1/2×7-1/2	146.250	685.547	182.813	35.547
20×10	19-1/2×9-1/2	185.250	1393.234	293.313	45.026
20×12	19-1/2×11-1/2	224.250	2471.422	429.813	54.505
20×14	19-1/2×13-1/2	263.250	3998.109	592.313	63.984
20×16	19-1/2×15-1/2	302.250	6051.297	780.813	73.464
20×18	19-1/2×17-1/2	341.250	8708.984	995.313	82.943
20×20	19-1/2×19-1/2	380.250	12049.172	1235.813	92.422
20×22	19-1/2×21-1/2	419.250	16149.859	1502.313	101.901
20×24	19-1/2×23-1/2	458.250	21089.047	1794.813	111.380
22×6	21-1/2×5-1/2	118.250	298.088	108.396	28.741
22×8	21-1/2×7-1/2	161.250	755.859	201.563	39.193
22×10	21-1/2×9-1/2	204.250	1536.130	323.396	49.644
22×12	21-1/2×11-1/2	247.250	2724.901	473.896	60.095
22×14	21-1/2×13-1/2	290.250	4408.172	653.063	70.547
22×16	21-1/2×15-1/2	333.250	6671.941	860.896	80.998
22×18	21-1/2×17-1/2	376.250	9602.211	1097.396	91.450
22×20	21-1/2×19-1/2	419.250	13284.984	1362.563	101.901
22×22	21-1/2×21-1/2	462.250	17806.254	1656.396	112.352
22×24	21-1/2×23-1/2	505.250	23252.023	1978.896	122.804
24×6	23-1/2×5-1/2	129.250	325.818	118.479	31.415
24×8	23-1/2×7-1/2	176.250	826.172	220.313	42.839
24×10	23-1/2×9-1/2	223.250	1679.026	353.479	54.262
24×12	23-1/2×11-1/2	270.250	2978.380	517.979	65.686
24×14	23-1/2×13-1/2	317.250	4818.234	713.813	77.109
24×16	23-1/2×15-1/2	364.250	7292.586	940.979	88.533
24×18	23-1/2×17-1/2	411.250	10495.441	1199.479	99.957
24×20	23-1/2×19-1/2	458.250	14520.797	1489.313	111.380
24×22	23-1/2×21-1/2	505.250	19462.648	1810.479	122.804
24×24	23-1/2×23-1/2	552.250	25415.004	2162.979	134.227

① 质量单位为 pcf，平均密度基于 35pcf（560kg/m³）。

资料来源：经出版商国家林产品协会许可，摘自《国家木结构设计规范》。

如果以 12in 边平放的方式使用 6×12 的木材，则用 $b=11.5$，$d=5.5$ 计算 I_{X-X}，以名义尺寸 12×6 在表中查值。表 5.1 顶部的参考图形说明了 b 和 d 的常用尺寸大小。

2. 圆形截面

圆形截面（如柱或桩）的横截面关于过任何形心轴的惯性矩都相等。此情况下的公式为 $I_{X-X}=\frac{\pi d^4}{64}$。由于图 5.2（$c$）中的 X—X 轴可能是过形心的任何轴线，因此习惯用符号 I_0 代表圆形截面的惯性矩。若构件的实际直径为 10in（250mm），则

$$I_0=\frac{\pi d^4}{64}=\frac{3.1416\times10^4}{64}=491\ \text{in}^4(192\times10^6\,\text{mm}^4)$$

5.4 传递惯性矩

在组合梁的设计中，需要确定全部截面的惯性矩。图 5.3（*a*）表示了一种组合构件的横截面。为了完成计算，我们必须使用**移轴公式**（有时称为**传递公式或轴线平移公式**），将惯性矩从一个轴线传递到另一轴线。可以这样描述：截面关于平行于重心轴轴线的惯性矩等于截面关于重心（形心）轴的惯性矩加上该截面面积与两轴线间垂直距离的平方的乘积。算术表达式为

$$I = I_0 + Az^2$$

式中 I——截面关于指定轴线的惯性矩；

I_0——截面关于重心（形心）轴（与指定轴线平行）的惯性矩；

A——截面面积；

z——两平行轴线间的距离。

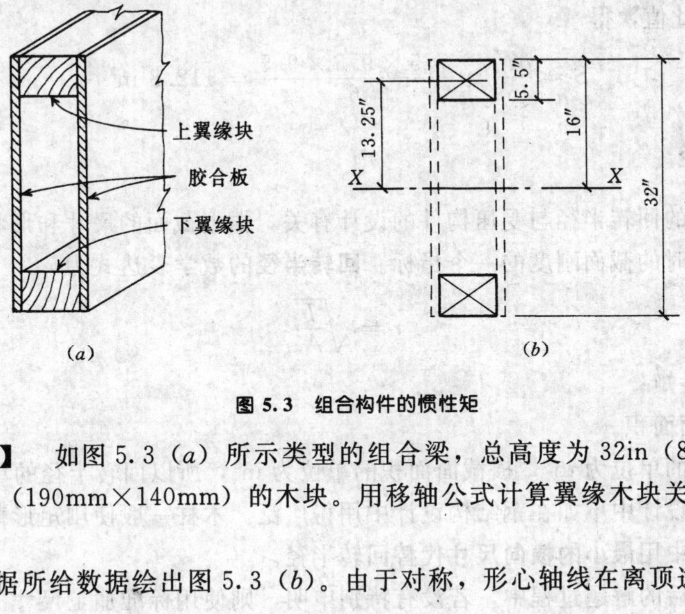

图 5.3 组合构件的惯性矩

【例题 5.2】 如图 5.3（*a*）所示类型的组合梁，总高度为 32in（812mm），且翼缘块为两个 8×6（190mm×140mm）的木块。用移轴公式计算翼缘木块关于形心轴线 X—X 的惯性矩。

解：(1) 据所给数据绘出图 5.3（*b*）。由于对称，形心轴线在离顶边 16in（406mm）的高度处。

(2) 每个 8×6 木块的重心轴线在其中心处，则 $z=16-2.75=13.25$in（336mm）。

(3) 查表 5.1 得，一个 8×6 木块的 I_0 为 104in^4（$43.45\times10^6\text{mm}^4$），面积 $A=41.25\text{in}^2$（$26.6\times10^3\text{mm}^2$）。

(4) 代入移轴公式中，一个 8×6 木块的惯性矩为

$$I_X = I_0 + Az^2 = 104 + (41.25\times13.25^2) = 7346\ \text{in}^4 (3\times10^9\text{mm}^4)$$

(5) 同样，下翼缘块的惯性矩也是 7346in^4，则两个木块的总惯性矩 I_X 为 $2\times7346=14692\text{in}^4$。

5.5 截面模量

截面模量是结构设计中采用的截面特性之一。后面（第 6～9 章）将阐释它在梁的设

计中的应用，当前唯一需要了解的是：如果 I 为截面关于过形心轴线的惯性矩，且 c 为从**截面最远边缘到此轴线的距离**，则截面模量等于 I/c，用字母 S 代表截面模量。由于 I 的单位为 in^4，c 为以 in 为单位的线条尺寸，因此截面模量 $S=I/c$ 的单位为 in^3。

图 5.2（a）所示的矩形梁横截面，宽为 b，高为 d，从最远边缘到轴线 $X—X$ 的距离为 $c=d/2$。此截面的 $I_{X-X}=bd^3/12$，因此截面模量为

$$S=\frac{I}{c}=\frac{bd^3}{12}\div\frac{d}{2}=\frac{bd^3}{12}\times\frac{2}{d}$$

或

$$S=\frac{bd^2}{6}$$

几乎不需要解答此公式，因为可以利用表格（见表 5.1）来查出各种结构形状的截面模量。

【例题 5.3】 求 8×10 的梁关于过形心且平行于短边轴的截面模量。

解：查表 5.1 得，此梁的加工尺寸为 7.5in×9.5in，在第四列中给出了截面模量 $112.8in^3$。验证此值，得

$$S=\frac{bd^2}{6}=\frac{7.5\times9.5\times9.5}{6}=112.8\ in^3$$

5.6 回转半径

构件横截面的回转半径与受压构件的设计有关，根据截面的尺寸和形状而定，且是构件用作柱或压杆时的截面刚度的一个指标。**回转半径**的数学表达式为

$$r=\sqrt{\frac{I}{A}}$$

式中 I——惯性矩；

A——截面面积。

因为惯性矩的单位为 in^4，横截面面积的单位为 in^2，所以回转半径的单位为 in。回转半径在木结构的设计中不如在钢结构设计中用得广泛。木柱一般使用矩形截面，这方便于在柱的设计过程中用**最小的横向尺寸**代替回转半径。

注意：在以后的解题过程中，若没有特别申明，则使用标准加工尺寸。

习题 5.6.A 通过计算验证表 5.1 中列出的 12×4 木板关于过形心且平行于木板长边的水平轴线的惯性矩。

习题 5.6.B 若习题 5.6.A 中木板的截面改为 4×12，则它关于平行于木板较短边的形心轴线的惯性矩是多少？

习题 5.6.C 计算实际直径为 8in 的柱关于其圆形横截面形心轴的惯性矩，比较此值与名义尺寸为 8×8 柱的 I_{X-X} 的大小？

习题 5.6.D 木块胶板箱形梁［见图 5.3（b）］的翼缘块尺寸为 6×4，其中水平边长度为 6in 梁的总高度为 24in。计算翼缘块关于组合截面过形心 $X—X$ 轴的惯性矩。

习题 5.6.E 计算验证表 5.1 中列出的尺寸为 10×8 的构件关于过形心且平行于较长边轴线的惯性矩。

习题 5.6.F 求出习题 5.6.C 中描述的柱的回转半径。

5.7 常见几何形状的截面特性

各种设计参考资料中，都已确定标准木材或加工产品的横截面形状，且以表格的形式描述了它们的特性。当定制的形状通过切削标准产品或通过采用不同的木块组合成截面时，截面特性可经计算确定，如本章所述。因此，经常需要用到简单几何形状的截面特性，例如圆形、矩形和三角形。图 5.4 中给出了一些常见几何形状的截面特性。

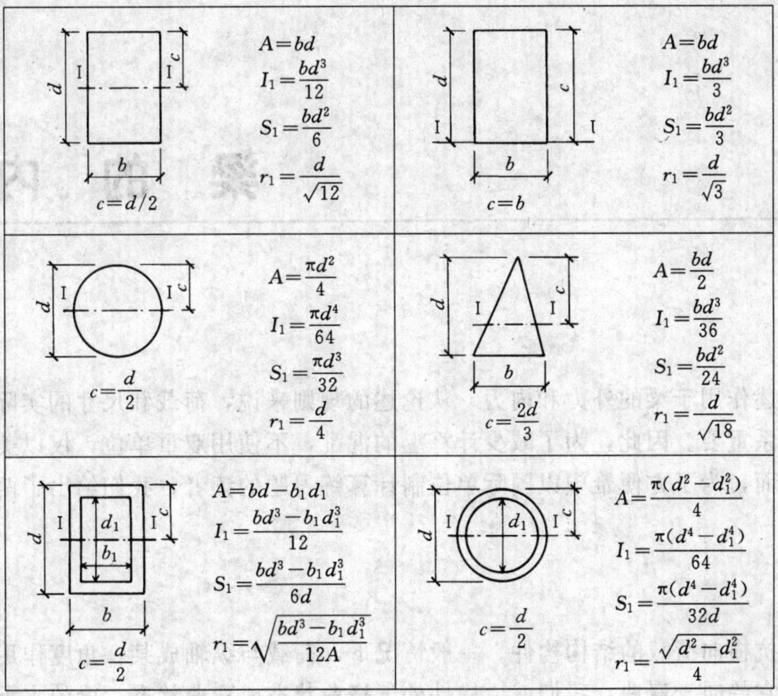

图 5.4 常见几何形状截面的参数

A—面积；I—惯性矩；S—截面模量$=\frac{I}{c}$；r—回转半径$=\sqrt{\frac{I}{A}}$

第6章

梁的内力

本章阐述作用于梁的外力和内力。从论述的规则来说，荷载和尺寸的实际单位没有它们之间的关系重要。因此，为了减少计算上的混乱，不使用双重单位，仅以美国单位制进行计算。然而，为了方便希望以国际单位制计算练习题的读者，我们给出了两套单位制的答案。

6.1 引言

梁是抵抗横向荷载的结构构件。一般情况下，荷载与纵轴成某一角度作用在梁上。梁上的荷载使它趋向于**弯曲**，我们就说构件处于**挠曲状态或弯曲状态**。梁的支承通常在末端或末端附近，向上的支承力称为**支座反力**，支撑更小梁的梁称为**主梁**。

简支梁每个末端处都有支座，梁末端能自由旋转。在木建筑中大多数梁都是简支梁[见图 6.1 (*a*)]。

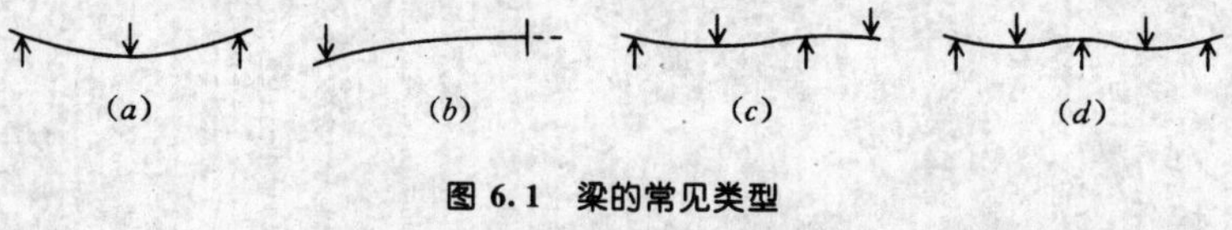

图 6.1 梁的常见类型

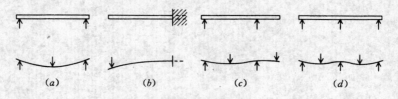

(*a*) 简支梁；(*b*) 悬臂梁；(*c*) 外伸梁；(*d*) 连续梁

悬臂梁超出其支座，嵌在墙内且伸出墙面的梁是一个典型的例子 [见图 6.1 (*b*)]。我们认为这种梁固定或约束在支座上。

外伸梁为梁身超出其支座的一端或两端的梁 [见图 6.1 (*c*)]。

连续梁为放在三个或三个以上支座上的梁［见图 6.1 (d)］。

在本章中，我们考虑作用在梁上的外力，并以剪力和弯矩衡量外力的作用效果。

6.2　力矩

力矩的作用结果可引起物体关于一个点或轴线产生转动。力矩的大小等于力与沿力的作用线到取矩的那点之间的距离之乘积。力矩的单位为复合单位，例如 ft・lb 和 in・lb 或 kip・ft 和 kip・in。趋向于围绕其转动的点或轴线称为**矩心**，力的作用线与矩心的垂直距离称为**力臂**。

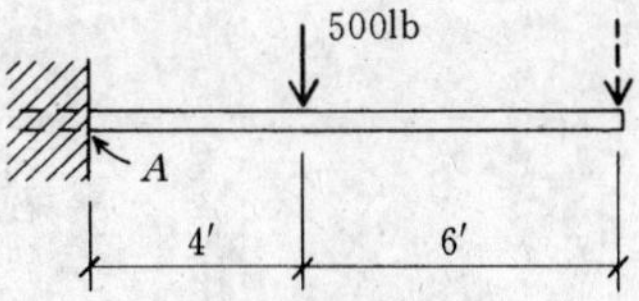

图 6.2　力矩的计算

如图 6.2 所示，悬臂梁长为 10ft，500lb 的力作用在离墙面 4ft 处，则此力关于墙面上 A 点的力矩为 500×4＝2000ft・lb。若此力移至梁的自由端（无支撑端），则正如虚线所示，此力关于 A 点的力矩变为 500×10＝5000ft・lb。

6.3　确定支座反力

使用三个静力平衡条件确定梁的支座反力，表达如下：

(1) 所有竖向力的代数和为零。

(2) 所有水平力的代数和为零。

(3) 任何一点处所有力矩的代数和为零。

在仅承受竖向荷载的梁中不存在水平力，因此支座反力是竖向力。当在简支梁上的荷载对称时，每端的支座反力等于总荷载的一半。为便于区别这两个支座反力，可以用 R_1 和 R_2 分别表示左端和右端的支座反力。

首先分析一跨度为 20ft 的简支梁，在它的跨中作用 2400lb 的集中荷载，如图 6.3 (a) 所示。由于梁承受对称荷载，且向下的力为 2400lb，很明显每端的支座反力为荷载的一半，即 1200lb，R_1 和 R_2 均等于 1200lb。我们可以通过采用前面所述的第三个平衡条件验证此结果。在右端支座反力 R_2 处取一点作为矩心，力 R_1 趋向于产生绕此点的顺时针转动，其力矩为 $R_1\times 20$；向下的力（荷载）趋向于产生绕此点的逆时针转动，其力矩为 2400×10；注意表示转动方向的箭头。由于顺时针方向力矩之和等于逆时针方向力矩之和，因此可得

$$R_1\times 20=2400\times 10$$

$$20R_1=24000$$

$$R_1=1200\ \text{lb}$$

同理可得

$$R_2=1200\ \text{lb}$$

现在，让我们来分析承受两个荷载的简支梁，如图 6.3 (b) 所示。该梁承受的荷载不对称，因此两端的支座反力不一定能够相等。我们来计算它们的大小。

我们在 R_2 的作用线上取一点作为矩心。对于此点，唯一能够引起顺时针转动的力是 R_1，其力矩为 $R_1\times 18$；对于同一矩心，900lb 和 3000lb 的荷载能够产生逆时针转动，其力矩分别为 900×14 和 3000×6。然后，据平衡条件得

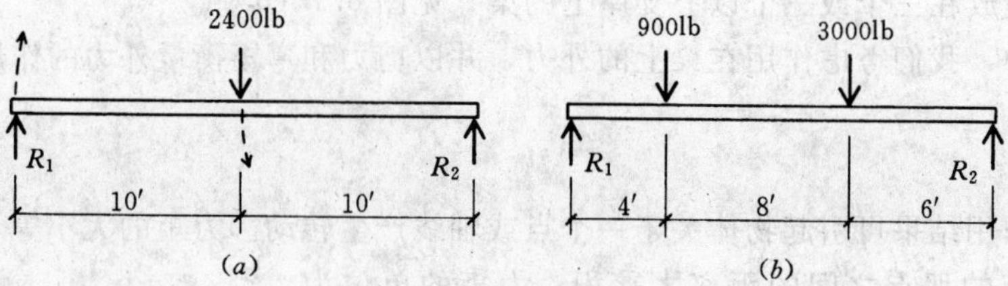

图 6.3 简支梁

$$18 \times R_1 = 900 \times 14 + 3000 \times 6$$
$$18R_1 = 30600$$
$$R_1 = 1700 \text{ lb}$$

同理，取 R_1 为矩心，可得

$$18 \times R_2 = 900 \times 4 + 3000 \times 12$$
$$18R_2 = 39600$$
$$R_2 = 2200 \text{ lb}$$

通过使用第一条平衡条件能很容易检验刚才计算的支座反力大小。事实上，此条件可以表述为：向下的力之和等于向上的力之和或者荷载之和等于支座反力之和。因此

$$900 + 3000 = 1700 + 2200$$

即

$$3900\text{lb} = 3900\text{lb}$$

到这里为止，我们的讨论是受集中荷载的简支梁支座反力的计算，现在我们考虑承受均布荷载和集中荷载的梁。对于支座反力来说，均布荷载相当于大小相等、作用在均布荷载中心的集中荷载。

【例题 6.1】 计算图 6.4（*a*）中所示受荷梁的支座反力。

解： 此梁上有一 10000lb 的集中荷载，且有一分布 8ft 长、600lb/ft 的均布荷载。均布荷载的大小为 8×600，即 4800lb；它的重心距离 R_1 为 4ft、距离 R_2 为 10ft。对支座反力来说，图 6.4（*a*）和图 6.4（*b*）中所示的梁和荷载是相似的。

图 6.4（*a*）中，取 R_2 为矩心，则

$$14 \times R_1 = 8 \times 600 \times 10 + 10000 \times 2$$
$$R_1 = 4857.1 \text{ lb}$$

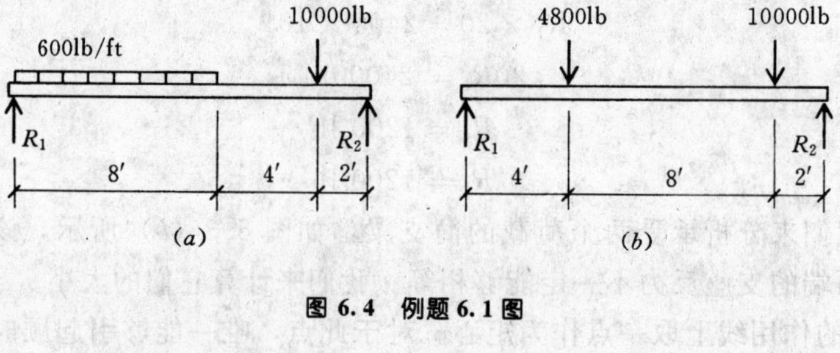

图 6.4 例题 6.1 图

此方程中，8×600 是均布荷载的大小，10 是对于 R_2 的力臂。

同理，取 R_1 为矩心，则

$$14 \times R_2 = 8 \times 600 \times 4 + 10000 \times 12$$
$$R_2 = 9942.9 \text{ lb}$$

检验

$$8 \times 600 + 10000 = 4857.1 + 9942.9$$
$$14800 \text{ lb} = 14800 \text{ lb}$$

【例题 6.2】 计算图 6.5（*a*）所示承受均布荷载的外伸梁的支座反力。

解：由观察知，均布荷载的重心距离 R_2 为 8ft，在 R_1 右边 4ft 处。取 R_2 为矩心，则

$$12 \times R_1 = 12 \times 1200 \times 8$$
$$R_1 = 12800 \text{ lb}$$

取 R_1 为矩心，则

$$12 \times R_2 = 16 \times 1200 \times 4$$
$$R_2 = 6400 \text{ lb}$$

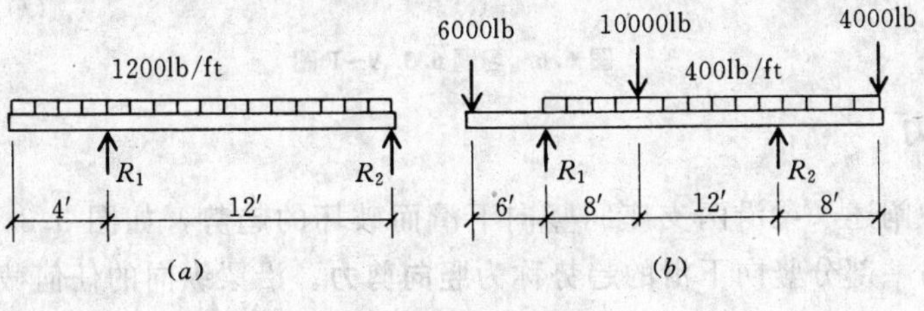

图 6.5 例题 6.2、6.3 图

检验

$$16 \times 1200 = 12800 + 6400$$
$$19200 \text{ lb} = 19200 \text{ lb}$$

【例题 6.3】 计算图 6.5（*b*）所示受荷外伸梁的支座反力。

解：分析图形可得，均布荷载的重心在 R_2 左边 6ft、R_1 右边 14ft 处。取 R_2 为矩心，则

$$20 \times R_1 + 4000 \times 8 = 6000 \times 26 + 10000 \times 12 + 28 \times 400 \times 6$$
$$20R_1 = 311200$$
$$R_1 = 15560 \text{ lb}$$

取 R_1 为矩心，则

$$20 \times R_2 + 6000 \times 6 = 10000 \times 8 + 4000 \times 28 + 28 \times 400 \times 14$$
$$20R_2 = 312800$$
$$R_2 = 15640 \text{ lb}$$

检验

$$6000 + 10000 + 4000 + 28 \times 400 = 15560 + 15640$$
$$31200\text{lb} = 31200 \text{ lb}$$

<u>习题 6.3. A～F</u> 用两个弯矩方程计算图 6.6 所示受荷梁的支座反力，且通过竖向力之和检验计算结果。

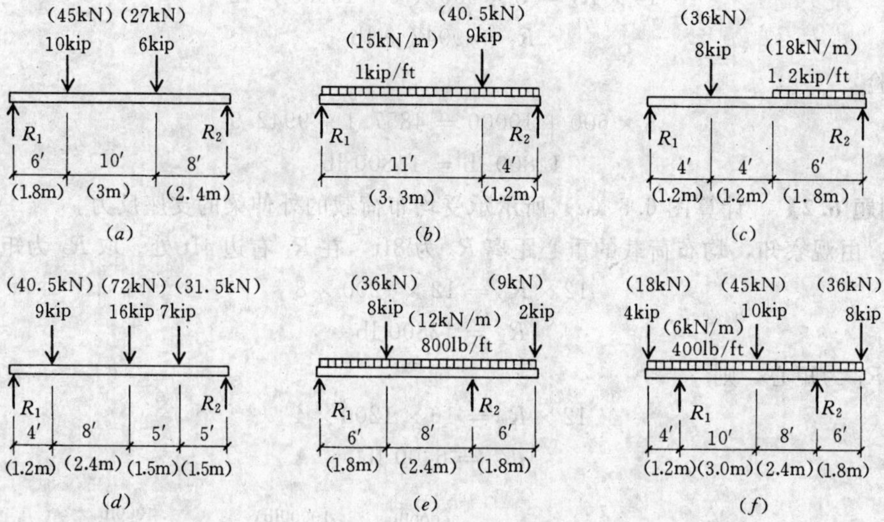

图 6.6 习题 6.3.A～F 图

6.4 梁的剪力

在 3.4 节中阐述了梁沿两支座间竖向下滑而破坏的趋势，如图 3.3（*b*）所示。梁的一部分相对于另一部分竖向下滑的趋势称为**竖向剪力**。沿梁纵向的任何截面上的竖向剪力大小等于此截面任何一面上的竖向力代数和。若我们规定向上的力（支座反力）为正、向下的力（荷载）为负，则可以这样说：**在梁任一截面上的竖向剪力等于截面左边的支座反力减去左边的荷载。**若我们取截面右边的力而不是左边的，则剪力的大小是相同的。然而，为了避免混淆，我们例题中使用左边的力。用 V 代表竖向剪力的大小，若荷载和支座反力的单位为 lb 或 kip，则竖向剪力的单位也为 lb 或 kip。

研究梁中的竖向剪力有两个重要的理由：①需要知道剪力最大值；②需要确定剪力由正值变为负值的截面——剪力为零的截面位置，在此截面上梁发生弯曲破坏的可能性最大。

剪力图是用图形表示沿梁长每个截面的剪力值。水平线（基线）直接绘在梁图形的下面，沿跨度各个截面上的剪力值以合适的比例绘在图上：正值在基线之上、负值在基线之下。

【例题 6.4】 如图 6.7（*a*）所示简支梁，长 20ft，受两个集中荷载。绘出剪力图。

解：（1）按照 6.3 节中所述的方法计算支座反力。

$$20R_1 = 8000 \times 14 + 1200 \times 4$$

$$20R_1 = 116800$$

$$R_1 = 5840 \text{ lb}$$

$$20R_2 = 8000 \times 6 + 1200 \times 16$$

$$20R_2 = 67200$$

$$R_2 = 3360 \text{ lb}$$

（2）指定需要计算其剪力值的截面，很方便地用下标 $V_{(x=4)}$ 表示到梁左端的距离为

4ft 的截面的剪力值。

首先考虑在 R_1 右边 1ft 处的截面。由于剪力等于截面左边的支座反力减去左边的荷载，且左边的支座反力为 5840lb，其左边没有荷载，因此可得

$$V_{(x=1)} = 5840 - 0 = 5840 \text{ lb}$$

此值是正值，在 R_1 右边 1ft 处基线的上方以适合的比例描上一点。

应注意，在 R_1 和离 R_1 为 6ft 处的 8000lb 荷载之间没有荷载，因此，从 R_1 直到第一个荷载截面处的竖向剪力都是 5840lb。

接下来考虑距 R_1 8ft 处的截面，可得

$$V_{(x=8)} = 5840 - 8000 = -2160 \text{ lb}$$

此值是负值，在基线的下方描点。在两个集中荷载之间的剪力值不变。

同理可得

$$V_{(x=18)} = 5840 - (8000 + 1200) = -3360 \text{ lb}$$

此值是在 1200lb 荷载与 R_2 之间所有截面的剪力值，因此，全部完成了剪力图［见图 6.7 (*b*)］。要注意，剪力图中所有的竖向距离（纵坐标）表示梁所有截面的竖向剪力值。

(3) 剪力图已完成，让我们来看看它所说明的信息。首先，我们注意竖向剪力值的最大值为 5840lb，它产生于左边支座反力与 8000lb 集中荷载之间的所有截面上。可以看出，简支梁上的最大竖向剪力产生于较大的支座反力处，且与较大的支座反力大小相等。我们也可以看出，在离 R_1 为 6ft 处，剪力值直接因 8000lb 荷载的作用而改变符号（从正值变为负值）；且在此处产生最大弯矩。在梁的设计中，最大弯矩是关键。

应该注意的是，梁的自重构成一均布荷载。由于与所承受的荷载相比木梁的自重通常很小，因此有时在计算中忽略不计。在本章中，为了重点阐述集中荷载和均布荷载各自的作用效果，梁的自重忽略不计。

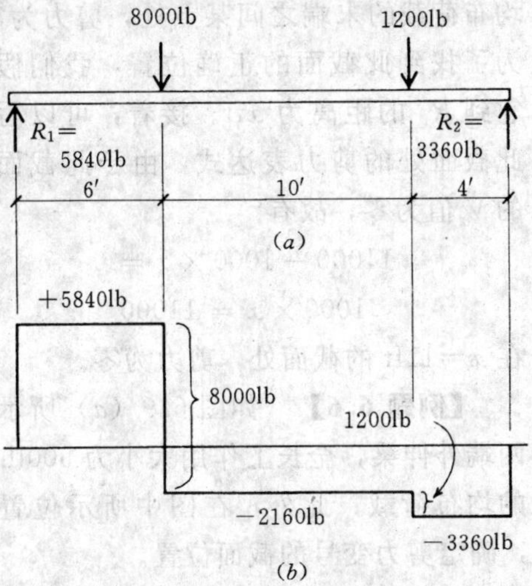

图 6.7 例题 6.4 图

(*a*) 梁；(*b*) 剪力图

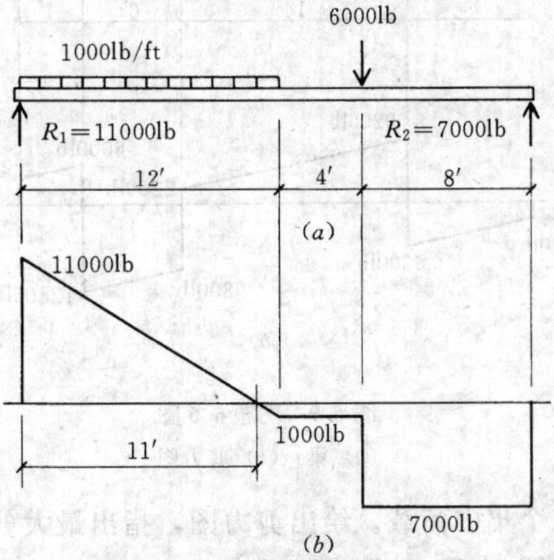

图 6.8 例题 6.5 图

(*a*) 梁；(*b*) 剪力图

【例题 6.5】 如图 6.8 (*a*) 所示的简支梁，承受集中荷载和均布荷载。绘出剪力图，

指出最大剪力值，确定剪力变号的截面位置。

解：(1) 计算支座反力。

$$24R_1 = 12\times1000\times18 + 6000\times8$$
$$24R_1 = 264000$$
$$R_1 = 11000\ \text{lb}$$
$$24R_2 = 12\times1000\times6 + 6000\times16$$
$$24R_2 = 168000$$
$$R_2 = 7000\ \text{lb}$$

(2) 在左支座处的剪力值为 11000lb。注意均布荷载的大小为 1000lb/ft，我们可以计算关键点处的剪力值。

$$V_{(x=1)} = 11000 - 1\times1000 = 10000\ \text{lb}$$
$$V_{(x=2)} = 11000 - 2\times1000 = 9000\ \text{lb}$$
$$V_{(x=12)} = 11000 - 12\times1000 = -1000\ \text{lb}$$
$$V_{(x=16-)} = 11000 - 12\times1000 = -1000\ \text{lb}$$
$$V_{(x=16+)} = 11000 - (12\times1000 + 6000) = -7000\ \text{lb}$$
$$V_{(x=24)} = 11000 - (12\times1000 + 6000) = -7000\ \text{lb}$$

在这些方程中，$V_{(x=16-)}$ 代表接近于但不包括 6000lb 荷载的截面，同样，$V_{(x=16+)}$ 表示紧靠 6000lb 荷载右边的截面。要注意均布荷载作用下的剪力图是一条倾斜直线。在绘制承受均布荷载梁的剪力图时，只需计算均布荷载两端的剪力值。

(3) 从图 6.8 (*b*) 所示的剪力图可以看出，最大竖向剪力值为 11000lb，在左支座处。我们也注意到在梁的左端与均布荷载的末端之间某点处，剪力为零。为了找到此截面的正确位置，我们假设它到 R_1 的距离为 $x$ft。接着，可以写出此截面处的剪力表达式，由于此截面处的 V 值为零，故有

$$11000 - 1000\times x = 0$$
$$1000\times x = 11000$$

在 $x=11$ft 的截面处，剪力为零。

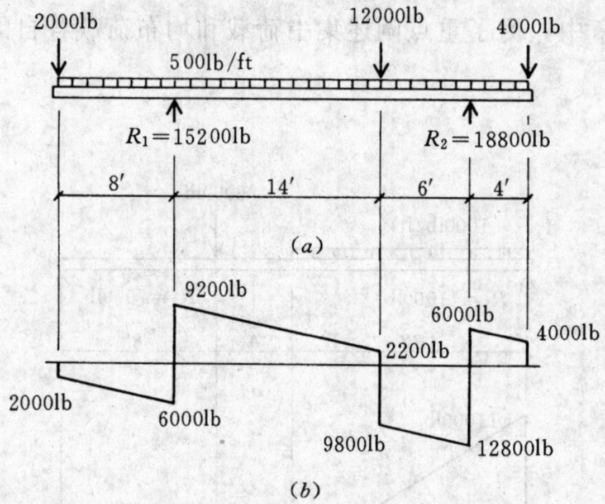

图 6.9 例题 6.6 图

(*a*) 梁；(*b*) 剪力图

【例题 6.6】 如图 6.9 (*a*) 所示的两端外伸梁，全长上作用大小为 500lb/ft 的均布荷载；此外，在图中所示位置作用三个集中荷载。绘出剪力图，指出最大剪力值，确定剪力变号的截面位置。

解：(1) 计算支座反力。

$$20R_1 + 4000\times4 = 12000\times6 + 2000\times28 + 32\times500\times12$$
$$20R_1 = 304000$$
$$R_1 = 15200\ \text{lb}$$

$$20R_2 + 2000 \times 8 = 12000 \times 14 + 4000 \times 24 + 32 \times 500 \times 8$$
$$20R_2 = 376000$$
$$R_2 = 18800 \text{ lb}$$

(2) 在梁左端的右边近距离处的剪力值为－2000lb，则

$$V_{(x=8-)} = -(2000 + 8 \times 500) = -6000 \text{ lb}$$
$$V_{(x=8+)} = 15200 - (2000 + 8 \times 500) = +9200 \text{ lb}$$
$$V_{(x=22-)} = 15200 - (2000 + 22 \times 500) = +2200 \text{ lb}$$
$$V_{(x=22+)} = 15200 - (2000 + 12000 + 22 \times 500) = -9800 \text{ lb}$$
$$V_{(x=28-)} = 15200 - (2000 + 12000 + 28 \times 500) = -12800 \text{ lb}$$
$$V_{(x=28+)} = 15200 + 18800 - (2000 + 12000 + 28 \times 500) = +6000 \text{ lb}$$
$$V_{(x=32-)} = 15200 + 18800 - (2000 + 12000 + 32 \times 500) = +4000 \text{ lb}$$

(3) 按照这些值绘出剪力图，如图 6.9 (*b*) 所示。在读取最大竖向剪力值时，我们不考虑正负号，因为图形只不过是代表数的绝对值的传统方法。因此，最大竖向剪力值是 12800lb，产生在紧靠右端支座的左边。沿跨度方向剪力在三个不同的点上变号，即在 R_1、R_2 及 12000lb 荷载处。6.5 节将讨论这些基线的多重穿越点的意义。

习题 6.4. A～F 梁和荷载如图 6.10 所示，试绘出剪力图，标出最大竖向剪力值，并确定剪力变号的截面位置。

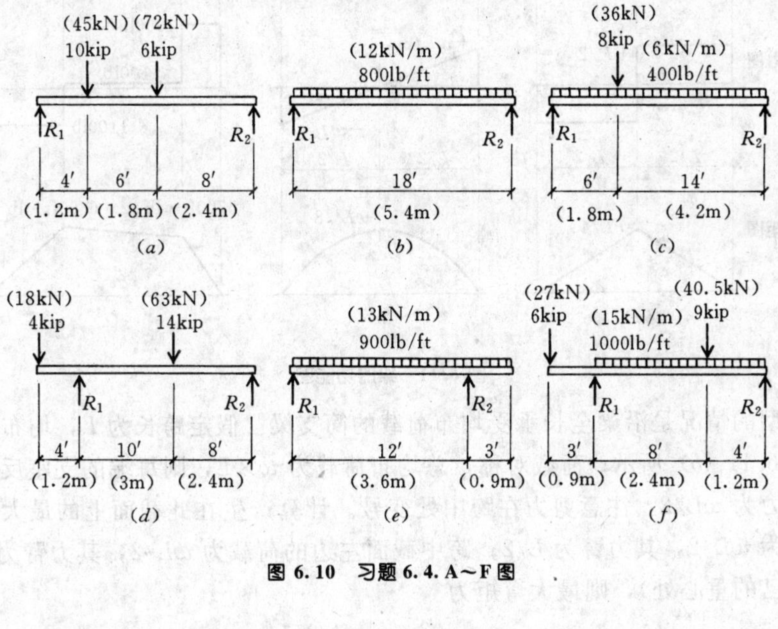

图 6.10 习题 6.4. A～F 图

6.5 弯矩

沿梁纵向的任何截面上的**弯矩**均是梁因受力而产生的弯曲趋势的度量。弯矩的大小通常沿梁纵向变化，且最大值发生在剪力变号的截面上。弯矩用 M 表示。

简支梁在任何截面上的弯矩大小等于在截面左边或右边力矩的代数和。为了简化起见，我们仅仅考虑截面左边的力。可以说，**沿梁纵向的任何截面上的弯矩均等于截面左边**

的支座反力力矩减去左边的荷载力矩。

尤其值得注意的是，此规则与6.4节中确定竖向剪力的规则是相似的，剪力和弯矩经常被混淆。请记住：剪力是**支座反力减去荷载**，而弯矩是**支座反力力矩减去荷载力矩。**由于弯矩是力与距离的乘积，因此弯矩的单位为ft·lb和in·lb（或kip·ft和kip·in）。

举例说明，如图6.11（*a*）所示的简支梁，跨长为L，跨中受一集中荷载P。由于梁是对称受荷，因此每端的支座反力均为$P/2$，剪力图如图所示。最大剪力值为$P/2$，且在跨中剪力变号，在此截面处弯矩达到最大值。应用上述规则时我们注意到，左端支座反力为$P/2$，其力臂为$L/2$，则支座反力力矩为（$P/2$）×（$L/2$）。跨中截面的左边没有荷载，若考虑荷载P，其力臂为0，则其力矩为$P\times0=0$。所以最大弯矩为

$$M_{(x=L/2)}=\frac{P}{2}\times\frac{L}{2}=\frac{PL}{4}$$

绘出弯矩图，如图6.11（*a*）所示。由于跨中受集中荷载的简支梁是工程中常见的情况，所以建议大家记住此最大弯矩的表达式（见图6.13中情形1）。

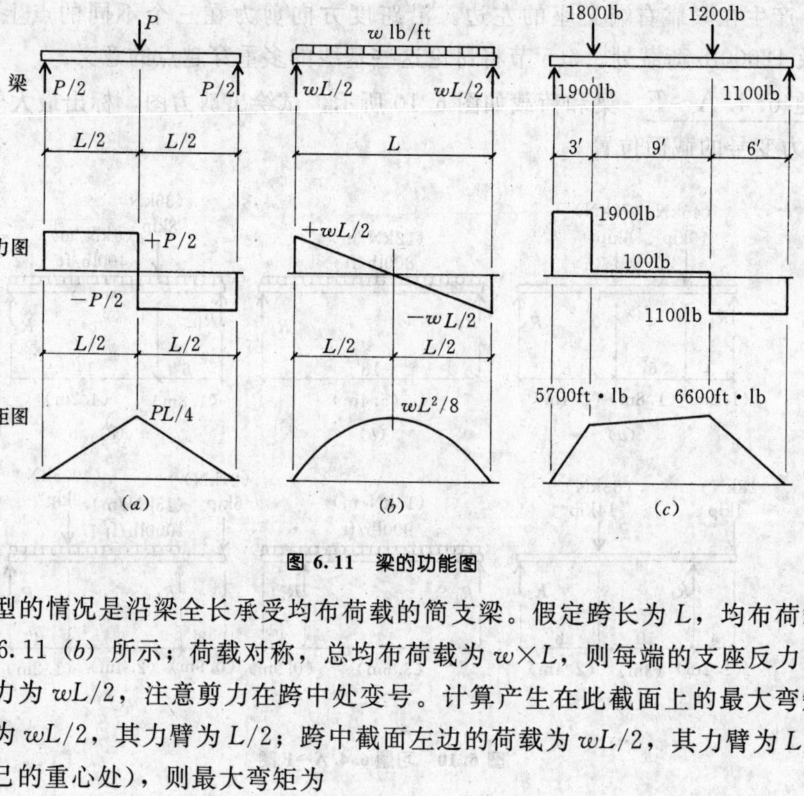

图6.11 梁的功能图

另一典型的情况是沿梁全长承受均布荷载的简支梁。假定跨长为L，均布荷载的大小为w，如图6.11（*b*）所示；荷载对称，总均布荷载为$w\times L$，则每端的支座反力为$wL/2$，最大竖向剪力为$wL/2$，注意剪力在跨中处变号。计算产生在此截面上的最大弯矩值，左端支座反力为$wL/2$，其力臂为$L/2$；跨中截面左边的荷载为$wL/2$，其力臂为$L/4$（由于它作用在自己的重心处），则最大弯矩为

$$M_{(x=L/2)}=\frac{wL}{2}\times\frac{L}{2}-\frac{wL}{2}\times\frac{L}{4}$$

$$M=\frac{wL^2}{4}-\frac{wL^2}{8}$$

$$=\frac{wL^2}{8}$$

在前面的讨论中，均布荷载表示为 $w$lb/ft，然而，设计工作中采用总均布荷载 W 通常较为方便，$W=wL$。据此，最大弯矩可以用另一种形式的公式计算：

$$M=\frac{wL^2}{8} \text{ 或 } M=\frac{WL}{8}$$

也应该记住这些值，因为它们的使用频率很高。承受均布荷载作用简支梁的弯矩图为一抛物线，如图 6.13 中情形 2 所示。

【例题 6.7】 跨长 18ft 的简支梁在跨中受一 8kip 的集中荷载，计算最大弯矩。

解：我们已经知道，对于这种梁和荷载的最大弯矩发生在跨中，且等于 $PL/4$。因此得出

$$M=\frac{PL}{4}=\frac{8\times 18}{4}=36 \text{ kip}\cdot\text{ft}$$

在梁的设计中，弯矩的单位通常为 kip・in 或 in・lb。将 kip・ft 转换为 kip・in，只需将以 kip・ft 为单位的数值乘以 12，因此，36kip・ft=36×12=432kip・in。

【例题 6.8】 跨长 22ft 的简支梁沿全长受均布荷载 300lb/ft。计算最大弯矩。

解：对于这种典型的情况，我们已经知道最大弯矩为 $M=wL^2/8$。因此得出

$$M=\frac{wL^2}{8}=\frac{300\times 22\times 22}{8}=18150 \text{ ft}\cdot\text{lb 或 } 217800 \text{ in}\cdot\text{lb}$$

若已知总均布荷载而不是均布荷载，则 W 为 300×22=6600lb，弯矩的计算式变为

$$M=\frac{WL}{8}=\frac{6600\times 22}{8}=18150 \text{ ft}\cdot\text{lb 或 } 217800 \text{ in}\cdot\text{lb}$$

【例题 6.9】 如图 6.11（c）所示的简支梁，受两个集中荷载。计算最大弯矩。

解：(1) 为计算最大弯矩，我们必须先确定它所在的位置，这就需要确定支座反力，且绘出剪力图。

(2) 计算支座反力。

$$18R_1=1800\times 15+1200\times 6$$
$$18R_1=34200$$
$$R_1=1900 \text{ lb}$$
$$18R_2=1800\times 3+1200\times 12$$
$$18R_2=19800$$
$$R_2=1100 \text{ lb}$$

(3) 根据 6.4 节所述，绘出剪力图［见图 6.11（c）］，可以看出，剪力在离梁左端 12ft 的 1200lb 荷载处变号。

(4) 计算在剪力变号截面上的最大弯矩。

$$M_{(x=12)}=1900\times 12-1800\times 9=6600 \text{ ft}\cdot\text{lb}$$

(5) 为了绘出弯矩图，我们只需计算 1800lb 荷载处的弯矩，得出

$$M_{(x=3)}=1900\times 3=5700 \text{ ft}\cdot\text{lb}$$

弯矩图如图 6.11（c）所示。

负弯矩

到现在为止，在所有讨论过的例题中，我们仅仅考虑了受正弯矩的简支梁，它的整个

弯矩图都在基线一边。当梁承受这种弯矩时，梁变弯曲且凹面向上，梁沿全长上半部分承受压应力。

当梁外伸超出支座时［见图 6.12（*a*）］，伸出部分的梁（称为**外伸端或悬垂端**）弯曲向下，表明压应力发生在梁的下半部分，这部分梁上的弯矩称为负弯矩。图 6.12（*b*）显示，在外伸梁内通常存在正、负弯矩。在此情况下，梁的挠曲线上存在一**拐点**，在此点处弯矩为零，且变号。此关系可以用于检验变矩图形的正确性：零弯矩与梁的弯曲变形相关。

若通过常规方式绘出图 6.12 中梁的弯矩图，则弯矩的正确符号将由图形确定。这是确定弯矩符号的常规方法，称为**弯曲应力符号法**，因为弯矩的符号与弯曲压应力的位置有关（正弯矩时，弯曲压应力在梁的顶部；负弯矩时，弯曲压应力在梁的底部）。

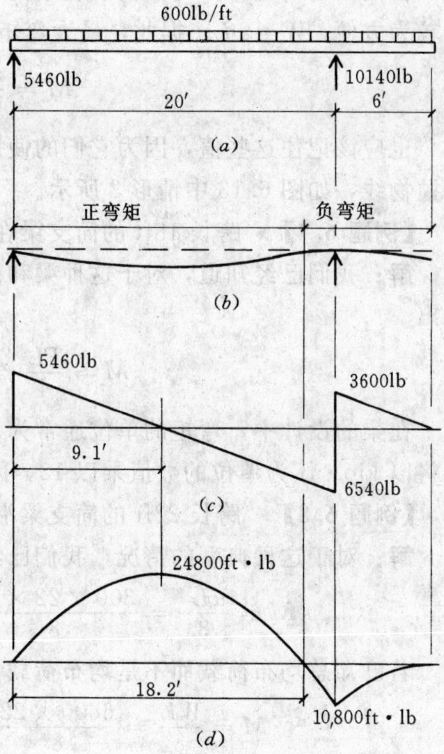

图 6.12 外伸梁示意图

（*a*）梁；（*b*）弹性曲线；（*c*）剪力图；（*d*）弯矩图

【例题 6.10】 计算图 6.12（*a*）所示的外伸梁的最大弯矩，绘出剪力图和弯矩图。

解：（1）这是另一种必须找出剪力变号截面位置的情况，以便计算最大弯矩的大小。

（2）计算支座反力。

$$20R_1 = 26 \times 600 \times 7$$
$$20R_1 = 109200$$
$$R_1 = 5460 \text{ lb}$$
$$20R_2 = 26 \times 600 \times 13$$
$$20R_2 = 202800$$
$$R_2 = 10140 \text{ lb}$$

（3）绘出剪力图，如图 6.12（*c*）所示。我们发现，最大竖向剪力为 6540lb，剪力在以下两处变号：一处在两支座之间的某点上，另一处正在右支座上。为了找出第一处截面的正确位置，我们假定它到 R_1 的距离为 $x$ft，写出下列此截面处的剪力表达式，且令此式等于零：

$$5460 - 600 \times x = 0$$
$$600x = 5460$$
$$x = 9.1 \text{ ft}$$

则
$$M_{(x=9.1)} = 5460 \times 9.1 - 600 \times 9.1 \times 4.55 = +24843 \text{ ft} \cdot \text{lb}$$
$$M_{(x=20)} = 5460 \times 20 - 600 \times 20 \times 10 = -10800 \text{ ft} \cdot \text{lb}$$

应该注意，离 R_1 9.1ft 处的力矩为正值，而在 R_2 处的力矩为负值。

(4) 为了找出拐点的位置，我们假定它到 R_1 的距离为 $x$ft，写出此截面处的弯矩表达式，且令此式等于零：

$$5460 \times x - 600 \times x \times \frac{x}{2} = 0$$

$$\frac{600x^2}{2} - 5460x = 0$$

$$x^2 - 18.2x = 0$$

这是用于找出拐点（零弯矩）位置的一般步骤。当有均布荷载作用时，一般形式是一个二次方程。然而，任何简化的条件都可以减少复杂的代数运算。在这里，可以看出弯矩图正值部分是一条对称的抛物线；因此，从梁的左端到零弯矩点的距离是梁的左端到最大弯矩点距离的 2 倍，即 $x=2\times9.1=18.2$ft，此值与上述二次方程的解相同。

(5) 此外伸梁的最大弯矩是 24843ft・lb，负弯矩较小。在木梁的设计中，无论正负，计算中都使用更大的弯矩值。

习题 6.5.A～F 梁和荷载如图 6.10 所示，试绘出弯矩图，并找出所有题目中弯矩的最大值。

习题 6.5.G 如图 6.10（*f*）所示的梁，确定其拐点位置。

6.6 典型荷载下梁的反应值

图 6.13 中是一些最常见的梁荷载，给出了每种荷载的剪力图和弯矩图，且给出了支座反力、最大剪力、最大弯矩和最大挠度（将在第 7 章中讨论挠度）的计算公式。对于梁（尤其是木梁）的设计，仅仅使用这些剪力、弯矩和挠度的最大值就足够了。因此，对于典型的荷载，设计者一般使用这些关键值的计算公式，以缩短对梁的分析过程。

各种参考资料（包括本书参考文献 2 和参考文献 4）给出了更多的荷载形式及相应的计算公式。

对于受均布荷载的简支梁，最大弯矩为 $WL/8$；对于在三分点处承受两个相等集中荷载的简支梁，最大弯矩为 $PL/3$，这些值表示在图 6.13 的情形 2 和情形 3 中。令这两个弯矩值相等，则

$$\frac{WL}{8} = \frac{PL}{3}$$

即

$$W = 2.67 \times P$$

此式表明，当产生的最大弯矩相等时，总均布荷载是一个集中荷载的 2.67 倍。

图 6.13 中也给出了其他荷载的系数。值得注意的是，等效平面荷载（*ETL*）不包括梁的自重，梁的自重也应该估算进去。梁的剪力值和支座反力必须由实际荷载确定，而不是由等效平面荷载确定。

在快速、近似设计情况下，最大弯矩或最大挠度是关键极限值，（常见情形是大跨或一般受轻载的梁、桁条和椽），等效平面荷载［也称为**等效均布荷载**（*EUL*）］是有用的。挠度或最大弯矩的表、图或公式是构成辅助设计的捷径，它们通常能使临界极限与总均布荷载联系起来。在这种情形下，通过转换任何荷载下实际计算的最大弯矩，通常可以获得

合理的近似值。

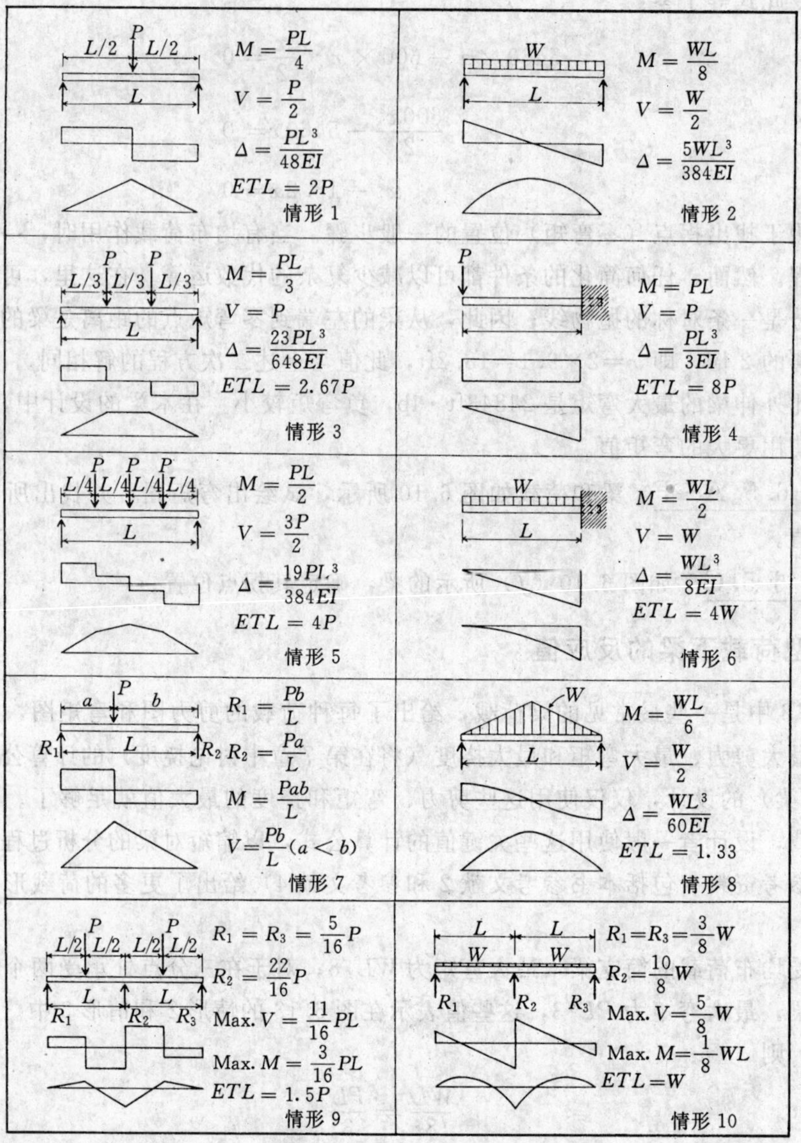

图 6.13　典型梁荷载的反应值

对于图 6.13 情形 1，使用受均布荷载简支梁的最大弯矩计算公式：$M=WL/8$，则可得出

$$(\text{任意 } M)=(EUL)(L/8)$$

或

$$EUL=(8/L)(\text{任意 } M)$$

这是将任意荷载——无论多么复杂的荷载——转换为等效均布荷载的一般公式；转换过程中保证最大弯矩值相等，且挠度值合理、近似。此过程主要用于近似确定复杂荷载引起的挠度。

6.7 多跨梁

如 6.1 节所述，连续梁是放置在三个或三个以上支座上的梁。仅仅通过用于两个支座的简支梁的弯矩平衡条件不能确定支座反力的大小，因此连续梁被称为“超静定结构”，对关于其计算的必要性讨论超出了本书的范围。连续梁一般出现在钢筋混凝土结构和焊接钢结构中，但很少在木结构中出现。

有时木结构中出现两跨连续梁，如图 6.13 中情形 9 和情形 10 所示。情形 10 是受均布荷载 W 的两等跨连续梁，情形 9 是在跨中承受集中荷载 P 的两等跨连续梁。图中给出了这两种情形的支座反力、最大竖向剪力和最大弯矩的计算公式。这两种情形的最大弯矩都发生在中间支座上，且是负值。情形 10 和情形 9 中的最大正弯矩（图 6.13 中没有给出）分别为 $M=WL/14.2$ 和 $5PL/32$。正如前面所述，在木梁设计中，最大弯矩值不考虑正、负号。

【例题 6.11】 每跨长为 10ft 的两等跨连续梁沿全长承受 10000lb 的均布荷载，绘出剪力图和弯矩图，且指出最大剪力和最大弯矩。梁如图 6.14（a）所示，注意有两个拐点。

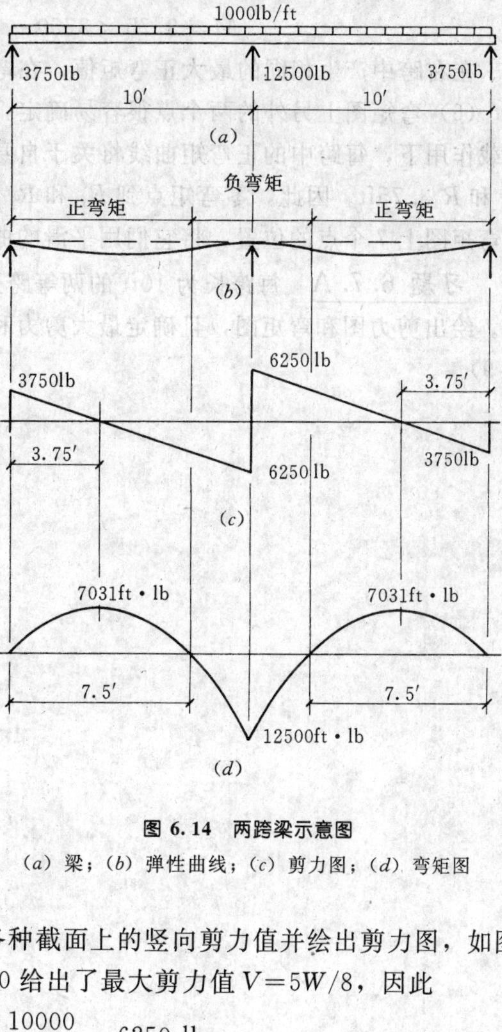

图 6.14 两跨梁示意图

（a）梁；（b）弹性曲线；（c）剪力图；（d）弯矩图

解：(1) 参考图 6.13 中情形 10，确定支座反力，因为 $R_1=R_3=3W/8$，$R_2=10W/8$，所以

$$R_1=R_3=\frac{3\times W}{8}=\frac{3\times 10000}{8}=3750\ \text{lb}$$

$$R_2=\frac{10\times W}{8}=\frac{10\times 10000}{8}=12500\ \text{lb}$$

(2) 按照 6.4 节阐述的内容，计算梁的各种截面上的竖向剪力值并绘出剪力图，如图 6.14（c）所示。对于此例，图 6.13 中情形 10 给出了最大剪力值 $V=5W/8$，因此

$$V=\frac{5\times W}{8}=\frac{5\times 10000}{8}=6250\ \text{lb}$$

此值发生在中间支座的两边。

(3) 剪力在中间支座和其他的两个地方变号。在左跨中零剪力发生位置到 R_1 的距离为 $x=R_1/w=3750/1000=3.75\text{ft}$，$w=1000\text{lb/ft}$。根据对称性，在右跨中零剪力位置为到 R_3 的距离为 3.75ft。

(4) 两等跨连续梁的最大弯矩发生在中间支座上，且是负值。此值为 $M=WL/8$，如图 6.13 情形 10 中所示，因此

$$M=\frac{WL}{8}=\frac{10000\times 10}{8}=12500\ \text{ft}\cdot\text{lb}$$

在图 6.14（d）弯矩图中绘出此值。据观察，在 R_1 和 R_3 处的弯矩为零，这给出了弯矩曲线上其他的两个点。

(5) 每跨上的最大正弯矩发生在剪力变号的截面（第三步中已确定）上。写出左跨上最大正弯矩的表达式，即

$$M=3.75\times R_1-1000\times 3.75\times 3.75/2$$

$$M=3.75\times 3750-7031=7031\ \text{ft}\cdot\text{lb}$$

在右跨中产生相同的最大正弯矩值，在弯矩图中绘出这两个值。

(6) 弯矩图上另外的两个点很容易确定，即拐点（有时称为反弯点）。在此例的均布荷载作用下，每跨中的正弯矩曲线将关于自身的顶点（最大弯矩值）对称，两顶点分别距 R_1 和 R_3 3.75ft。因此，零弯矩点到 R_1 和 R_3 的距离为 2×3.75，即 7.5ft。现在我们确定了弯矩图上 7 个点的位置，将它们用平滑的曲线连接起来，如图 6.14（d）所示。

习题 6.7.A 每跨长为 10ft 的两等跨连续梁，在每跨的跨中各受一 4kip 的集中荷载。绘出剪力图和弯矩图，且确定最大剪力和最大弯矩的大小。（提示：参考图 6.13 中情形 9）

第7章

梁的性能

在前面的章节中，我们分析了梁的荷载和支座反力的作用效果、剪力和弯矩内力的产生和挠度的基本变形形式。本章探讨梁力作用的形成、应力大小的确定和实际的挠度尺寸。

7.1 梁中剪应力

在6.4节中已经讨论过梁内部剪力的产生，本章将考虑此内力对梁的作用效果，即产生剪应力。在任何梁中，不论它的材料或横截面是否特殊，都会产生剪应力。然而，应力特性的一些方面因梁的类型不同而异。在这里，我们主要讨论矩形截面木梁中剪力的产生，且剪力垂直于纹理方向。这是很特殊的情况，因此我们不考虑一般的剪力情况，而是关于木梁的特殊情况。

7.2 抗竖向剪力

剪应力主要在3.4节中讨论过，图3.3（*b*）表示梁因竖向剪力而破坏的趋势。这种类型的剪力实际上是穿过木纹的剪力，在木梁中这种破坏形式很少发生，因此一般不需要分析穿过木纹或竖向的单位剪应力。简支梁中的最大剪力等于较大支座反力的大小，在6.4节中阐述了确定其大小的方法。

7.3 矩形梁中的水平剪力

任何梁既受竖向剪力，也受水平剪力。水平剪力易使梁的一部分相对于相邻部分发生水平滑动，如图3.3（*c*）所示。水平单位剪应力并不是均匀分布在梁的横截面上的，而是在中和面上最大。用于计算任意**矩形**截面梁最大单位水平剪应力的公式为

$$f_v = \frac{3}{2} \times \frac{V}{bd}$$

式中 f_v——最大水平单位剪应力，psi；

V——末端的总竖向剪力，lb；

b——横截面的宽度，in；

d——横截面的高度，in。

该公式出自7.5节，它仅适用于矩形截面，且通常得出的计算结果是保守值，因为它得出的应力比正常出现的应力大。

在分析水平剪力时，通常采用此公式。若 f_v 小于梁所用品种和等级木材的容许单位水平剪应力（表4.1中的 F_v），则梁满足剪力要求。然而，若 f_v 大于 F_v，则用端部剪力 V 的修正值重新计算 f_v，解释如下：

龟裂和环裂（见1.4节）存在于所有的结构用木材中，由于它们的存在，梁的上、下两个部分，部分像两根梁那样工作，部分又像一根梁，用水平剪应力公式算出的保守结果偏向于“两根梁”作用的结果。据此得出一条经验规则：对于简支梁端部剪力的计算，允许忽略距支座一倍梁高范围内的所有荷载。当使用修正后的端部剪力时，f_v 仍然大于 F_v，则可以选择截面更大的梁。

【例题7.1】 跨度为14ft的简支梁承受均布荷载800lb/ft，其截面为10in×14in，材料为优质结构木材等级的花旗松。梁关于水平剪力是否安全？

解：(1) 查表4.1可得，容许水平剪应力为 F_v=85psi；根据表5.1，10×14梁的加工尺寸为9.5in×13.5in。

(2) 梁的总荷载为800×14=11200lb，两端支座反力和最大端部剪力均等于11200÷2=5600lb。单位水平剪应力为

$$f_v = \frac{3V}{2bd} = \frac{3 \times 5600}{2 \times 9.5 \times 13.5} = 66 \text{ psi}$$

(3) 可以看出，66psi小于设计值85psi，因此梁关于水平剪力是安全的。然而，若 f_v 大于容许值，则可以试用忽略梁端部一部分荷载的修正剪力法。第四步将演示此方法如何使用，尽管在此例中没这个必要。

(4) 如前所述，忽略两端一定范围（等于梁高）内的所有荷载。由于梁高为13.5in (1.125ft)，因此承受荷载的跨长为（14−2.25）ft。每英尺上的荷载为800lb，则每端的修正支座反力和端部剪力为

$$V = \frac{800 \times (14 - 2.25)}{2} = 4700 \text{ lb}$$

单位水平剪应力变为

$$f_v = \frac{3V}{2bd} = \frac{3 \times 4700}{2 \times 9.5 \times 13.5} = 55 \text{ psi}$$

当然，如果在任何情形下可能出现临界水平剪力，则没有理由不在第一次计算中就使用修正端部剪力计算梁的剪应力。

【例题7.2】 跨度为16ft、截面为8in×14in的简支梁在跨中四分点处承受集中荷载4000lb（见图6.13情形5），所用木材的容许水平剪应力为95psi。分析水平剪力。

解：(1) 对于所给的荷载条件，两端支座反力和最大端部剪力均等于 $3P/2$，即

$$3 \times 4000 \div 2 = 6000 \text{ lb}$$

(2) 梁中最大水平剪应力为

$$f_v = \frac{3V}{2bd} = \frac{3 \times 6000}{2 \times 7.5 \times 13.5} = 89 \text{ psi}$$

由于此应力小于容许值 95psi，故 8×14 截面满足水平剪力的要求。

7.4 木梁的剪力分析

在梁的设计中，习惯于先确定梁抵抗弯曲应力的尺寸（第 8 章）。确定梁的尺寸后，就开始分析梁中的水平剪力。待解决的问题是截面尺寸是否满足要求：f_v 不大于所选品种和等级木材的容许水平单位剪应力，因此，试用公式 $f_v = 3V/2bd$。若 f_v 大于 F_v，则使用 7.3 节例题 7.1 第（4）步中的修正支座反力（端部剪力）对梁作进一步分析；若单位剪应力仍然大于容许值，则选择另一截面面积更大的梁，且重新计算剪应力。在解决下面问题的过程中可能用到此过程。

习题 7.4.A 一块截面为 10×14（241mm×343mm）的木材，用作一跨度为 15ft（4.5m）、在离左端 5ft（1.5m）处承受 9kip（40kN）集中荷载的梁，计算最大水平剪应力。

习题 7.4.B 跨度为 10ft（3m）的梁承受均布荷载 6600lb（29.4kN），其截面为 6×10（14mm×241mm），若所用木材的容许水平剪应力为 85psi（586kPa），梁是否能满足水平剪应力的要求？

习题 7.4.C 跨度为 12ft（3.6m）的梁承受均布荷载 1200 lb/ft（17.5kN/m），其截面为 10×12（241mm×292mm），选用木材为一级花旗松-落叶松属植物。梁是否能满足水平剪应力的要求？

7.5 剪应力的通用计算公式

7.3 节中用于确定矩形截面梁最大水平剪应力的公式为

$$f_v = \frac{3V}{2bd}$$

由于常用木梁的横截面是矩形，因此该公式通常适用。然而近些年，在不同尺寸和形状的木梁制造方面取得了重要进展，经常采用胶合木梁、I 形和箱形梁以满足特殊需求。为了确定非矩形截面的水平剪应力，我们采用剪力的通用计算公式：

$$f_v = \frac{VQ}{Ib}$$

式中 f_v——梁截面中任意指定点的单位水平剪应力，psi；

V——所选截面的总竖向剪力，lb；

Q——待定 f_v 点上面（或下面）的截面面积对中性轴的静矩（**静矩**为面积与其中心到给定轴的距离之乘积），in^3；

I——梁截面关于中性轴的惯性矩，in^4；

b——待计算的 v 点处梁的宽度，in。

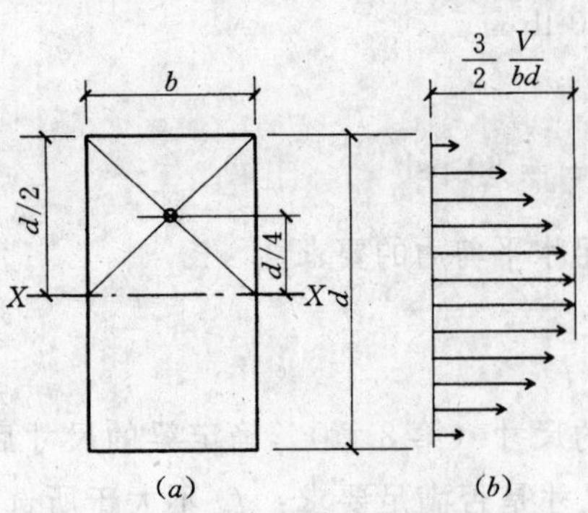

图 7.1 梁剪应力的形成

考虑宽为 b、高为 d 的矩形截面，如图 7.1 (a) 所示。使用通用公式计算在**中性轴** $X—X$ 处的最大水平剪应力。

中性轴以上的面积为 ($b \times d/2$)，其形心到中性轴的距离为 $d/4$，则

$$Q = \left(b \times \frac{d}{2}\right) \times \frac{d}{4} = \frac{bd^2}{8}$$

从 5.3 节中，我们知道矩形截面的惯性矩为 $I = bd^3/12$，代入通用公式，得

$$f_v = \frac{VQ}{Ib} = \frac{V \times bd^2/8}{bd^3/12 \times b}$$

即

$$f_v = \frac{3}{2} \times \frac{V}{bd}$$

这就是通常用于计算**矩形**截面的最大水平单位剪应力的公式。水平剪应力并不是均匀地分布在截面上的，这些应力大小用箭头的长度表示［见图 7.1 (b)］，最大应力发生在中性轴上。

水平剪力通用公式的另一个用处就是确定组合木梁胶合线上的应力，举例如下。

【例题 7.3】 图 7.2 所示箱形梁上的最大竖向剪力为 4000lb，试确定其胶合线上的单位剪应力。

解：(1) 确定 2×6 上翼缘块与 2×12 竖向构件的胶合处的水平剪应力，使用剪力通用公式：

$$f_v = \frac{VQ}{Ib}$$

所有箱形截面构件的加工尺寸如图 7.2 所示。

(2) 2×6 上（或下）翼缘块关于整个组合截面的中性轴的静矩为

$$Q = (1.5 \times 5.5) \times 6.375 = 52.6 \text{ in}^3$$

(3) 接下来计算整个横截面关于中性轴的惯性矩，等于 3 个 2×12 木块关于它们自己的形心轴（与整个组合梁的中性轴一致）的惯性矩加上两个 2×6 木块关于整个组合梁中性轴的惯性矩 I_0。查表 5.1 得，一个 2×12 构件的 $I = 178\text{in}^4$，因此三个 2×12 构件的 $I = 3 \times 178 = 534\text{in}^4$。

为了求出 2×6 上翼缘块关于整个组合梁中性轴的 I，我们使用 4.4 节中的传递公式，即

$$I = I_0 + Az^2$$

查表 4.1 得，6×2 构件的 $I_0 = 1.55\text{in}^4$，$A = 8.25\text{in}^2$，且图 7.2 中所示的 $z = 6.375\text{in}$，则

$$I = I_0 + Az^2 = 1.55 + 8.25 \times 6.375^2 = 337 \text{ in}^4$$

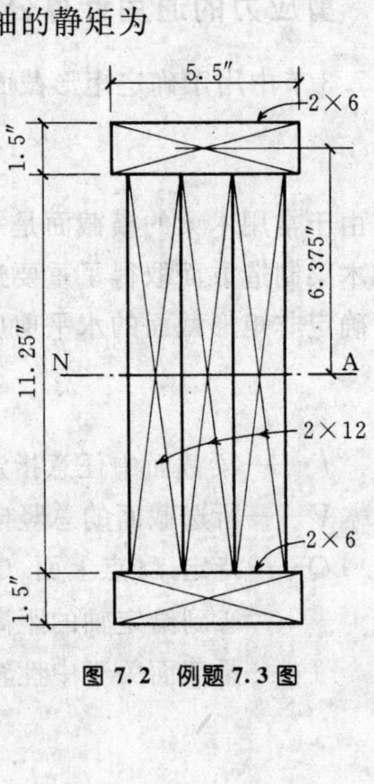

图 7.2 例题 7.3 图

两个 2×6 木块的 $I=2\times337=674\text{in}^4$。则对于整个截面 $I_{NA}=674+534=1208\text{in}^4$。

(4) 在胶合线处的梁宽为 3×1.5＝4.5in，将上述值代入剪应力通用公式中，可得

$$f_v=\frac{VQ}{Ib}=\frac{4000\times52.6}{1208\times4.5}=38.7\ \text{psi}$$

习题 7.5.A　与图 7.2 所示相似，箱形梁由 5 块木材胶合而成，上、下翼缘均为 2×8 的木块，竖向构件由两块 3×10 和一块 2×10 的木材组成；若此组合梁上的最大竖向剪力为 6600lb (27kN)，试计算胶合线处的单位剪应力。

7.6　抵抗矩

在 6.5 节中我们讲过，弯矩是外力作用在梁上使之产生弯曲变形趋势的量度；现在我们来讨论梁中抵抗弯曲的作用，该作用称为**抵抗矩**。

如图 7.3 (*a*) 所示，一矩形截面简支梁受集中荷载 P，将梁左支座到截面 X—X 之间的部分放大，如图 7.3 (*b*) 所示。通过第 5 章中对弯矩的讨论，我们知道支座反力 R_1 易引起对所考虑截面中 A 点的顺时针转动，我们已经将此定义为截面上的弯矩。在此简支梁中，上部纤维受压，下部纤维受拉，拉应力和压应力之间被一水平面隔开，称之为**中和面**。在这个平面上既没有弯曲压应力，也没有弯曲拉应力。中和面与梁截面的交线是截面的**中性轴**［见图 7.3 (*c*)］。

假定 C 为作用在横截面上部所有压应力的合力，T 为作用在横截面下部所有拉应力的合力，这些力的力矩之和使梁保持平衡，称之为**抵抗矩**，且等于截面上弯矩的大小。在 A 点的力矩为 $R_1\times x$、抵抗矩为 $C\times y+T\times y$，弯矩趋于引起顺时针转动，抵抗矩趋于引起逆时针转动，由于梁处于平衡状态，因此

$$R_1\times x=C\times y+T\times y$$

或者

$$\text{弯矩}=\text{抵抗矩}$$

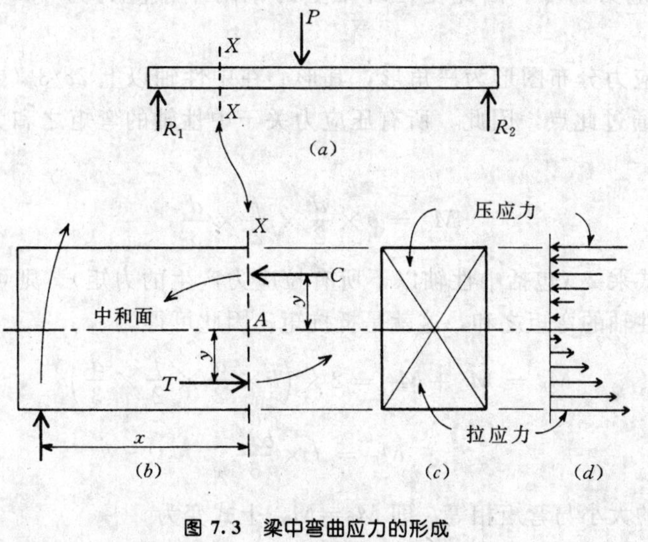

图 7.3　梁中弯曲应力的形成

对于任何类型的梁，我们都可以计算出由荷载引起的最大弯矩。若我们希望针对此荷载

设计一根梁，我们必须选择有恰当的截面形状、截面面积及材料的构件，使其产生等于最大弯矩的抵抗矩；这可以通过采用下一节中讨论的**挠曲公式**（通常称为**梁公式**）来完成。

7.7 弯曲公式

弯曲公式是关于抵抗矩的表达式，它涉及梁截面的尺寸、形状及材料。此公式用于所有均质梁的设计时（即梁仅由一种材料构成，如钢、铝或木材），通常写成

$$M = f \times S$$

式中横截面的尺寸和形状通过截面模量 S（见5.5节）来表达，材料通过离中性轴最远处纤维的单位应力 f 来表达，此应力 f 称为**极限纤维应力**。尽管读者没有必要推导此弯曲公式，但是它将被频繁使用。下面主要讨论此公式基本原理。

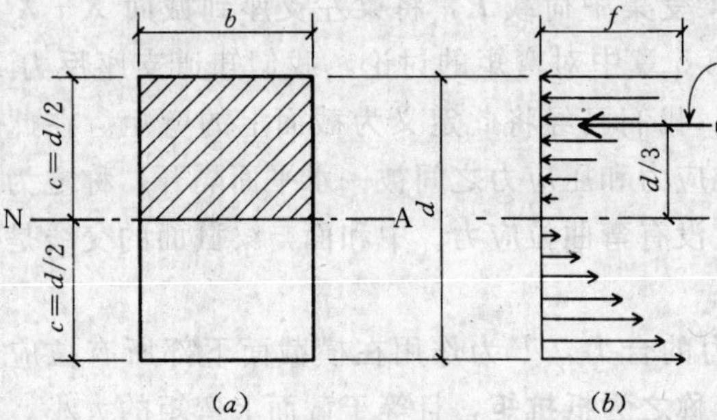

图 7.4 由弯曲应力产生的弯矩抗力

在图7.3（b）中，作用在矩形梁截面上的拉、压应力分别用它们的合力 C 和 T 表示。无论是受压纤维还是受拉纤维，它们所受应力都不相等，在中性轴上的应力为零，在最顶层和最底层纤维处的应力达到最大。应力分布图如图7.4（b）所示，其中 f 表示极限纤维应力（受压和受拉）。由于中性轴穿过截面形心［见图7.4（a）］，在梁截面上、下部的平分线上，因此中性轴到最外侧纤维的距离为 $c=d/2$。

现在我们来分析图7.4（a）中阴影部分的压应力，阴影部分的面积为 $b\times d/2$。由于中性轴处纤维的应力为零，因此受压纤维上的**平均**单位应力为 $f/2$，总压力（C）等于$b\times d/2\times f/2$。

我们知道压应力分布图形为三角形，其形心在中性轴以上 $2c/3$（或 $d/3$）处，且所有压应力的合力通过此点，因此，所有压应力关于中性轴的弯矩之和为 $b\times d/2\times f/2\times d/3$，即

$$M_C = b \times \frac{d}{2} \times \frac{f}{2} \times \frac{d}{3}$$

若将此表达式乘2（包括中性轴以下所有拉应力产生的力矩），则可以得到横截面上所有应力关于中性轴的弯矩之和，这就是抵抗矩。因此可得

$$M_R = M_C + M_T = 2 \times \left(b \times \frac{d}{2} \times \frac{f}{2} \times \frac{d}{3}\right)$$

或

$$M_R = f \times \frac{bd^2}{6}$$

由于抵抗矩的大小与弯矩相等，即 $M_R=M$，上式变为

$$M = f \times \frac{bd^2}{6}$$

或 $$\frac{M}{f}=\frac{bd^2}{6}$$

在5.5节中提到过，$bd^2/6$为矩形截面关于过形心且平行于底边轴线的截面模量。因此，上述最后两个方程是弯曲公式$M=f\times S$的特殊形式。

弯曲公式的应用

根据所需的信息，$M=f\times S$可以表达为三种形式。这里给出两个符号，分别表示**容许**极限纤维应力（F_b）和**计算所得的**极限纤维应力（f_b）。极限纤维应力和弯曲应力的定义常可交替使用。

$$(1)M=F_bS \quad (2)f_b=\frac{M}{S} \quad (3)S=\frac{M}{F_b}$$

式（1）给出了当截面模量和最大容许弯曲应力已知时梁的最大潜在抵抗矩；式（2）给出了当荷载引起的最大弯矩和梁的截面模量已知时梁的计算弯曲应力。这两个公式用于分析已知梁是否满足要求。

式（3）是用于设计的一个计算公式，给出了当最大弯矩和容许弯曲应力已知时**所需**的截面模量。当已经确定了所需的截面模量时，就可以从给出各种结构形状截面特性的表中选择S等于或大于计算值的梁。

当使用梁公式时，必须注意所表达术语的单位。弯曲应力值F_b和f_b的单位通常为lb/in^2（psi）或kip/in^2（ksi）（在国际单位制中为kPa或MPa），S的单位通常为in^3或mm^3，而弯矩的单位通常为ft·lb或kip·ft，因此要求将英尺转化为英寸（国际单位制中的kN·m，通常要求注意10的幂数）。

【例题7.4】 梁承受的最大弯矩为13100ft·lb（17.8kN·m），若木材的容许弯曲应力为$F_b=1400$psi（9.65MPa），试确定所需的梁截面。

解：(1) 所需截面模量为

$$S=\frac{M}{F_b}=\frac{13100\times 12}{1400}=112.3\ in^3(1845\times 10^3 mm^3)$$

(2) 从表5.1中选择6×12的梁，$S=121.2in^3$。

(3) 假设由于梁下净高要求，限制梁的名义高度采用10in（实际高度为9.5in）。为了找出所需要梁的宽度，可以求解矩形截面的截面模量公式，如下所示：

$$S=112.3=\frac{bd^2}{6}$$

$$b=\frac{6S}{d^2}=\frac{6\times 112.3}{9.5^2}=7.47\ in$$

这表明可以使用8×10（实际为7.5×9.5）截面。也可以直接在表5.1中找出S不小于$112.3in^3$、高为10in、最窄的截面。

习题7.7.A 若8×10梁截面上的最大弯矩为16kip·ft（22kN·m），则最大弯曲应力值是多少？

习题7.7.B 若梁的最大弯矩为20kip·ft（27kN·m），且木材的容许应力为1600psi（11MPa），试找出木梁的最小标准截面（见表5.1）。

习题7.7.C 如习题7.7.B所述，加上限制梁的名义高度为12in（实际尺寸为

11.5in)。

7.8 梁的尺寸系数

对于高大于 12in、宽大于 4in 的实锯梁，其容许弯曲应力 F_b 必须被折减。表中的 F_b 值乘以由下式确定的、适当的**尺寸系数**予以折减：

$$C_F = \left(\frac{12}{d}\right)^{1/9}$$

式中 C_F——尺寸系数；

d——梁的实际高度，in。

表 7.1 中给出了几个不同高度的实锯梁的 C_F 值。

表 7.1 实锯梁的尺寸系数①

实际梁高 (in)	实际梁高 (mm)	C_F
13.5	343	0.987
15.5	394	0.972
17.5	445	0.959
19.5	495	0.947
21.5	546	0.937
23.5	597	0.928

① 美制单位中 $C_F=(12/d)^{1/9}$，国际单位制中 $C_F=(300/d)^{1/9}$。

为了确定高度大于 12in 梁的抵抗矩，在弯曲公式中插入尺寸系数，则公式变为

$$M = C_F \times F_b \times S$$

例如，在表 4.1 中，优质结构木材等级、花旗松梁和桁条的容许极限纤维应力为 $F_b=1600$psi；对于名义尺寸为 8×16 的梁，尺寸系数为 0.972；由表 5.1 可知，名义尺寸为 8×16 的截面模量为 300 in^3。则可求得此梁的抵抗矩为

$$M = C_F F_b S = 0.972 \times 1600 \times 300 = 467000 \text{ in} \cdot \text{lb}$$

7.9 梁的挠度

伴随梁的弯曲产生的变形称为**挠度**。图 7.5 表示简支梁的挠度，我们主要关心它的最大值，图中最大值发生在跨中。所有梁都会产生一定程度的挠度，设计者必须确保挠度不超出规定的极限。必须清楚地理解，梁在不超出容许弯曲应力的条件下足以支撑所施加的荷载，但同时曲率可能很大，以至于悬式抹灰顶棚上出现裂缝，水聚集在平屋顶的低处，或者由缺乏刚度而导致地板非常松软。换句话说，设计梁时，既应该考虑弯曲强度，又应该考虑**刚度**。

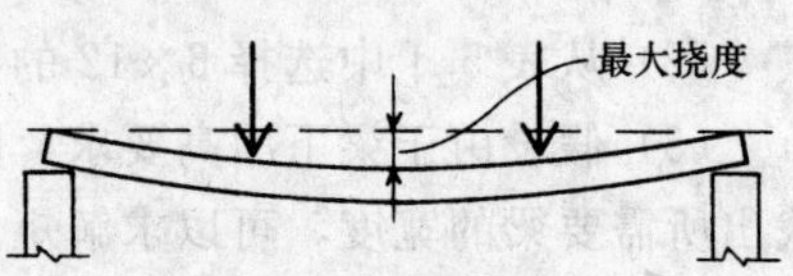

图 7.5 梁的挠度

7.10 容许挠度

支承抹灰顶棚或隔离物的楼面构造梁的容许挠度极限一般取为梁跨度的1/360。对于这样的构造，恒载（建筑材料的自重）引起的初始挠度发生在抹灰之前，这就是有时在计算挠度时忽略恒载的原因。此外，恒载作用下梁的挠曲在外观上和心理上均不引人注意，许多设计者在确定挠度时通常考虑恒载和活载。一些专家认为不支承抹灰的梁，其容许挠度极限可取为跨长的 1/240。

当不清楚建筑物使用期限内的设计用途时，宜采用较严格的限值（1/360）。然而，当知道建筑物将来的用途时，就可以通过设计更大的容许挠度以取得经济效益。当然，专门的挠度限制值的条款应该参考当地的建筑规范。

有时，梁的最大容许挠度被定为一个绝对值，而不是与跨度的比。通常由建筑的净空要求确定此尺寸，例如，若梁的挠度超过规定值，将会损坏邻近材料，如窗的玻璃和框架、门框及非承压隔离物。

7.11 挠度的计算

尽管对挠度的考虑是非常严格的，但精确地确定挠度是一个不切实际、根本不能达到的目标。原因如下：

（1）荷载的确定总是存在一定程度上的近似。

（2）任何单个木块的弹性模量（它表示材料的刚度）通常是一近似值。

（3）由于荷载分配、节点抗力、建筑非结构构件的加强等因素，结构变形的各种约束总是存在的。

由于以上情况，挠度计算很困难。因此，使用各种简化近似方法求出挠度，就足以满足设计的要求了。

对于典型的、常见的荷载和跨度，可以推导出梁挠度的计算公式。对于图 6.13 中大部分情形，给出了确定最大挠度的计算公式。就大部分的设计问题而言，仅仅关心挠度的最大值。当出现这些荷载（在所有梁中占绝大多数）条件时，可以使用这些公式。

（注意：建筑中挠度的传统符号是希腊大写字母 Δ——delta。而一些参考资料中也使用英文大写字母 D。）

木结构中的挠度对椽和搁栅是最关键的，对这些构件，其跨高比经常用到极限。椽和搁栅的最大容许跨度经常因考虑挠度而受到限制。由于椽和搁栅经常是承受均布荷载的简支跨（见图 6.13 中情形 2），因此其挠度的计算公式为

$$\Delta = \frac{5WL^3}{384EI}$$

代入 W、L 及伴随挠度而产生的弯曲应力，则得出

$$\Delta = \frac{5L^2 f_b}{24Ed}$$

若将平均值 $f_b = 1500\text{psi}$ 和 $E = 1500000\text{psi}$ 代入上式中，则上式可简化为

$$\Delta = \frac{0.03L^2}{d}$$

式中 Δ—— 挠度，in；

L——梁的跨度，ft；

d——梁的高度，in。

图 7.6 为标准木材尺寸 d 取不同值时上式的曲线图。图 7.6 中的曲线是用名义尺寸列出的，但是在此曲线的计算中使用的是表 5.1 所给出的加工尺寸。作为参考，图中给出了对应于挠度为 $L/180$、$L/240$、$L/360$ 的直线；而且给出跨高比为 25：1 的直线，这是近似实际极限。

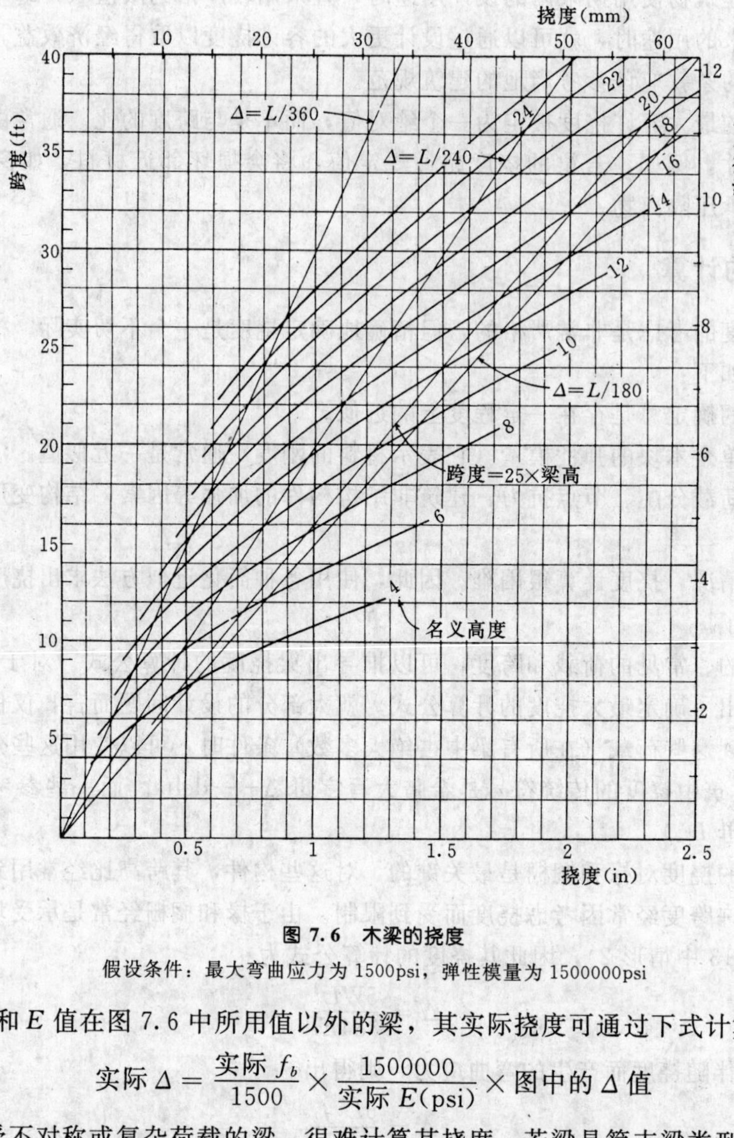

图 7.6 木梁的挠度

假设条件：最大弯曲应力为 1500psi，弹性模量为 1500000psi

对于 f_b 和 E 值在图 7.6 中所用值以外的梁，其实际挠度可通过下式计算

$$实际\ \Delta = \frac{实际\ f_b}{1500} \times \frac{1500000}{实际\ E(\text{psi})} \times 图中的\ \Delta\ 值$$

对于承受不对称或复杂荷载的梁，很难计算其挠度。若梁是简支梁类型，则在许多情况下可以通过使用等效均布荷载（梁的实际最大弯矩等于假设均布荷载产生的弯矩）获得近似最大挠度。对于确定挠度的近似值，假设的 W 可以用图 6.13 中情形 2 的公式或图 7.6 中的曲线。

下面的例题演示了挠度计算中的一些典型问题和刚才讨论过的技巧。

【例题 7.5】 截面为 8×12 的木梁承受的总均布荷载为 10000lb，简支跨长为 16ft，E=1600000psi。求最大挠度。

解：使用关于此荷载的公式（见图 6.13 中情形 2），从表 5.1 查得此截面的 I=950in^4，则可求出

$$\Delta = \frac{5WL^3}{384EI} = \frac{5 \times 10000 \times (16 \times 12)^3}{384 \times 1600000 \times 950} = 0.61\ \text{in}$$

或者使用图 7.6 中的曲线，则

$$M=\frac{WL}{8}=\frac{10000\times 16}{8}=20000\ \text{ft}\cdot\text{lb}$$

$$f_b=\frac{M}{S}=\frac{20000\times 12}{165}=1455\ \text{psi}$$

从图 7.6 可得，近似值 $\Delta=0.66\text{in}$，则

$$\text{实际}\ \Delta=\frac{1455}{1500}\times\frac{1500000}{1600000}\times 0.66=0.60\ \text{in}$$

此值与计算值对照，表现出一定的精度。

【例题 7.6】 6.5 节例题 6.9 中的梁，截面为 6×10，$E=1400000\text{psi}$。求最大挠度。(见图 6.11)

解：由于图 6.13 中没有给出关于这种荷载的公式，因此将使用等效均布荷载的方法求出近似挠度。

(1) 使用图 6.11 中给出的最大弯矩值，则

$$M=6600=\frac{WL}{8},\quad W=\frac{8M}{L}=\frac{8\times 6600}{18}=2933\ \text{lb}$$

(2) 有了此等效均布荷载，可以确定：

$$\Delta=\frac{5WL^3}{384EI}=\frac{5\times 2933\times(18\times 12)^3}{384\times 1400000\times 393}=0.70\ \text{in}$$

(3) 或者使用图 8.2 中的曲线，首先可以得出：

$$f_b=\frac{M}{S}=\frac{6600\times 12}{83}=954\ \text{psi}$$

从图 7.6 可得，$\Delta\approx 1.03\text{in}$，然后求出：

$$\text{实际}\ \Delta=\frac{954}{1500}\times\frac{1500000}{1400000}\times 1.03=0.70\ \text{in}$$

习题 7.11.A 截面为 4×14 的简支梁承受的总均布荷载为 8000lb，跨长为 20ft，$E=1800000\text{psi}$，求最大挠度。用挠曲公式和图 7.6 两种方法求解，比较这两个结果。

习题 7.11.B 木梁受荷形式如图 6.13 中例 5 所示，截面为 10×16，$E=1300000\text{psi}$，跨长为 24ft，集中荷载 $P=4\text{kip}$，求：①用图 6.13 中所给的公式求出最大挠度；②使用等效荷载和图 7.6 求出挠度的近似值。

7.12 支承长度

木梁的末端支承必须有足够的长度，以确保垂直于纹理的压应力不超出表 4.1 中所给的 $F_{c\perp}$ 的容许值。表中的容许应力适用于梁末端任何长度的支承和所有其他部位的支承。

【例题 7.7】 截面为 8×14、一级花旗松-落叶松类梁，其末端支承长度为 6in (150mm)，若末端支座反力为 8000lb (36kN)，梁是否满足垂直于纹理方向压应力的要求？

解：(1) 如表 5.1 所示，此梁的加工宽度为 7.5in (190mm)，因此接触支承面积为 $7.5\times 6=45\text{in}^2$ (28500mm^2)。

(2) 支承应力等于支座反力除以支承面积，即 8000/45＝178psi（1.26MPa）。

(3) 参见表 4.1 可得，垂直于纹理的容许压应力为 $F_{c\perp}$＝625psi（2.60MPa）。由于该值大于实际产生的压应力，故此支承长度能满足要求。

<u>习题 7.12.A</u> 截面为 6×10、一级花旗松-落叶松类梁，其末端支承长度为 4in（100mm），若末端支座反力为 6kip（27kN），问：①末端支承是否满足要求？②最小的末端支承长度是多少？

7.13 梁的侧向支承

对易于压曲的梁来说，规范对其弯曲承载力或容许应力进行了调整。当梁处于框架体系中时，梁受到的侧向支承足以抵抗翘曲，因此允许采用弯曲应力值。国家设计标准 4.4.1 节中给出了防止支承侧向和扭转翘曲的要求，概括在表 7.2 中。若建筑的详部没有提供足够的支承，则必须采用国家设计标准 3.3.3 节的规定来降低弯曲承载力。

表 7.2　　木梁的侧向支承要求①

高厚比②	所要求的条件	高厚比②	所要求的条件
≤2∶1	无支承要求	6∶1	设置不大于 8ft 的剪刀撑或木填块；或者沿全跨在两侧设置支承；或者沿全跨在一侧（受压边）设置支承且在两端设置抗转动支承
3∶1、4∶1	在末端设置支承以抵抗转动		
5∶1	沿全跨在一侧设置支承	7∶1	沿全跨在两侧设置支承

① 经出版商国家林产品协会的许可，表中数据取自《国家木结构设计规范》（1991 年版）4.4.1 节。

② 标准截面的名义尺寸比值。

7.14 不对称弯曲

按常规方式设置的平跨楼板或屋顶体系中的梁，弯矩所在的平面和荷载都垂直于梁截面的主要形心轴线之一（见表 5.1 中所示的 x 轴线）。在这种情况下，弯曲应力对称分布，且弯曲也是围绕中性应力轴产生。

在不同的情况下，结构构件被迫同时绕梁截面的两个主轴线发生弯曲。若构件被约束以抵抗扭转和翘曲，则结果可能就是被称为**双向弯曲**或**不对称弯曲**情况中的一种。如图 7.7 所示情况中，屋顶梁被用于斜坡屋顶，它跨在生成一个斜坡屋顶轮廓的桁架或其他梁之间。由于重力荷载，梁在一个平面内绕自己的主轴发生弯曲，导致产生绕自己的两个轴线的弯曲分量，如图 7.7（*b*）所示。关于梁截面两个主轴产生如下的弯曲应力：

$$f_x=\frac{M_x}{S_x} \text{ 和 } f_y=\frac{M_y}{S_y}$$

这是发生在截面边缘的最大应力，其分布形式如图 7.7（*c*）所示，可以通过确定截面四个角上的应力值加以描绘。注意关于两个主轴弯矩的意义，对拉应力使用正号，对压应力使用负号，在角部的净应力如下：

A 点：　　$-f_x+f_y$

B 点：　　$-f_x-f_y$

C 点： $+f_x+f_y$

D 点： $+f_x-f_y$

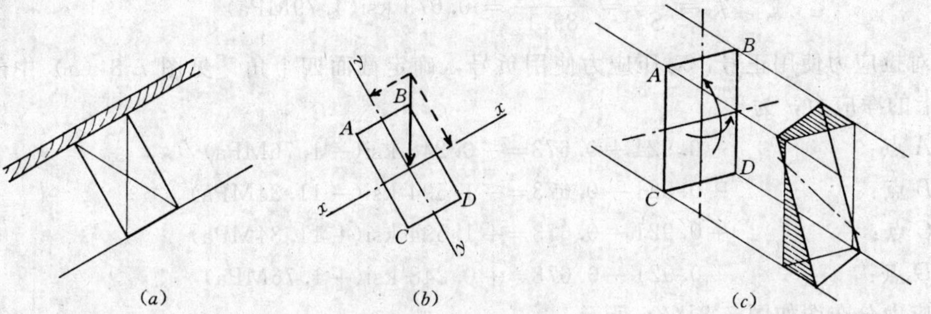

图 7.7 不对称弯曲的形成

这是忽略扭转效应和潜在的侧向或扭转翘曲的理想情况，且仅适用于双轴线对称的截面（如矩形截面或Ⅰ形截面）。若构件处于图 7.7 所示的情况中，则构件（如正方形截面）对这些作用不敏感，或者谨慎构造支承来防止图 7.7 中所示的简单弯曲以外的变形。

在外墙中的梁，尽管是垂直方向的，但在重力和侧向荷载的共同作用下可能会产生双向变形。承受弯曲的柱可能承受多向弯曲的情况。

【例题 7.8】 图 7.8（a）表示斜坡屋顶中的一根梁，梁截面随屋顶斜面转动 30°，名义尺寸为 8×10。若重力荷载在竖向平面内产生 10kip · ft（14kN · m）的力矩，求净弯曲应力。

解：查表 5.1 可得，此梁的参数为 $S_x=112.8\text{in}^3$（$1.85\times10^6\text{mm}^3$），$S_y=89.1\text{in}^3$（$1.46\times10^6\text{mm}^3$）。计算关于截面主、次轴线的弯矩分量：

$$M_x=10\cos30^\circ=10\times0.866=8.66\ \text{kip}\cdot\text{ft}(12.12\text{kN}\cdot\text{m})$$

$$M_y=10\sin30^\circ=10\times0.5=5\ \text{kip}\cdot\text{ft}(7\text{kN}\cdot\text{m})$$

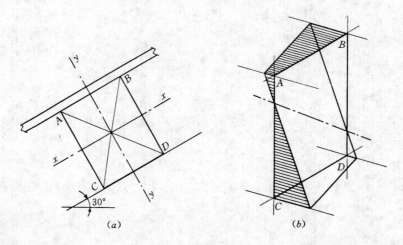

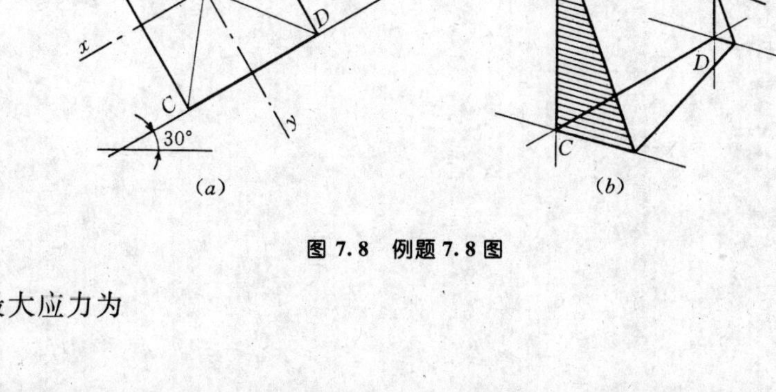

图 7.8 例题 7.8 图

相应的最大应力为

$$f_x = \frac{M_x}{S_x} = \frac{8.66 \times 12}{112.8} = 0.921\ \text{ksi}(6.55\text{MPa})$$

$$f_y = \frac{M_y}{S_y} = \frac{5 \times 12}{89.1} = 0.673\ \text{ksi}(4.79\text{MPa})$$

对拉应力使用正号，对压应力使用负号，确定截面四个角［见图 7.8（a）中的 A～D］上的净应力，为

A 点：　$-0.921 + 0.673 = -0.248\ \text{ksi}(-1.76\text{MPa})$

B 点：　$-0.921 - 0.673 = -1.594\ \text{ksi}(-11.34\text{MPa})$

C 点：　$+0.921 + 0.673 = +1.594\ \text{ksi}(+11.34\text{MPa})$

D 点：　$+0.921 - 0.673 = +0.248\ \text{ksi}(+1.76\text{MPa})$

应力分布图如图 7.8（b）所示。

习题 7.14.A　截面为 6×10、密实一级花旗松-落叶松类木梁，它用作斜坡屋顶中的一根梁，如图 7.8 所示。假设不进行应力修正且扭转和翘曲都被约束住了，问：梁在倾角为 25°的斜坡屋顶上能否承受垂直平面内 8kip·ft（10.8kN·m）的力矩？

第 8 章

梁的设计

8.1 概述

如前所述，梁是承受横向荷载的结构构件。6.1 节给出了几种梁的定义，图 6.1 给出了它们的图形。相对较小的、密集排列的、直接支承木框架结构中底层地板的梁称为**搁栅**；用于支承斜屋顶的倾斜搁栅称为**椽**。横截面名义尺寸为 5in×8in 或更大的矩形梁归类为**梁和纵梁**（见 1.6 节）。

迄今为止，在讨论梁时通常将支座反力作为集中力来处理。当然，这只是一种近似处理，正如将梁放置在砌体墙上的情况（见图 8.1）一样。梁伸入墙一定的长度，支座反力分布在梁与墙的接触面上，此面称为**支承面**，通常它足够小，以至于认为支座反力作用在支承面的中心上也不会产生可感知的误差。因此，简支梁的跨度可以取为两个支承面之间的净距加上每个末端支承长度的一半。

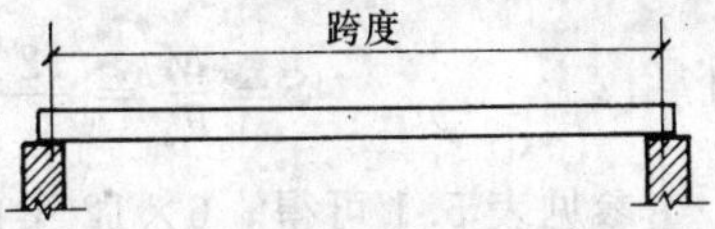

图 8.1　梁的跨度

8.2 设计步骤

木梁的整个设计分五步完成，其中的一些步骤因设计者富有经验而可以跳过。例如，许多设计者选择可以满足第二步的梁，他们凭经验知道此梁满足剪力和（或）挠度要求。结构设计的经验也可使设计者相当准确地估计梁的自重，使梁的自重在第一步就控制在容许值以内。基于一假定的平均密度 35lb/ft³，表 5.1 中给出了结构用木材的线密度。设计的五个步骤如下：

第一步，计算梁将要承受的荷载，且作出计算简图，显示荷载及其位置，求出支座反力。

第二步，确定最大弯矩，采用7.8节中所述的公式 $S=M/F_b$ 计算所要求的截面模量，从表5.1选择满足 S 的梁的横截面。显而易见，许多不同尺寸的截面都满足此要求，但最实用的截面是宽高比为1/2～1/3的截面。若没有适当的支撑，过窄的构件易于引起侧向的弯曲（见7.14节）。

第三步，按照7.4节中所给的步骤，分析第二步中所选择的梁的水平剪力；若有必要，可以增大梁的尺寸。表4.1给出了容许水平剪应力。

第四步，分析梁的挠度，检验计算挠度不超过规定的极限。图6.13给出了各种荷载作用下的挠度计算公式，按照7.12节中所述使用这些公式。

第五步，当已确定满足上述要求的横截面时，就可以确定支承长度。如7.13节所述，支承面必须足够大以确保支承应力不超过垂直于纹理的容许压应力。

8.3 梁的设计实例

下面的实例演示了上述设计步骤在不同荷载形式作用下木梁的设计过程。

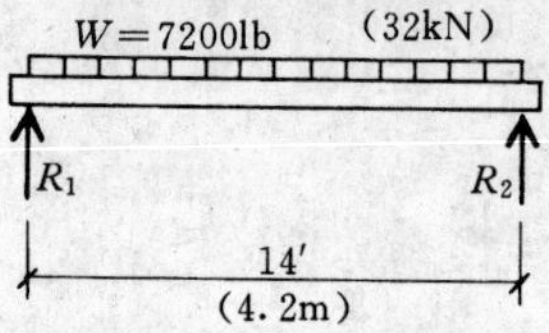

图8.2 例题8.1图

【例题8.1】 一简支梁的跨度为14ft（4.2m），沿全跨作用的总均布荷载为7200lb（32kN）。设计木材为一级的花旗松-落叶松，临界挠度为0.5in（13mm）的梁。

解：（1）荷载（不包括梁的自重）如图8.2所示，查表4.1可知：$F_b=1300$psi（9.3MPa），$F_v=85$psi（0.59MPa），$F_{c\perp}=625$psi（4.31MPa），$E=1600000$psi（11GPa）。由于荷载是对称的，因此 $R_1=R_2=7200/2=3600$lb（16kN）。

（2）此荷载引起的最大弯矩为

$$M=\frac{WL}{8}=\frac{(7200)(14)}{8}=12600\ \text{ft}\cdot\text{lb}(16.8\text{kN}\cdot\text{m})$$

且

$$S=\frac{M}{F_b}=\frac{12600\times 12}{1300}=116\ \text{in}^3(1901\times 10^3\,\text{mm}^3)$$

参见表5.1可得，6×12梁的截面模量为121.3（列表值），线密度近似为15.4lb/ft，梁自重为15.4×14=216lb。若重新计算修正的荷载7200+216=7416lb（33.1kN），则新的弯矩为13000ft·lb（17.4kN·m），所要求的截面模量为120in^3（1871×10^{3}mm^3）。这仍然小于6×12的截面模量，所以6×12截面满足要求。

（3）最大竖向端部剪力等于支座反力，即 $R_1=R_2=V=7416/2=3708$lb（16.5kN）。此荷载产生的水平剪应力为

$$f_v=\frac{3}{2}\frac{V}{bd}=\frac{3}{2}\frac{3708}{63.25}=87.9\ \text{psi}(0.608\ \text{MPa})$$

此值比容许值 $F_v=85$psi稍微大一点，然而，均布荷载实际产生的临界剪力小于计算值（见7.3节），所以此截面仍然满足要求。

（4）分析挠度，我们注意到图6.13的情形2适用于此例情况。表5.1显示6×12的惯性矩为697.1in^4，将此值和上述其他的设计数据代入挠度公式：

$$\Delta=\frac{5WL^3}{384EI}=\frac{5\times7416\times(14\times12)^3}{384\times1600000\times697.1}=0.41\text{ in}(11\text{mm})$$

由于计算挠度小于规定的极限，因此6×12截面满足所有的要求可以采用。

(5) 梁端部支承所要求的最小面积等于支座反力除以 $F_{c\perp}$，即 3708/625＝5.93 in^2 (3828mm^2)。表5.1所示6×12的真实宽度为5.5in (140mm)，由此可得所要求的支承长度为5.93/5.5＝1.08in (27.4mm)。在实际施工中通常取最小支承长度4in，故此例中支承不是考虑的主要因素。

【例题 8.2】 一简支梁的跨度为15ft (4.5m)，在每个三分点上布置集中荷载3200lb (14kN)，同时沿全跨布置均布荷载（包括梁的自重）200lb/ft (2.9kN/m)，木材为一级的花旗松-落叶松，临界挠度为跨度的1/360，设计此梁。

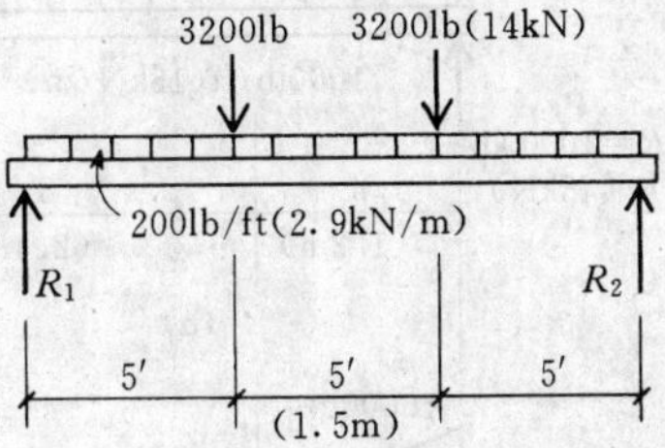

图 8.3 例题 8.2 图

解： (1) 荷载布置如图8.3所示，查表4.1可知：F_b＝1300psi (9.0MPa)，F_v＝85psi (0.59MPa)，$F_{c\perp}$＝625psi (4.3MPa)，E＝1600000psi (11GPa)。由于作用在梁上总的对称荷载为3200＋3200＋200×15＝9400lb，因此 $R_1=R_2$＝9400/2＝4700lb (20.525kN)。

(2) 参见图6.13可知，情形2和情形3中的最大弯矩发生在跨中，因此弯矩可以直接相加，即

$$\begin{aligned}M&=\frac{PL}{3}+\frac{WL}{8}\\&=\frac{3200\times15}{3}+\frac{3000\times15}{8}\\&=16000+5625\\&=21625\text{ ft}\cdot\text{lb}(28.34\text{kN}\cdot\text{m})\end{aligned}$$

且所要求的截面模量为

$$S=\frac{M}{F_b}=\frac{21625\times12}{1300}=199.6\text{ in}^3(3150\times10^3\text{mm}^3)$$

查表5.1可得，10×12梁的 S＝209.4in^3，8×14梁的 S＝227.8in^3，若选择8×14梁，则容许弯曲应力必须使用尺寸参数进行折减，如7.9节所述。对于高为14in梁的尺寸系数为0.987，因此调整过的 S＝199.6/0.987＝202.2in^3 (3191×$10^3$$mm^3$)。此值仍然小于8×14梁的实际值，故此选择仍然有效。

(3) 最大竖向剪力为4700lb (20.525kN)。此荷载产生的水平剪应力为

$$f_v=\frac{3}{2}\frac{V}{bd}=\frac{3}{2}\frac{4700}{101.3}=69.6\text{ psi}(0.471\text{MPa})$$

此值小于容许值 F_v，故此梁满足水平剪力的要求。

(4) 此梁上的两种荷载引起的最大挠度都在跨中，因此将图6.13中的情形2和情形3的公式相加即可求出此梁的挠度。由表5.1可知，8×14截面的惯性矩为1538 in^4，则

$$\Delta=\frac{23PL^3}{648EI}+\frac{5WL^3}{384EI}$$

$$= \frac{23 \times 3200 \times (15 \times 12)^3}{648 \times 1600000 \times 1538} + \frac{5 \times 3000 \times (15 \times 12)^3}{384 \times 1600000 \times 1538}$$

$$= 0.269 + 0.093$$

$$= 0.362 \text{ in}(6.8 + 2.4 = 9.2\text{mm})$$

此值小于容许值（15×12）/360＝0.5in（13 mm），故此梁满足挠度要求。

（5）梁末端支承所要求的最小面积等于支座反力除以 $F_{c\perp}$，即 4700/625＝7.52 in²（4850mm²）。梁的宽度为 7.5in，故得所要求的支承长度为 7.52/7.5＝1.0in。同例题 8.1 一样，最小支承长度为 4in，所以在梁的设计中此因素不是考虑的主要方面。

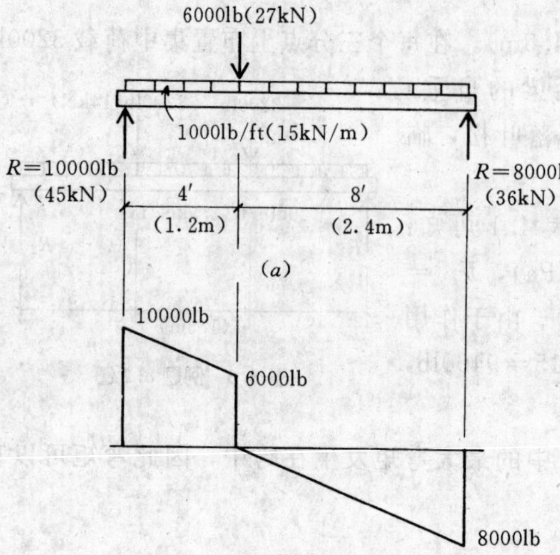

图 8.4 例题 8.3 图

(a) 梁；(b) 剪力图

【例题 8.3】 一个简支梁的跨度为 12ft（3.6m），在离左端支座 4ft（1.2m）处支承集中荷载 6kip（27kN），同时沿全跨布置均布荷载（包括梁的自重）1kip/ft（15kN/m），临界挠度为跨度的 1/360，材料的相关值为：$F_b = 1600$psi（11MPa），$F_v = 105$psi（0.72MPa），$F_{c\perp} = 375$psi（2.60MPa），$E = 1600000$psi（11GPa）。设计此梁。

解：（1）梁、荷载布置及支座反力如图 8.4（*a*）所示。

（2）最大弯矩发生在剪力变号处，计算如下：

$$M = 10000 \times 4 - 1000 \times 4 \times 2 = 32000 \text{ ft} \cdot \text{lb}(43.2\text{kN} \cdot \text{m})$$

则
$$S = \frac{M}{F_b} = \frac{32000 \times 12}{1600} = 240 \text{ in}^3 (3930 \times 10^3 \text{mm}^3)$$

参见表 5.1 可得，10×14 梁的 S＝288.6in³，试选此截面以待检验。

（3）取图 8.4（*b*）中的最大剪力值，则

$$f_v = \frac{3}{2}\frac{V}{bd} = \frac{3}{2}\frac{10000}{128} = 117 \text{ psi}(0.81 \text{ MPa})$$

由于此值大于 F_v，因此我们再次试选下一个最宽的截面 12×14，则

$$f_v = \frac{3}{2}\frac{10000}{155} = 97 \text{ psi}(0.67 \text{ MPa})$$

此值可以接受。（注意：其他的截面也可能适合，如 10×16。在实际情况中，在这里没有考虑到的设计因素可能会影响两种截面之间的选择。）

（4）由于作用在此梁上的荷载并不是图 6.13 中列出的标准荷载，因此我们采用在 7.12 节中讨论过的等效均布荷载的近似计算。假设荷载值来自于最大弯矩，由此可得

$$W = \frac{8M}{L} = \frac{8 \times 32000}{12} = 21300 \text{ lb}(96\text{kN})$$

使用表 5.1 中 12×14 的惯性矩值，将上述值代入受均布荷载简支梁的挠度公式：

$$\Delta = \frac{5WL^3}{384EI} = \frac{5 \times 21300 \times (12 \times 12)^3}{384 \times 1600000 \times 2358} = 0.22\ \text{in}(5.6\text{mm})$$

容许挠度为（12×12）/360＝0.4in（10mm），故此梁满足挠度要求。

（5）假定最小支承长度为 4in，使用最大支座反力值，则末端支承应力为

$$f_p = \frac{10000}{4 \times 11.5} = 217\ \text{psi}(1.5\text{MPa})$$

此值小于 $F_{c\perp}$，故支承不是主要考虑因素。

习题 8.3.A 一简支梁的跨度为 15ft（4.5m），沿全跨承受包括自重在内的均布荷载为 9000lb（40kN），木材为优质结构用木材等级的花旗松-落叶松，临界挠度为 0.625in，设计此梁。

习题 8.3.B 一简支梁的跨度为 13ft（3.9m），在每个三分点处布置集中荷载 9000lb（40kN），临界挠度为跨度的 1/360，木材为一级的花旗松-落叶松，设计此梁。

8.4 楼板搁栅

支承结构楼面板的紧密排列的梁称为**搁栅**，它们的成分可能为实心锯木材、轻质桁架或者由实心木材、胶合木片、夹板和碎料板组合而成的复合材料。本章仅讨论实心锯木材，它是典型的**规格木材**，名义厚度为 2～3in。

最常见的尺寸为 2×8、2×10 及 2×12。尽管结构面板的强度是一个因素，但搁栅间（中心到中心）的距离主要由地板和吊顶的面板材料的尺寸来确定。面板边缘必须钉牢在搁栅的中心上。最常用的面板尺寸为 48in×96in，间距就取该尺寸的等分量，最常用的搁栅间距为 24、16in 和 12in。

木地板结构的常见形式如图 8.5 所示，结构面板是胶合板，其顶面不能用作磨耗面。因此，必须采用如图所示的硬木地板进行饰面。现在室内大多数采用地毯或薄瓷砖，它们所要求的面层比胶合板更光滑，需要一些作**衬垫物**使用的面板材料（通常是碎料板）或薄的水泥填充层。

图中所示的拼装面板作为顶棚直接固定在搁栅的下边。若要求作吊顶，则必须在搁栅的下面作二次结构框架。将在第 16 章的实例中加以详细阐述。

搁栅的侧向支承为图 8.5 中的剪力撑，这在 7.13 节中已讨论过。这种结构需要考虑的一个问题是面层材料垂直于搁栅方向的边缘缺少支承，可以使用带榫头和槽口边缘的结构面板来解决此问题；但顶棚面板的边缘仍然必需支承，解决方案就是在搁栅之间排列与面层材料面板尺寸相匹配的实心木块（小木搁栅）。此方案可能需要作侧向力的平面图（见第 15 章）。

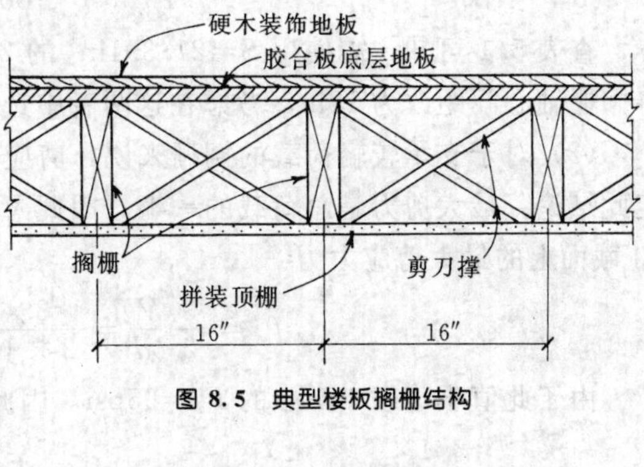

图 8.5 典型楼板搁栅结构

实心木块也用在垂直或平行于搁栅的

被支撑墙体的下面，但它并不落在搁栅的正上方。应该考虑搁栅体系上的任何荷载，而不仅仅是典型楼板结构上的荷载。对体系进行局部加强的简单方法就是添加搁栅，如在洞孔（如楼梯）的边缘。

当抵抗荷载的强度足够时，如图 8.5 所示的典型结构详图就是一种轻型的楼板结构形式，它很可能有一点弹性，且隔声效果不是很好。为了提高这两项性能，与防火一样，现在一般用薄的混凝土填充在结构面板之上。然而，这样做会使结构的恒载增加 1 倍。

8.5 搁栅的设计

由于搁栅实质上是小的简支梁，因此 8.2 节给出的梁的设计步骤也适用于楼板搁栅的设计。然而，实际上，受均布荷载（到目前为止最常见的荷载）搁栅的设计通常使用列表来完成，此表列出了不同的搁栅尺寸、间距、荷载组合下的最大安全跨度，在 8.6 节中将阐述其使用方法。本节讲述的是使用梁的设计步骤进行搁栅设计的两个实例，例题 8.4 是关于沿全跨受均布荷载的搁栅设计，且已给出了跨度表；例题 8.5 介绍的是一种特殊情形，搁栅支承隔墙和均布楼板荷载，设计过程中需要计算所要求的截面模量，从而选择搁栅的横截面。

【例题 8.4】 一搁栅间距为 16in，跨度为 14ft，沿全跨布置的活载为 40psf，楼板和顶棚结构如图 8.5 所示，搁栅专用木材为二级的花旗松-落叶松。设计此搁栅。

解：(1) 使用表 16.1 中的数据，确定恒载的设计值，如下：

木地板	2.5 psf
3/4in 胶合装饰板	2.25
搁栅和剪刀撑（估值）	2.75
1/2in 拼装顶棚	2.25
总恒载	10.0psf

因此，总的楼板荷载为 40＋10＝50psf。每个搁栅支承 16in 宽的均布荷载：50×(16/12)＝66.7lb/ft。对于简支跨搁栅，最大弯矩为

$$M=\frac{wL^2}{8}=\frac{66.7\times14^2}{8}=1634\ \text{ft}\cdot\text{lb}$$

由表 4.1 可知，搁栅的容许弯曲应力为 1006psi，故所要求的截面模量为

$$S=\frac{M}{F_b}=\frac{1634\times12}{1006}=9.5\ \text{in}^3$$

查表 5.1 可知，需使用 $S=21.391\text{in}^3$ 的 2×10 截面。使用较高应力等级的木材或者将搁栅轴心间距改为 12in，考虑在这两者中选择其一。

(2) 对于支承较轻荷载的搁栅来说，剪应力几乎不是主要因素，但应该进行分析以确定此结论。最大剪力是总荷载的一半，因此 $V=wL/2=66.7\times(14/2)=467\text{lb}$，在 2×10 截面上的最大剪应力为

$$f_v=\frac{3}{2}\frac{V}{bd}=\frac{3\times467}{2\times13.875}=50.5\ \text{psi}$$

由于此值小于表 4.1 中的 $F_v=95\text{psi}$，因此 2×10 截面满足要求。

(3) 在此情况下挠度极限通常为活载作用下的最大挠度——跨度的 1/360，因此计算如下：

$$容许挠度=\frac{L}{360}=\frac{14\times12}{360}=0.467\ \text{in}$$

$$总活载=40\times\frac{16}{12}\times14=747\ \text{lb}$$

$$最大\ D=\frac{5WL^3}{384EI}=\frac{5\times747\times(14\times12)^3}{384\times1600000\times98.9}=0.29\ \text{in}$$

由于计算挠度小于容许值，因此 2×10 截面满足要求。

【例题 8.5】 楼板搁栅与例题 8.4 所给条件类似；此外，还有楼板荷载和垂直于搁栅、且距搁栅一跨端 4ft 的隔墙。隔墙的重量为 120lb/ft，分析例题 8.4 中设计的搁栅，判断它们是否满足这些外加荷载的要求。

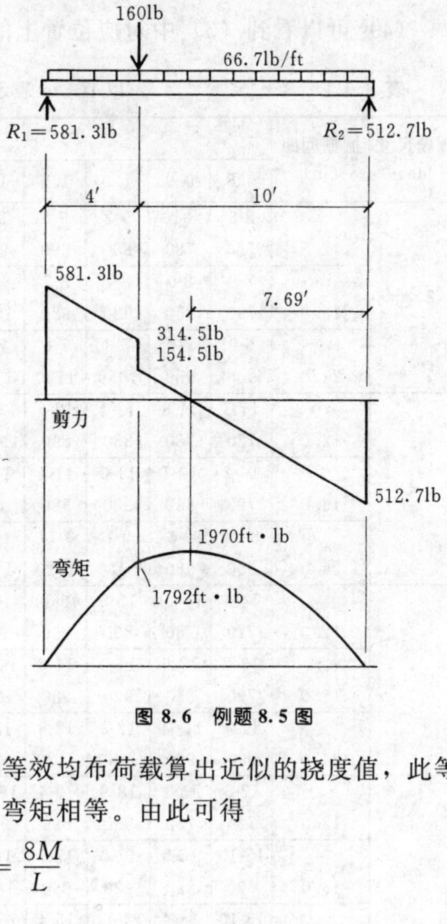

图 8.6 例题 8.5 图

解：(1) 单个搁栅上增加的荷载为 (16/12)×120=160lb，使用例题 8.4 中的数据，则搁栅上的荷载如图 8.6 所示，图中包括剪力值和弯矩值。

(2) 搁栅中最大的弯曲应力为

$$f_b=\frac{M}{S}=\frac{1970\times12}{21.391}=1105\ \text{psi}$$

由于此值大于最大容许应力 1006psi，搁栅尺寸必须增至 2×12。

(3) 在 2×12 搁栅内的最大剪应力为

$$f_v=\frac{3}{2}\frac{V}{bd}=\frac{3\times581.3}{2\times16.875}=51.7\ \text{psi}$$

由于此值小于 95psi，因此 2×12 搁栅满足要求。

(4) 若考虑恒载和活载下的总挠度，则可以用等效均布荷载算出近似的挠度值，此等效均布荷载与图 8.6 中的实际组合荷载产生的最大弯矩相等。由此可得

$$M=\frac{WL}{8}\ 或\ W=\frac{8M}{L}$$

使用图 8.6 中的数据，得

$$W=\frac{8M}{L}=\frac{8\times1970}{14}=1126\ \text{lb}$$

现在此荷载可以代入受均布荷载梁的挠度公式（见 7.11 节中例题 7.6）。

8.6 搁栅跨度表

许多参考书都包含一些表格，在一般情况下可以从这些表格中选择搁栅。表 8.1 摘自 1991 版的统一建筑规范中的表 25-U-J-1，此表提供了上一节例题 8.4 中楼板搁栅的容许

跨度。参照此例，表 8.1 用法如下：

(1) 标注了所用木材的 F_b=1006psi 及 E=1600000psi。

(2) 使用 E 值，找到表中标注为 1.6（E=1600000psi）的列，找出跨度为 14ft 的所有可能截面，如下：

中心间距为 12in 的 2×8 搁栅 —— 跨度 14ft2in

中心间距为 24in 的 2×10 搁栅 —— 跨度 14ft4in

因此，若所要求的间距为 16in，则必须选择 2×10 的搁栅。

(3) 若接受 16in 间距，则找到表中 2×10、16in 的行，从此行中找到跨度为 14ft 的标注 1.0 的列（所要求的最小 E=1000000psi）。

(4) 可以看到 (3) 中对应位置上的值是所要求的最小容许弯曲应力 920psi。

表 8.1　　以 ft－in 表示的楼板搁栅的容许跨度①

搁栅尺寸 (in)	搁栅间距 (in)	弹性模量 E（$\times 10^6$ psi）													
		0.8	0.9	1.0	1.1	1.2	1.3	1.4	1.5	1.6	1.7	1.8	1.9	2.0	2.2
2×6	12.0	8-6	8-10	9-2	9-6	9-9	10-0	10-3	10-6	10-9	10-11	11-2	11-4	11-7	11-11
		720	780	830	890	940	990	1040	1090	1140	1190	1230	1280	1320	1410
	16.0	7-9	8-0	8-4	8-7	8-10	9-1	9-4	9-6	9-9	9-11	10-2	10-4	10-6	10-10
		790	850	920	980	1040	1090	1150	1200	1250	1310	1360	1410	1460	1550
	24.0	6-9	7-0	7-3	7-6	7-9	7-11	8-2	8-4	8-6	8-8	8-10	9-0	9-2	9-6
		900	980	1050	1120	1190	1250	1310	1380	1440	1500	1550	1610	1670	1780
2×8	12.0	11-3	11-8	12-1	12-6	12-10	13-2	13-6	13-10	14-2	14-5	14-8	15-0	15-3	15-9
		720	780	830	890	940	990	1040	1090	1140	1190	1230	1280	1320	1410
	16.0	10-2	10-7	11-0	11-4	11-8	12-0	12-3	12-7	12-10	13-1	13-4	13-7	13-10	14-3
		790	850	920	980	1040	1090	1150	1200	1250	1310	1360	1410	1460	1550
	24.0	8-11	9-3	9-7	9-11	10-2	10-6	10-9	11-0	11-3	11-5	11-8	11-11	12-1	12-6
		900	980	1050	1120	1190	1250	1310	1380	1440	1500	1550	1610	1670	1780
2×10	12.0	14-4	14-11	15-5	15-11	16-5	16-10	17-3	17-8	18-0	18-5	18-9	19-1	19-5	20-1
		720	780	830	890	940	990	1040	1090	1140	1190	1230	1280	1320	1410
	16.0	13-0	13-6	14-0	14-6	14-11	15-3	15-8	16-0	16-5	16-9	17-0	17-4	17-8	18-3
		790	850	920	980	1040	1090	1150	1200	1250	1310	1360	1410	1460	1550
	24.0	11-4	11-10	12-3	12-8	13-0	13-4	13-8	14-0	14-4	14-7	14-11	15-2	15-5	15-11
		900	980	1050	1120	1190	1250	1310	1380	1440	1500	1550	1610	1670	1780
2×12	12.0	17-5	18-1	18-9	19-4	19-11	20-6	21-0	21-6	21-11	22-5	22-10	23-3	23-7	24-5
		720	780	830	890	940	990	1040	1090	1140	1190	1230	1280	1320	1410
	16.0	15-10	16-5	17-0	17-7	18-1	18-7	19-1	19-6	19-11	20-4	20-9	21-1	21-6	22-2
		790	850	920	980	1040	1090	1150	1200	1250	1310	1360	1410	1460	1550
	24.0	13-10	14-4	14-11	15-4	15-10	16-3	16-8	17-0	17-5	17-9	18-1	18-5	18-9	19-4
		900	980	1050	1120	1190	1250	1310	1380	1440	1500	1550	1610	1670	1780

① 标准：活载 40psf，恒载 10psf，活载极限挠度为跨度的 1/360，在每一栏中跨度下面的数值是所要求的容许弯曲应力（psi）。

资料来源：经出版商国际建筑行政管理人员大会的许可，摘自 1991 年版的《统一建筑规范》（参考文献 3）。

若使用间距为 16in 的 2×10 搁栅，则如前一节计算所证实的一样，所选的木材等级足够满足要求。

搁栅跨度表可以从许多参考资料中获得，包括书后的参考文献 2～4。其他的来源有拉姆齐（Ramsey）、斯利珀（Sleeper）和威利（Wiley）1988 年编写的《建筑图形规范》（Architectural Graphis Stardavds）和《搁栅和椽的设计值》（Design Values for Joists and Rafters）（国家林产品协会）。在使用表格中的任何设计数据时，必须注意表格中数据所基于的标准，这里特别指出的是活载、假定的恒载及挠度限值。

习题 8.6.A 楼板搁栅所用木材为二级的花旗松-落叶松，跨度为 14ft，沿全跨布置活载 40psf，总恒载的近似值为 10psf，活载的极限挠度为跨度的 1/360。求：①最小高度搁栅的尺寸及其间距；②间距为 24in（仅使用 12、16、24in 的间距）时的搁栅尺寸。采用表 8.1。

习题 8.6.B 进行 8.6 节例 1 中的计算，确认习题 8.6.A 中的选择。

习题 8.6.C 对于习题 8.6.A 的②中选择的搁栅，若在搁栅跨中沿其垂直方向添加重为 140lb/ft 的隔墙，其他楼板荷载与习题 8.6.A 相同，试判断原搁栅是否满足要求。

8.7 顶棚搁栅

顶棚有许多种形式，常见的三种形式为板条抹灰顶棚、石膏顶棚（拼装顶棚）和固定在悬挂框架上的预制面板构成的顶棚。顶棚的支撑可能就固定在上面的结构（如图 8.5 所示）、上面结构的悬挂体系或者单独一套顶棚搁栅。若天花板到其上面阁楼结构间的空间较大的话，则可能需要设计顶棚支撑作为楼板搁栅，便于把阁楼用作储藏库。当空间被限制为仅仅几英尺的时候，规范通常要求活载仅取最小值。参见《统一建筑规范》的表 8.2 要求活载仅为 10psf。

表 8.2 以 ft-in 表示的顶棚搁栅（拼装顶棚）的容许跨度①

搁栅尺寸 (in)	搁栅间距 (in)	弹性模量 E（$\times10^6$psi）													
		0.8	0.9	1.0	1.1	1.2	1.3	1.4	1.5	1.6	1.7	1.8	1.9	2.0	2.2
2×4	12.0	9-10	10-3	10-7	10-11	11-3	11-7	11-10	12-2	12-5	12-8	12-11	13-2	13-4	13-9
		710	770	830	880	930	980	1030	1080	1130	1180	1220	1270	1310	1400
	16.0	8-11	9-4	9-8	9-11	10-3	10-6	10-9	11-0	11-3	11-6	11-9	11-11	12-2	12-6
		780	850	910	970	1030	1080	1140	1190	1240	1290	1340	1390	1440	1540
	24.0	7-10	8-1	8-5	8-8	8-11	9-2	9-5	9-8	9-10	10-0	10-3	10-5	10-7	10-11
		900	970	1040	1110	1170	1240	1300	1360	1420	1480	1540	1600	1650	1760
2×6	12.0	15-6	16-1	16-8	17-2	17-8	18-2	18-8	19-1	19-6	19-11	20-3	20-8	21-0	21-8
		710	770	830	880	930	980	1030	1080	1130	1180	1220	1270	1310	1400
	16.0	14-1	14-7	15-2	15-7	16-1	16-6	16-11	17-4	17-8	18-1	18-5	18-9	19-1	19-8
		780	850	910	970	1030	1080	1140	1190	1240	1290	1340	1390	1440	1540
	24.0	12-3	12-9	13-3	13-8	14-1	14-5	14-9	15-2	15-6	15-9	16-1	16-4	16-8	17-2
		900	970	1040	1110	1170	1240	1300	1360	1420	1480	1540	1600	1650	1760
2×8	12.0	20-5	21-2	21-11	22-8	23-4	24-0	24-7	25-2	25-8	26-2	26-9	27-2	27-8	28-7
		710	770	830	880	930	980	1030	1080	1130	1180	1220	1270	1310	1400
	16.0	18-6	19-3	19-11	20-7	21-2	21-9	22-4	22-10	23-4	23-10	24-3	24-8	25-2	25-11
		780	850	910	970	1030	1080	1140	1190	1240	1290	1340	1390	1440	1540
	24.0	16-2	16-10	17-5	18-0	18-6	19-0	19-6	19-11	20-5	20-10	21-2	21-7	21-11	22-8
		900	970	1040	1110	1170	1240	1300	1360	1420	1480	1540	1600	1650	1760

续表

搁栅尺寸 (in)	搁栅间距 (in)	弹性模量 E（$\times10^6$psi）													
		0.8	0.9	1.0	1.1	1.2	1.3	1.4	1.5	1.6	1.7	1.8	1.9	2.0	2.2
2×10		26-0	27-1	28-0	28-11	29-9	30-7	31-4	32-1	32-9	33-5	34-1	34-8	35-4	36-5
	12.0	710	770	830	880	930	980	1030	1080	1130	1180	1220	1270	1310	1400
		23-8	24-7	25-5	26-3	27-1	27-9	28-6	29-2	29-9	30-5	31-0	31-6	32-1	33-1
	16.0	780	850	910	970	1030	1080	1140	1190	1240	1290	1340	1390	1440	1540
		20-8	21-6	22-3	22-11	23-8	24-3	24-10	25-5	26-0	26-6	27-1	27-6	28-0	28-11
	24.0	900	970	1040	1110	1170	1240	1300	1360	1420	1480	1540	1600	1650	1760

① 标准：活载 10psf，恒载 5psf，活载极限挠度为跨度的 1/240，在每一栏中跨度下面的数值是所要求的容许弯曲应力（psi）。

资料来源：经出版商国际建筑行政管理人员大会的许可，摘自 1991 年版的《统一建筑规范》（参考文献 3）。

对于石膏顶棚，顶棚搁栅的高度应该适当选择，使挠度达到最小。尽管在头顶上跨越的结构出现可见的挠曲是不可取的，但是，由于替换石膏的费用很高，因此石膏的开裂是主要考虑的因素。

表 8.3 来源于《统一建筑规范》（参考文献 3）中的表 25-U-J-6，它给出了拼装顶棚搁栅的跨度和活载 10psf。此表的构成与表 8.1 相似，它的使用步骤与 8.6 节描述的一样。

表 8.3　以 ft-in 表示的低坡或高坡斜椽的容许跨度（拼装顶棚）①

椽尺寸 (in)	椽间距 (in)	弯曲中容许极限纤维应力 F_b（psi）														
		500	600	700	800	900	1000	1100	1200	1300	1400	1500	1600	1700	1800	1900
2×6		8-6	9-4	10-0	10-9	11-5	12-0	12-7	13-2	13-8	14-2	14-8	15-2	15-8	16-1	16-7
	12.0	0.26	0.35	0.44	0.54	0.64	0.75	0.86	0.98	1.11	1.24	1.37	1.51	1.66	1.81	1.96
		7-4	8-1	8-8	9-4	9-10	10-5	10-11	11-5	11-10	12-4	12-9	13-2	13-7	13-11	14-4
	16.0	0.23	0.30	0.38	0.46	0.55	0.65	0.75	0.85	0.97	1.07	1.19	1.31	1.44	1.56	1.70
		6-0	6-7	7-1	7-7	8-1	8-6	8-11	9-4	9-8	10-0	10-5	10-9	11-1	11-5	11-8
	24.0	0.19	0.25	0.31	0.38	0.45	0.53	0.61	0.70	0.78	0.88	0.97	1.07	1.17	1.28	1.39
2×8		11-2	12-3	13-3	14-2	15-0	15-10	16-7	17-4	18-0	18-9	19-5	20-0	20-8	21-3	21-10
	12.0	0.26	0.35	0.44	0.54	0.64	0.75	0.86	0.98	1.11	1.24	1.37	1.51	1.66	1.81	1.96
		9-8	10-7	11-6	12-3	13-0	13-8	14-4	15-0	15-7	16-3	16-9	17-4	17-10	18-5	18-11
	16.0	0.23	0.30	0.38	0.46	0.55	0.65	0.75	0.85	0.96	1.07	1.19	1.31	1.44	1.56	1.70
		7-11	8-8	9-4	10-0	10-7	11-2	11-9	12-3	12-9	13-3	13-8	14-2	14-7	15-0	15-5
	24.0	0.19	0.25	0.31	0.38	0.45	0.53	0.61	0.70	0.78	0.88	0.97	1.07	1.17	1.28	1.39
2×10		14-3	15-8	16-11	18-1	19-2	20-2	21-2	22-1	23-0	23-11	24-9	25-6	26-4	27-1	27-10
	12.0	0.26	0.35	0.44	0.54	0.64	0.75	0.86	0.98	1.11	1.24	1.37	1.51	1.66	1.81	1.96
		12-4	13-6	14-8	15-8	16-7	17-6	18-4	19-2	19-11	20-8	21-5	22-1	22-10	23-5	24-1
	16.0	0.23	0.30	0.38	0.46	0.55	0.65	0.75	0.85	0.96	1.07	1.19	1.31	1.44	1.56	1.70
		10-1	11-1	11-11	12-9	13-6	14-3	15-0	15-8	16-3	16-11	17-6	18-1	18-7	19-2	19-8
	24.0	0.19	0.25	0.31	0.38	0.45	0.53	0.61	0.70	0.78	0.88	0.97	1.07	1.17	1.28	1.39
2×12		17-4	19-0	20-6	21-11	23-3	24-7	25-9	26-11	28-0	29-1	30-1	31-1	32-0	32-11	33-10
	12.0	0.26	0.35	0.44	0.54	0.64	0.75	0.86	0.98	1.11	1.24	1.37	1.51	1.66	1.81	1.96
		15-0	16-6	17-9	19-0	20-2	21-3	22-4	23-3	24-3	25-2	26-0	26-11	27-9	28-6	29-4
	16.0	0.23	0.30	0.38	0.46	0.55	0.65	0.75	0.85	0.97	1.07	1.19	1.31	1.44	1.56	1.70
		12-3	13-5	14-6	15-6	16-6	17-4	18-2	19-0	19-10	20-6	21-3	21-11	22-8	23-3	23-11
	24.0	0.19	0.25	0.31	0.38	0.45	0.53	0.61	0.70	0.78	0.88	0.97	1.07	1.17	1.28	1.39

① 标准：活载 20psf，恒载 15psf，活载极限挠度为跨度的 1/240，在每一栏中跨度下面的数值是所要求的最小弹性模量，单位为 1000000psi。跨度为水平投影，荷载被认为施加在水平投影上。

资料来源：经出版商国际建筑行政管理人员大会的许可，摘自 1991 年版的《统一建筑规范》（参考文献 3）。

习题 8.7.A～C 使用下面的数据，从表 8.2 中选择二级的花旗松-落叶松顶棚搁栅。

	搁栅间距（in）	木材等级	跨度（ft）
A	16	二级	12
B	16	三级	14
C	24	二级	18

8.8 椽

椽是相对较小的、紧密排列的梁，它支承斜屋顶上的荷载。椽的跨度为它在水平方向上的投影，如图 8.7 所示。虽然图中的标注线是两支座中心之间的距离，但是，当设计椽的中心间距不大于 24in 时，通常认为跨度就是两支座间的净距。

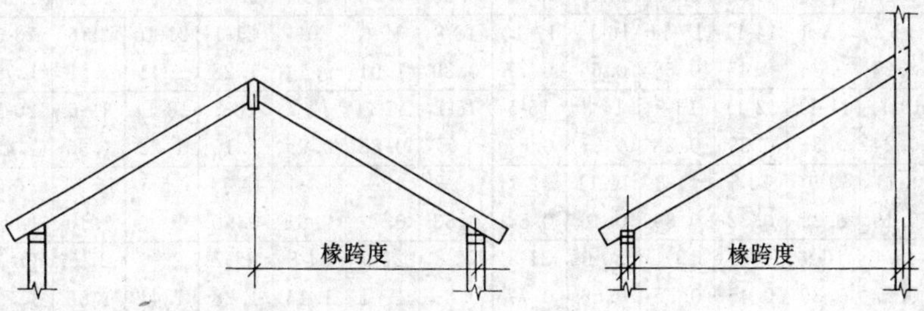

图 8.7 斜椽的跨度

椽所支承的恒载包括：椽的自重、屋面板的自重和屋面覆盖物（盖屋板、瓦片或屋面卷材）的自重。在斜屋顶上的活载为风荷载和雪荷载。

雪荷载是竖向的，且累积量取决于屋顶的倾斜度；雪在陡峭的屋顶上易于滑落，但可能堆积在相对平坦的屋顶上。而风荷载产生水平分量，由于通常认为风垂直于屋顶平面，因此当屋顶倾斜度越小时风荷载就越小。认为全部的雪和风同时作用在屋顶上是不合理的；因为，当风达到层面设计的最大压力时，大部分雪将会被吹掉。基于这个原因和其他方面的考虑，椽屋顶上雪和风的组合荷载使用**等效竖向荷载**。一些建筑规范规定，等效竖向荷载应该均匀分布在屋顶平面的实际面积上，而其他一些规范则给出了使用水平投影面积（椽跨度）时的值。

较小跨度椽的设计大多通过荷载-跨度表来完成。除了常用变量之外，还必须考虑椽的倾斜角。表 8.3 到表 8.6 给出了四种常见情况的设计数据，它们来自于《统一建筑规范》（参考文献 3）中的一系列表格。由于种种原因，这些表的构成与前一节中给出的搁栅表格有点不同。在这里，表中的纵列以容许弯曲应力开头，且在每栏中列出相应的所需最小弹性模量。其使用步骤基本上与 8.6 节相同。

在许多情况下，经常使用基于加载时间的容许弯曲应力的增大值，如 4.3 节所述。若建筑规范许可，应对表 4.1 的值进行修正，然后将修正值用于跨度表中。然而，在这种情况下弹性模量无需修正。

表 8.4　　以 ft－in 表示的带拼装顶棚的低坡或高坡斜椽的容许跨度①

椽尺寸(in)	椽间距(in)	受弯容许极限纤维应力 F_b (psi)														
		500	600	700	800	900	1000	1100	1200	1300	1400	1500	1600	1700	1800	1900
2×6		7-6	8-2	8-10	9-6	10-0	10-7	11-1	11-7	12-1	12-6	13-0	13-5	13-10	14-2	14-7
	12.0	0.27	0.36	0.45	0.55	0.66	0.77	0.89	1.01	1.14	1.28	1.41	1.56	1.71	1.86	2.02
		6-6	7-1	7-8	8-2	8-8	9-2	9-7	10-0	10-5	10-10	11-3	11-7	11-11	12-4	12-8
	16.0	0.24	0.31	0.39	0.48	0.57	0.67	0.77	0.88	0.99	1.10	1.22	1.35	1.48	1.61	1.75
		5-4	5-10	6-3	6-8	7-1	7-6	7-10	8-2	8-6	8-10	9-2	9-6	9-9	10-0	10-4
	24.0	0.19	0.25	0.32	0.39	0.46	0.54	0.63	0.72	0.81	0.90	1.00	1.10	1.21	1.31	1.43
2×8		9-10	10-10	11-8	12-6	13-3	13-11	14-8	15-3	15-11	16-6	17-1	17-8	18-2	18-9	19-3
	12.0	0.27	0.36	0.45	0.55	0.66	0.77	0.89	1.01	1.14	1.28	1.41	1.56	1.71	1.86	2.02
		8-7	9-4	10-1	10-10	11-6	12-1	12-8	13-3	13-9	14-4	14-10	15-3	15-9	16-3	16-8
	16.0	0.24	0.31	0.39	0.48	0.57	0.67	0.77	0.88	0.99	1.10	1.22	1.35	1.48	1.61	1.75
		7-0	7-8	8-3	8-10	9-4	9-10	10-4	10-10	11-3	11-8	12-1	12-6	12-10	13-3	13-7
	24.0	0.19	0.25	0.32	0.39	0.46	0.54	0.63	0.72	0.81	0.90	1.00	1.10	1.21	1.31	1.43
2×10		12-7	13-9	14-11	15-11	16-11	17-10	18-8	19-6	20-4	21-1	21-10	22-6	23-3	23-11	24-6
	12.0	0.27	0.36	0.45	0.55	0.66	0.77	0.89	1.01	1.14	1.28	1.41	1.56	1.71	1.86	2.02
		10-11	11-11	12-11	13-9	14-8	15-5	16-2	16-11	17-7	18-3	18-11	19-6	20-1	20-8	21-3
	16.0	0.24	0.31	0.39	0.48	0.57	0.67	0.77	0.88	0.99	1.10	1.22	1.35	1.48	1.61	1.75
		8-11	9-9	10-6	11-3	11-11	12-7	13-2	13-9	14-4	14-11	15-5	15-11	16-5	16-11	17-4
	24.0	0.19	0.25	0.32	0.39	0.46	0.54	0.63	0.72	0.81	0.90	1.00	1.10	1.21	1.31	1.43
2×12		15-4	16-9	18-1	19-4	20-6	21-8	22-8	23-9	24-8	25-7	26-6	27-5	28-3	29-1	29-10
	12.0	0.27	0.36	0.45	0.55	0.66	0.77	0.89	1.01	1.14	1.28	1.41	1.56	1.71	1.86	2.02
		13-3	14-6	15-8	16-9	17-9	18-9	19-8	20-6	21-5	22-2	23-0	23-9	24-5	25-2	25-10
	16.0	0.24	0.31	0.39	0.48	0.57	0.67	0.77	0.88	0.99	1.10	1.22	1.35	1.48	1.61	1.75
		10-10	11-10	12-10	13-8	14-6	15-4	16-1	16-9	17-5	18-1	18-9	19-4	20-0	20-6	21-1
	24.0	0.19	0.25	0.32	0.39	0.46	0.54	0.63	0.72	0.81	0.90	1.00	1.10	1.21	1.31	1.43

① 标准：活载 30psf，恒载 15psf，活载下极限挠度为跨度的 1/240。每一栏中跨度下的数值是要求的最小弹性模量，单位为 1000000psi。跨度为水平投影，荷载施加在水平投影上。

资料来源：经出版商国际建筑行政管理人员大会的许可，摘自 1991 年版的《统一建筑规范》(参考文献 3)。

表 8.5　　以 ft－in 表示的无顶棚低坡斜椽的容许跨度（坡度不大于 3/12)①

椽尺寸(in)	椽间距(in)	受弯容许极限纤维应力 F_b (psi)														
		500	600	700	800	900	1000	1100	1200	1300	1400	1500	1600	1700	1800	1900
2×6		9-2	10-0	10-10	11-7	12-4	13-0	13-7	14-2	14-9	15-4	15-11	16-5	16-11	17-5	17-10
	12.0	0.33	0.44	0.55	0.67	0.80	0.94	1.09	1.24	1.40	1.56	1.73	1.91	2.09	2.28	2.47
		7-11	8-8	9-5	10-0	10-8	11-3	11-9	12-4	12-10	13-3	13-9	14-2	14-8	15-1	15-6
	16.0	0.29	0.38	0.48	0.58	0.70	0.82	0.94	1.07	1.21	1.35	1.50	1.65	1.81	1.97	2.14
		6-6	7-1	7-8	8-2	8-8	9-2	9-7	10-0	10-5	10-10	11-3	11-7	11-11	12-4	12-8
	24.0	0.24	0.31	0.39	0.48	0.57	0.67	0.77	0.88	0.99	1.10	1.22	1.35	1.48	1.61	1.75
2×8		12-1	13-3	14-4	15-3	16-3	17-1	17-11	18-9	19-6	20-3	20-11	21-7	22-3	22-11	23-7
	12.0	0.33	0.44	0.55	0.67	0.80	0.94	1.09	1.24	1.40	1.56	1.73	1.91	2.09	2.28	2.47
		10-6	11-6	12-5	13-3	14-0	14-10	15-6	16-3	16-10	17-6	18-2	18-9	19-4	19-10	20-5
	16.0	0.29	0.38	0.48	0.58	0.70	0.82	0.94	1.07	1.21	1.35	1.50	1.65	1.81	1.97	2.14
		8-7	9-4	10-1	10-10	11-6	12-1	12-8	13-3	13-9	14-4	14-10	15-3	15-9	16-3	16-8
	24.0	0.24	0.31	0.39	0.48	0.57	0.67	0.77	0.88	0.99	1.10	1.22	1.35	1.48	1.61	1.75

续表

椽尺寸 (in)	椽间距 (in)	受弯容许极限纤维应力 F_b (psi)														
		500	600	700	800	900	1000	1100	1200	1300	1400	1500	1600	1700	1800	1900
2×10	12.0	15-5	16-11	18-3	19-6	20-8	21-10	22-10	23-11	24-10	25-10	26-8	27-7	28-5	29-3	30-1
		0.33	0.44	0.55	0.67	0.80	0.94	1.09	1.24	1.40	1.56	1.73	1.91	2.09	2.28	2.47
	16.0	13-4	14-8	15-10	16-11	17-11	18-11	19-10	20-8	21-6	22-4	23-2	23-11	24-7	25-4	26-0
		0.29	0.38	0.48	0.58	0.70	0.82	0.94	1.07	1.21	1.35	1.50	1.65	1.81	1.97	2.14
	24.0	10-11	11-11	12-11	13-9	14-8	15-5	16-2	16-11	17-7	18-3	18-11	19-6	20-1	20-8	21-3
		0.24	0.31	0.39	0.48	0.57	0.67	0.77	0.88	0.99	1.10	1.22	1.35	1.48	1.61	1.75
2×12	12.0	18-9	20-6	22-2	23-9	25-2	26-6	27-10	29-1	30-3	31-4	32-6	33-6	34-7	35-7	36-7
		0.33	0.44	0.55	0.67	0.80	0.94	1.09	1.24	1.40	1.56	1.73	1.91	2.09	2.28	2.47
	16.0	16-3	17-9	19-3	20-6	21-9	23-0	24-1	25-2	26-2	27-2	28-2	29-1	29-11	30-10	31-8
		0.29	0.38	0.48	0.58	0.70	0.82	0.94	1.07	1.21	1.35	1.50	1.65	1.81	1.97	2.14
	24.0	13-3	14-6	15-8	16-9	17-9	18-9	19-8	20-6	21-5	22-2	23-0	23-9	24-5	25-2	25-10
		0.24	0.31	0.39	0.48	0.57	0.67	0.77	0.88	0.99	1.10	1.22	1.35	1.48	1.61	1.75

① 准则：活载 20psf，恒载 10psf，活载下极限挠度为跨度的 1/240。每一栏中跨度下的数值是要求的最小弹性模量，单位为 1000000 psi。跨度为水平投影，荷载施加在水平投影上。

资料来源：经出版商国际建筑行政管理人员大会的许可，摘自 1991 年版的《统一建筑规范》(参考文献 3)。

表 8.6　以 ft-in 表示的轻质屋顶覆盖物高坡斜椽的容许跨度（坡度大于 3/12）①

椽尺寸 (in)	椽间距 (in)	受弯容许极限纤维应力 F_b (psi)														
		500	600	700	800	900	1000	1100	1200	1300	1400	1500	1600	1700	1800	1900
2×4	12.0	6-2	6-9	7-3	7-9	8-3	8-8	9-1	9-6	9-11	10-3	10-8	11-0	11-4	11-8	12-0
		0.29	0.38	0.49	0.59	0.71	0.83	0.96	1.09	1.23	1.37	1.52	1.68	1.84	2.00	2.17
	16.0	5-4	5-10	6-4	6-9	7-2	7-6	7-11	8-3	8-7	8-11	9-3	9-6	9-10	10-1	10-5
		0.25	0.33	0.42	0.51	0.61	0.72	0.83	0.94	1.06	1.19	1.32	1.45	1.59	1.73	1.88
	24.0	4-4	4-9	5-2	5-6	5-10	6-2	6-5	6-9	7-0	7-3	7-6	7-9	8-0	8-3	8-6
		0.21	0.27	0.34	0.42	0.50	0.59	0.68	0.77	0.87	0.97	1.08	1.19	1.30	1.41	1.53
2×6	12.0	9-8	10-7	11-5	12-3	13-0	13-8	14-4	15-0	15-7	16-2	16-9	17-3	17-10	18-4	18-10
		0.29	0.38	0.49	0.59	0.71	0.83	0.96	1.09	1.23	1.37	1.52	1.68	1.84	2.00	2.17
	16.0	8-4	9-2	9-11	10-7	11-3	11-10	12-5	13-0	13-6	14-0	14-6	15-0	15-5	15-11	16-4
		0.25	0.33	0.42	0.51	0.61	0.72	0.83	0.94	1.06	1.19	1.32	1.45	1.59	1.73	1.88
	24.0	6-10	7-6	8-1	8-8	9-2	9-8	10-2	10-7	11-0	11-5	11-10	12-3	12-7	13-0	13-4
		0.21	0.27	0.34	0.42	0.50	0.59	0.68	0.77	0.87	0.97	1.08	1.19	1.30	1.41	1.53
2×8	12.0	12-9	13-11	15-1	16-1	17-1	18-0	18-11	19-9	20-6	21-4	22-1	22-9	23-6	24-2	24-10
		0.29	0.38	0.49	0.59	0.71	0.83	0.96	1.09	1.23	1.37	1.52	1.68	1.84	2.00	2.17
	16.0	11-0	12-1	13-1	13-11	14-10	15-7	16-4	17-1	17-9	18-5	19-1	19-9	20-4	20-11	21-6
		0.25	0.33	0.42	0.51	0.61	0.72	0.83	0.94	1.06	1.19	1.32	1.45	1.59	1.73	1.88
	24.0	9-0	9-10	10-8	11-5	12-1	12-9	13-4	13-11	14-6	15-1	15-7	16-1	16-7	17-1	17-7
		0.21	0.27	0.34	0.42	0.50	0.59	0.68	0.77	0.87	0.97	1.08	1.19	1.30	1.41	1.53
2×10	12.0	16-3	17-10	19-3	20-7	21-10	23-0	24-1	25-2	26-2	27-2	28-2	29-1	30-0	30-10	31-8
		0.29	0.38	0.49	0.59	0.71	0.83	0.96	1.09	1.23	1.37	1.52	1.68	1.84	2.00	2.17
	16.0	14-1	15-5	16-8	17-10	18-11	19-11	20-10	21-10	22-8	23-7	24-5	25-2	25-11	26-8	27-5
		0.25	0.33	0.42	0.51	0.61	0.72	0.83	0.94	1.06	1.19	1.32	1.45	1.59	1.73	1.88
	24.0	11-6	12-7	13-7	14-6	15-5	16-3	17-1	17-10	18-6	19-3	19-11	20-7	21-2	21-10	22-5
		0.21	0.27	0.34	0.42	0.50	0.59	0.68	0.77	0.87	0.97	1.08	1.19	1.30	1.41	1.53

① 准则：活载 20psf，恒载 7psf，活载下极限挠度为跨度的 1/240。每一栏中跨度下的数值是要求的最小弹性模量，单位为 1000000psi。跨度为水平投影，荷载施加在水平投影上。

资料来源：经出版商国际建筑行政管理人员大会的许可，摘自 1991 年版的《统一建筑规范》(参考资料 3)。

上表应根据屋面倾斜度、活载及顶棚构造等相应准则谨慎选用。与对搁栅跨度表讨论的一样，许多表格可以在各种参考文献中获得，包括本书的参考文献 2～4。

习题 8.8.A 椽的跨度为 18ft，中心间距为 16in，木材为二级花旗松-落叶松，使用表 8.3 选择最小尺寸的椽。

习题 8.8.B 椽的跨度为 20ft，中心间距为 16in，木材为一级花旗松-落叶松，使用表 8.4 选择最小尺寸的椽。

习题 8.8.C 椽的跨度为 24ft，中心间距为 16in，木材为一级花旗松-落叶松，使用表 8.5 选择最小尺寸的椽。

第9章

木板

木结构中的建筑用板可以通过各种产品获得。实心锯木板是面板的最早形式，但是现在除了用于板底暴露在外可以被看到的场合之外，极少使用。约 50 年前，胶合面板开始代替木面板，迄今为止，它仍然是地面面板使用最广泛的产品。楼面和墙面的胶合板将在第 13 章中讨论。胶合板也可以用作屋顶面板。

9.1 木面板

在流行使用胶合板作为面板材料以前，大多数的屋顶面和楼面使用 3/4in（名义尺寸 1 in）厚的，通常带有榫头和凹槽互锁边缘的木板，如图 9.1（*a*）所示。现在这种类型面板仅用在劳动力相对低廉、木板在当地有竞争力、造价相对于较低的地区。

当木面板的安装与支撑垂直时，它产生相当小的水平隔膜作用。因此，当要求对侧向荷载有较大的隔膜作用时，一般将其沿搁栅 45°方向安装，以使其与支撑框架产生桁架作用。

当椽或搁栅的间距不超过 24in 时，屋顶面和楼面通常采用名义尺寸为 1in 的木面板就足够了。然而，必须考虑使用的屋面材料或楼面材料的类型。所有类型的屋顶必须锚固于面板上，通常使用某些类型的钉子。木面板通常只需用钉锚固——在这方面可能比较薄的胶合板要好。平屋顶的屋面材料通常要求使用最小尺寸为 1/2in 的胶合板，因此，比薄板构成的斜坡屋面更具竞争力，选用的胶合板

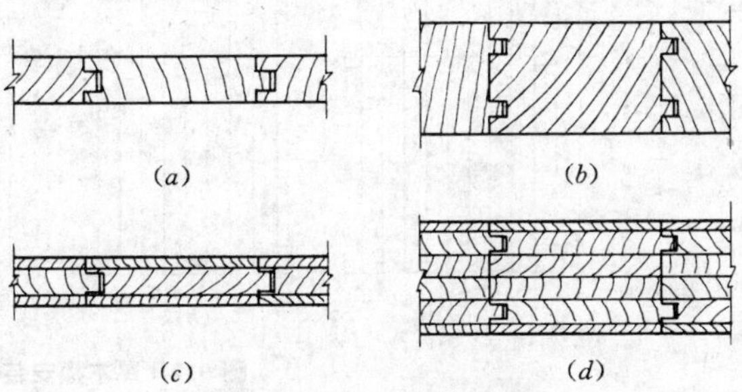

图 9.1　木面板和厚木板单元

更薄。

对于楼面，一般在结构面板的上面使用一些附加材料，如薄的混凝土层或碎石层。这些填充材料为面板增加相当大的刚度，因此，当不使用这些材料时，选择面板的厚度和支撑间距就应该更为保守。

9.2 厚木板

当面板的厚度超过 3/4in 时通常被称为**板材**或**厚木板**。使用最广泛的厚木板是名义厚度为 2in（实际厚度近似为 1.5in）的单元构成的厚木板。通常选择这样的面板有特殊原因，可能是下面因素中的一个或全部：

（1）面板露置在上面，厚板的表面比典型结构单元的胶合面板表面要好得多。

（2）无论暴露在外与否，面板均可能要求防火等级，厚板在防火方面较好。2in 的名义厚度通常是作为耐火木结构所要求的最小厚度。

（3）当间距超过木面板或胶合面板的容许间距时，可能要求有支撑构件。

（4）车辆或设备产生的集中荷载对于较薄的面板可能过大。

名义尺寸为 2in 的厚木板可能与木面板［见图 9.1（*a*）］的形式相同，但是它通常由图 9.1（*c*）所示的叠合单元构成。也有名义厚度大于 2in 的厚板。当厚度超过 2.5in 时，通常在单元两侧面上加工双榫头和槽口，如图 9.1（*b*）所示的实心木单元和图 9.1（*d*）所示的叠合板单元。较厚的厚木板单元可以有较大的跨度，可以用在没有椽或搁栅的结构中，如大空间框架体系中的墙到墙或梁到梁的跨度。

厚板与木面板存在同样的问题：当面板单元垂直于支撑时，对侧向荷载的抵抗能力较低。尽管可以使用斜向布置（如木面板中讨论的一样），但斜纹布置比使用 3/4in 面板的情况更少见。当需要较大的抵抗能力时，常用的解决方法就是将胶合板钉牢在厚板上。这是非常普遍的做法，这就是 5/16in 厚的胶合板能够提供抵抗能力的主要原因——这种厚度的板通常不用作结构板材（见《统一建筑规范》中的表 25-J-1 或本书表 15.1）。

四种常见的厚木板跨度类型为简支跨、两跨连续跨、简支跨和两跨连续跨的组合以及随机组合。由于厚木片的不同排列产生的连续性，后三种类型在不同程度上比简支跨具有

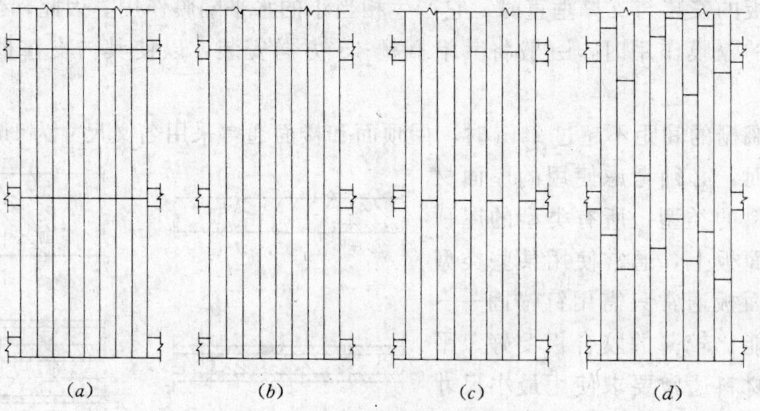

图 9.2 厚木板安装和跨度条件

（*a*）简支跨；（*b*）两跨连续跨；（*c*）简支跨和两跨连续跨的组合跨；（*d*）随机组合跨

更大的刚度。四种跨度类型如图 9.2 所示。

观察图 9.2，两端简支在梁上的所有的厚木板长度相等；两跨连续的厚木板长度也相等；对于组合跨，除了每隔一块的端跨外，所有的木板都是两跨长，但中间梁上相邻两块木板的接缝是错开的。随机排列可使用经济的任意长度的面板，这种跨度主要要求是接缝分散、均匀，且每片木板至少支承在一根梁上。

厚板实际上是人造产品，有关它们的信息可从产品的供应商或制造厂那里获得。板的类型、板面的磨光、安装说明及结构承载力变化很大，设计中应该使用当地可以获得的产品。

9.3 木质纤维板

很多产品都是由原木纤维制作的木材生产出来的。其主要考虑的是木纤维的尺寸、形状以及在产品中的排列。对于纸、纸板和细硬纸板来说，木材被加工成很细的颗粒，随机地分布在产品中。这种产品没有方向性，而有些特定产品的生产是有方向性的。

建筑用产品通常使用较大颗粒的构件，并且具有一定的方向性。带有这种特征的产品有：

(1) **木屑板或刨花板**。这些是用薄片形的木屑加工而成的产品。薄片随机地叠合在一起，加工成类似胶合面板的双向纤维面板，应用于墙板和一些结构面板。

(2) **条状或束状构件**。这些构件由原木加工的木条加工而成。将这些木条沿同一个方向捆绑起来，加工成接近实心锯木材具有线性方向特征的构件。应用于柱头螺栓、椽、搁栅及小梁。

用作面板时，这些产品一般比同等跨度的胶合板更厚。还应该考虑结构的其他方面，如用作面板材料时钉子的锚固。也必须考虑荷载的类型大小、楼面类型以及对横向荷载的要求。重要的是满足规范要求，同时结合当地实际。

关于这些产品的信息可以从某些有专利产品的生产厂商或供应商那里获得。一般的参考资料里如《统一建筑规范》现在都会有一些数据信息，但有些特定产品由个别公司垄断生产。

这个领域的成长性是很明显的，由于生产胶合板的原木越来越难找到，胶合板的价格日益上涨。纤维产品的原料可以是小树、大树的枝条，甚至是一些回收利用的木材。这种组合材料的应用必将使更多的产品应用于实际。

第10章 木柱

10.1 引言

柱是受压构件，其长度是横向最小尺寸的几倍。**柱**一般指承受较大压力的竖向构件，**压杆**指压力较小的构件，且不一定是竖向的。最常用的木柱是**简单的实心柱**，它由单根横截面为方形或长方形的木头构成。圆形横截面的实心柱也认为是简单的实心柱，但较少使用。**格构式柱**由两根或两根以上的木头组合而成的，它们纵轴平行、两端分开、中间几点固定。还有两种类型是机械连接的**组合柱**和**胶合柱**。轻木框架中的**压杆**也是柱。

1. 长细比

木结构中独立简单实心柱的长细比是其无横向支撑的长度与横截面短边的比值，即 L/d［见图 10.1 (*a*)］。当构件某一方向有支撑且两支撑点间距离小于另一方向无支撑长度时，L 为两个支撑点之间的距离，该支撑阻止沿计算截面方向的侧向位移，如图 10.1（*b*）所示。若截面不是正方形或圆形，则需要计算柱的两个方向的 L/d 以确定临界值。简单实心柱长细比的限值为 $L/d=50$；格构式柱长细比的限值为 $L/d=80$。

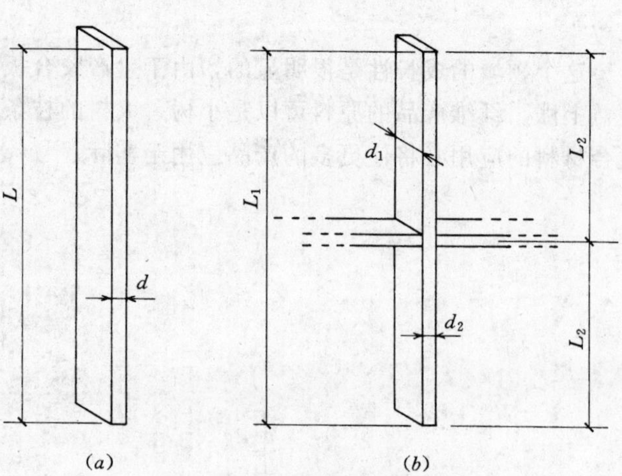

图 10.1　确定与柱的临界厚度尺寸有关的柱的无支撑高度

2. 简单实心柱的抗压承载力

图 10.2 给出了轴向抗压承载力与线性受压构件（柱）长度的典型关系式。两种极限状态就是最短构件和最长构件的情况。很短的构件（如木块）产生受压破坏，它受材料质量和压应力极限的限制。长构件（如码尺）产生弹性弯曲破坏，它取决于构件的刚度；刚度由几何参数（横截面的形状）和材料刚度参数（弹性模量）综合确定。这两种极限状态是大多数受压木构件的破坏形式。破坏处——在这两种明显不同的模式之间存在着一个过渡阶段。

过去的几年里，在木柱（或者相关的任何柱）的设计中已经使用了几种方法来解决。1986 年版的 NDS 使用三个独立的公式对所有范围的 L/d 进行处理，在图 10.2 给出了三个不同的曲线段。然而，在 1991 年版中，仅仅使用一个公式就有效地覆盖了所有的范围。此公式及其各种系数复杂，且使用包括大量计算；不过，仅通过它一个表达式就反映出了其基本过程，达到了简化的目的。

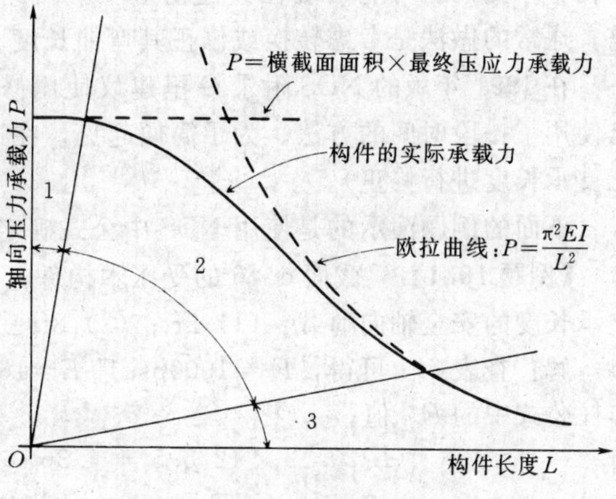

图 10.2 柱长（无支承高度）与轴向抗压承载力的关系

实际上，一般使用数据列表（来自于关于木材的特定品种和等级的公式）或 CAD 程序，利用计算机对此公式进行计算。下面讨论根据新的 NDS 方法使用袖珍计算器（不是计算机）进行繁杂的计算，基本目的就是阐释计算过程，而不是演示实际的设计步骤。

确定木柱承载力的基本公式（1991 年版 NDS）为

$$P = F_c^* C_p A$$

式中 A——柱横截面的面积；

F_c^*——通过适当的系数修正过的平行于纹理方向的容许压应力设计值；

C_p——柱的稳定系数；

P——柱的容许轴向压力荷载。

柱的稳定系数由下式确定：

$$C_p = \frac{1 + F_{cE}/F_c^*}{2c} - \sqrt{\left(\frac{1 + F_{cE}/F_c^*}{2c}\right)^2 - \frac{F_{cE}/F_c^*}{c}}$$

式中 F_c^*——上式定义的应力值；

F_{cE}——由下式确定的欧拉弯曲应力；

c——锯材取 0.8，圆柱取 0.85，胶合层积木材取 0.9。

对于弯曲应力，有

$$F_{cE} = \frac{(K_{cE})(E)}{(L_e/d)^2}$$

式中 K_{cE}——已知等级的原木和机械加工评估的原木取0.3，加工应力定额的原木和胶合层积木材取0.418；

E——所用品种和等级木材的弹性模量；

L_e——有效长度（用支撑条件系数进行修正过的无支撑柱高）；

d——发生弯曲方向的横截面尺寸（柱宽）。

柱的有效长度和相应的柱宽应该是图10.1表示的值。作为例子，柱的弯曲计算使用一个典型的构件，它的两端固定，以仅仅阻止其两端侧移。这种情况可能存在于某些实际结构中；然而也可能出现在其他情形中。因此，在计算中可能需要对其他的情况进行调整。通常的做法是考虑转换或修正其弯曲长度。

在1991年版的NDS附录G里建议使用修正的弯曲长度，这主要借用了钢柱设计中已使用了一段时间的方法。为了简便起见，在这里我们仅考虑两端钉牢的柱（没有对实际无支承长度进行修正）。

下面的例题演示的是使用NDS中公式确定木柱的安全轴向荷载。

【例题10.1】 截面6×6的受压木构件，其木材为一级的花旗松-落叶松，求下列无支承长度的安全轴向荷载：(1) 2ft；(2) 8ft；(3) 16ft。

解：查表5.1可得，$F_c=1000\text{psi}$ 且 $E=1600000\text{psi}$。假设不需调整，则 F_c 值直接用作柱公式中的 F_c^* 值。

(1)
$$L/d = 2\times 12/5.5 = 4.36$$
$$F_{cE} = \frac{K_{cE}E}{(L_e/d)^2} = \frac{0.3\times 1600000}{4.36^2} = 25250 \text{ psi}$$
$$\frac{F_{cE}}{F_c^*} = \frac{25250}{1000} = 25.25$$
$$C_p = \frac{1+25.25}{1.6} - \sqrt{\left(\frac{1+25.25}{1.6}\right)^2 - \frac{25.25}{0.8}} = 0.993$$

则容许压应力为
$$P = F_c^* C_p A = 1000\times 0.993\times 5.5^2 = 30038 \text{ lb}$$

(2)
$$L/d = 8\times 12/5.5 = 17.45$$
$$F_{cE} = \frac{0.3\times 1600000}{17.45^2} = 1576 \text{ psi}$$
$$\frac{F_{cE}}{F_c^*} = \frac{1576}{1000} = 1.576$$
$$C_p = \frac{2.576}{1.6} - \sqrt{\left(\frac{2.576}{1.6}\right)^2 - \frac{1.576}{0.8}} = 0.821$$
$$P = 1000\times 0.821\times 5.5^2 = 24835 \text{ lb}$$

(3)
$$L/d = 16\times 12/5.5 = 34.9$$
$$F_{cE} = \frac{0.3\times 1600000}{34.9^2} = 394 \text{ psi}$$
$$\frac{F_{cE}}{F_c^*} = \frac{394}{1000} = 0.394$$
$$C_p = \frac{1.394}{1.6} - \sqrt{\left(\frac{1.394}{1.6}\right)^2 - \frac{0.394}{0.8}} = 0.355$$

$$P = 1000 \times 0.355 \times 5.5^2 = 10736\text{lb}$$

【例题 10.2】　用截面为 2×4 的竖向受压木构件组成一堵墙（普通立柱隔墙结构），若木材为立柱等级的花旗松-落叶松，墙高为 8.5ft，则一根立柱的轴向承载力是多少？

解：假设有墙面板，附着在立柱上或沿立柱的弱方向有支撑，则墙高的限值是横截面短边 1.5in 的 50 倍，即 75in。因此，使用横截面长边：

$$L/d = 8.5 \times 12/3.5 = 29.14$$

查表 4.1 可得，F_c=825psi 且 E=1400000psi，则

$$F_{cE} = \frac{K_{cE}E}{(L/d)^2} = \frac{0.3 \times 1400000}{29.14^2} = 495\ \text{psi}$$

$$\frac{F_{cE}}{F_c^*} = \frac{495}{825} = 0.60$$

$$C_p = \frac{1.6}{1.6} - \sqrt{\left(\frac{1.6}{1.6}\right)^2 - \frac{0.6}{0.8}} = 0.50$$

$$P = F_c^* C_p A = 825 \times 0.50 \times 1.5 \times 3.5 = 2166\ \text{lb}$$

注意：以下的问题中都使用二级的花旗松-落叶松。

习题 10.1A～D　求下列木柱的容许轴向压力。

	名义尺寸 (in)	无支承长度 (ft)	无支承长度 (m)
A	4×4	8	2.44
B	6×6	10	3.05
C	8×8	18	5.49
D	10×10	14	4.27

10.2　木柱的设计

柱的设计因柱公式里的各种参数关系而较为复杂。柱的容许压应力是柱的实际尺寸的函数，在设计开始时是未知的。因此，直接的设计过程就变成试算的过程。因此，设计者通常使用各种辅助设计方法如，图形、表格或计算机辅助程序。

因使用的木材存在各种不同品种和等级，产生不同的容许压应力和弹性模量组合。然而，至少在初步设计时一般需要借助辅助设计手段，尤其在木材性能与设计条件不相匹配时。若使用标准尺寸的木材，则有利于在较小的范围内选择柱的尺寸。

图 10.3 绘出了同一品种和等级的正方形截面柱的轴向承载力。这里的木材是 10.1 节例题 10.1 中使用的木材。

表 10.1 给出了一些标准尺寸的木材和指定无支承长度时的轴压承载力。表中的数据与图 10.3 中的数据相同，因此对结果进行了一些合理的修正。

要注意的是，名义尺寸小于 5in 的构件的设计值不能从表 4.1 柱和木材的尺寸分类中获得。因此，对于表 10.1 和图 10.3 中的两组尺寸，即使等级相同也必须使用不同的 F_c 和 E 值。

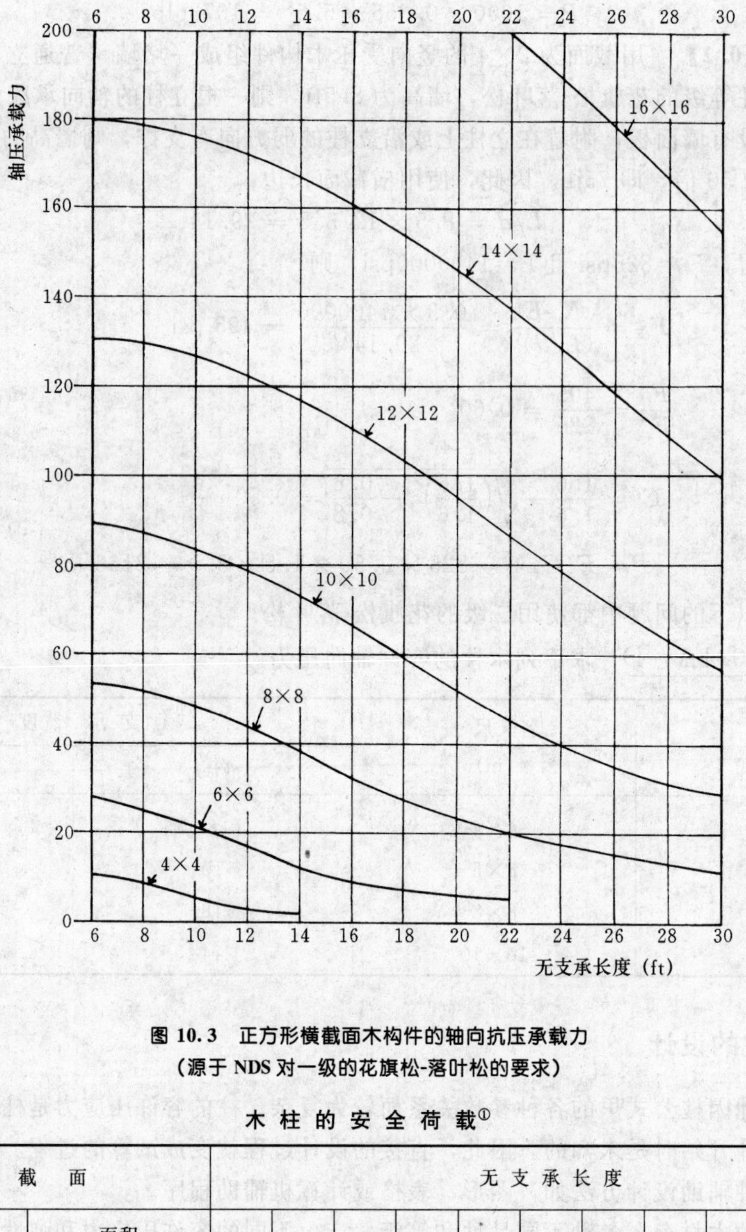

图 10.3 正方形横截面木构件的轴向抗压承载力
(源于 NDS 对一级的花旗松-落叶松的要求)

表 10.1 木柱的安全荷载[①]

柱截面		无支承长度										
名义尺寸	面积 (in^2)	6	8	10	12	14	16	18	20	22	24	26
4×4	12.25	11.1	7.28	4.94	3.50	2.63						
4×6	19.25	17.4	11.4	7.76	5.51	4.14						
4×8	25.375	22.9	15.1	10.2	7.26	6.46						
6×6	30.25	27.6	24.8	20.9	16.9	13.4	10.7	8.71	7.17	6.53		
6×8	41.25	37.6	33.9	28.5	23.1	18.3	14.6	11.9	9.78	8.91		
6×10	52.25	47.6	43.0	36.1	29.2	23.1	18.5	15.0	13.4	11.3		
8×8	56.25	54.0	51.5	48.1	43.5	38.0	32.3	27.4	23.1	19.7	16.9	14.6
8×10	71.25	68.4	65.3	61.0	55.1	48.1	41.0	34.7	29.3	24.9	21.4	18.4

续表

柱截面		无支承长度										
名义尺寸	面积 (in^2)	6	8	10	12	14	16	18	20	22	24	26
8×12	86.25	82.8	79.0	73.8	66.7	58.2	49.6	42.0	35.4	30.2	26.0	22.3
10×10	90.25	88.4	85.9	83.0	79.0	73.6	67.0	60.0	52.9	46.4	40.4	35.5
10×12	109.25	107	104	100	95.6	89.1	81.2	72.6	64.0	56.1	48.9	42.9
10×14	128.25	126	122	118	112	105	95.3	85.3	75.1	65.9	57.5	50.4
12×12	132.25	130	128	125	122	117	111	104	95.6	86.9	78.3	70.2
14×14	182.25	180	178	176	172	168	163	156	148	139	129	119
16×16	240.25	238	236	234	230	226	222	216	208	200	190	179

① 在正常的湿度和承载条件下，一级花旗松-落叶松的实心锯截面的荷载承载力。

习题 10.2.A～D 根据下列数据，选择正方形柱截面，木材为一级的花旗松-落叶松。

	所需的轴向荷载		无支撑长度	
	kip	kN	ft	m
A	20	89	8	2.44
B	50	222	12	3.66
C	50	222	20	6.10
D	100	445	16	4.88

10.3 圆柱

圆截面的实心木柱在一般建筑结构中应用并不广泛。至于承载力，具有相同横截面面积的圆形和正方形木柱可承受相同的轴向荷载且具有相同的刚度。

当设计圆截面的木柱时，简单的步骤就是先设计一个正方形截面柱，然后选择一个等效的圆柱。用正方形柱的边长 d 乘以 1.128，即可求出等效圆柱的直径。

10.4 立柱

立柱是由剥皮针叶树的原木构成的圆柱。柱长较短时其直径可能基本一致，但当长度较长时，它们就变成锥形，即树干的自然形状。立柱的设计采用与柱相同的标准进行。考虑长细比时，所用的 d 为等面积正方形截面的尺寸。D 为立柱的直径，则

$$d^2 = \frac{\pi D^2}{4}, d = \sqrt{0.7854D^2} = 0.886D$$

对锥形柱，设计时保守地假设柱的临界直径是其较小端的直径。当柱非常短时，此假设是合理的。而对弯曲发生在中间的长柱而言，该假设是非常保守的，规范对此进行了一些调整。但是，由于立柱缺乏平整度且存在很多缺陷，因此许多设计者倾向于使用未经调整的小端直径进行设计计算。

立柱的一般用途将在 14.4 节中讨论。

10.5 立柱墙结构

立柱是用于轻型木结构墙体框架的竖向构件。立柱的作用是为墙面板提供固定，但当墙支承屋顶或楼面系统时，立柱也可以作为竖向柱。最常见的立柱间距为 12、16in 或 24in，截面为 2×4。

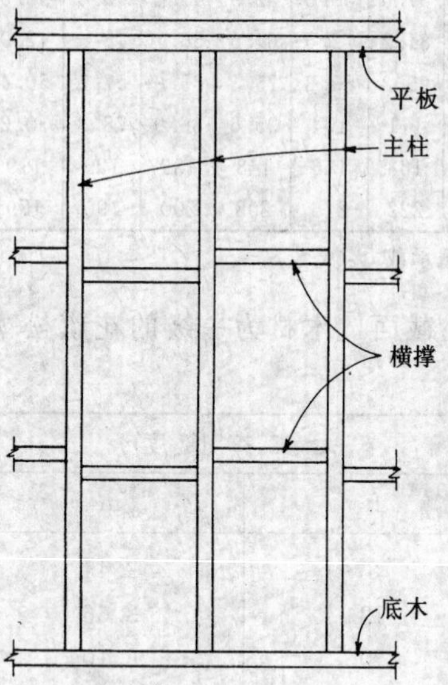

图 10.4 带横撑的立柱结构

当用于高度层高的墙时，名义厚度为 2in 的立柱必须在较弱的轴向上添加支撑，这个要求源自实心锯木柱 L/d 为 50 的限制。若墙的两面都装面板，则通常认为立柱由面板支撑就足够了。若墙上没装面板或只是在一面装面板，则必须在立柱之间添加横撑，如图 10.4 所示。横撑的行数和实际间距将依据墙的高度和立柱发挥柱作用的需要而定。

立柱也可发挥其他作用，如用在外墙的情况下，它们的间距必须能够抵抗墙上的风作用力。对于这种情况，立柱的设计必须考虑弯压组合作用，如 10.8 节所述。

在天气较冷的地方，为了在墙内提供更大的空间容纳隔热材料，通常使用名义宽度大于 4in 的立柱。这通常造成立柱对普通的一层和两层建筑物来说富余强度过大。当然，很高的墙也要求有较宽的立柱，通常 2×4 立柱的极限高度为 14ft。

若竖向荷载很大或侧向弯曲很大，则可能需要对立柱墙进行加固。加固可以有多种方法，例如以下几种：

(1) 减小立柱间距，如从通常的 16in 减至 12in。

(2) 增加立柱的厚度，名义尺寸从 2in 增至 3in。

(3) 增加立柱的宽度（墙的厚度增加）。

(4) 在集中荷载处使用 2 根或 3 根立柱或使用更大截面的立柱。

当墙作为剪力墙时，有时也需要使用更厚的立柱或限制立柱的间距，这将在第 15 章中讨论。

总而言之，立柱是柱且必须满足实心锯木截面设计的各种要求。虽然普通的 2×4 立柱通常使用特定等级的立柱，但是立柱可以使用任何相应等级的木材。

表 10.2 是从 1991 年版《统一建筑规范》中表 25-R-3 复制而来，它为承重和非承重两种墙体立柱选择提供了数据。该规范规定在立柱的工程设计替代中必须使用表中数据，这就意味着，若计算允许，可以考虑其他的可能性。

立柱墙结构经常用于一般轻型结构体系中的一部分称为**轻型木框架结构**。这种体系在美国使用了很多年并得到了很大的改进，图 10.5 是它目前最常见的形式。在第 8 章中讨论的搁栅和椽，以及这里讨论的立柱都是这种体系的主要结构构件。在大多数工程应用中，此体系几乎全部使用名义厚度为 2in 的木材。独立柱或大跨梁有时也使用木构件。

表 10.2 **对立柱墙结构的要求①**

立柱尺寸 (in)	承重墙				非承重墙	
	横向无支承立柱高度③ (ft)	仅支承屋顶和顶棚	支承一层楼面、屋顶和顶棚间距 (in)	支承两层楼面、屋顶和顶棚	横向无支承立柱高度③ (ft)	间距 (in)
1. 2×3②	—	—	—	—	10	16
2. 2×4	10	24	16	—	14	24
3. 3×4	10	24	24	16	14	24
4. 2×5	10	24	24	—	16	24
5. 2×6	10	24	24	16	20	24

① 应用等级立柱的中心间距不大于 16in，或支撑不多于一个屋顶和顶棚，或外墙和承重墙高度不超过 8ft，或非承重内墙不超过 10ft。

② 不应用于外墙。

③ 列出的高度是指垂直于墙面的侧向支撑点之间的距离。通过分析可增加无支撑的高度。

资料来源：经出版商国际建筑行政管理人员大会的许可，摘自《统一建筑规范》(参考文献 3)。

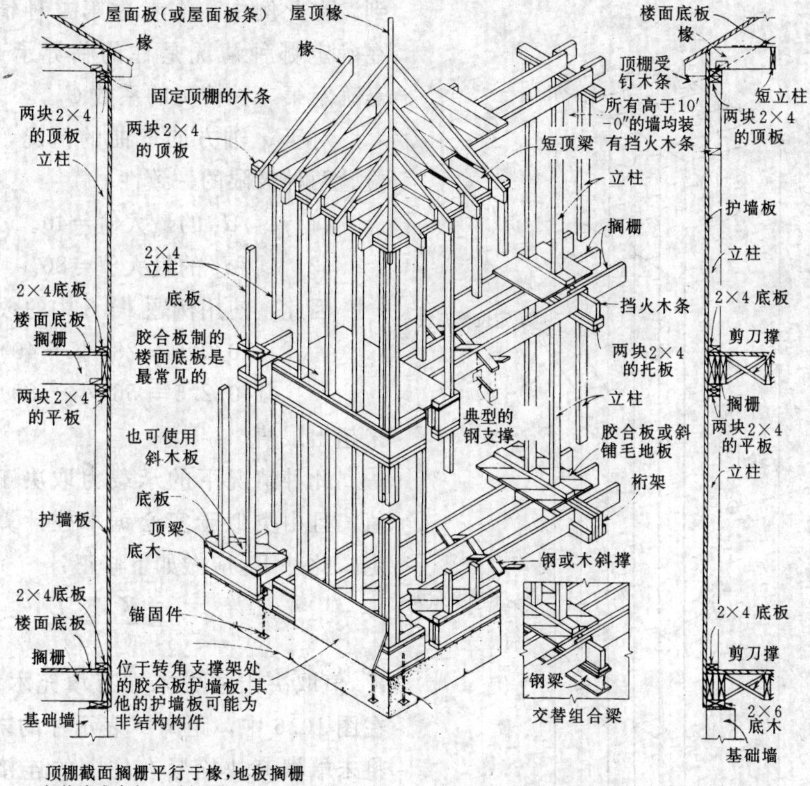

图 10.5 典型的轻型木框架结构：西方型或平台型

(经出版商纽约约翰威利父子公司的许可，

摘自《建筑图标准》第 7 版)

10.6 格构式柱

格构式柱是木结构中有时使用的一类结构构件。此类构件中两个或更多的构件拴在一起作为一个受压单元分担荷载。因为规范有许多要求，所以这种构件的设计很复杂。下例演示了分析这种构件的一般过程，但是读者在设计中应该参考适用规范中的各种要求适用的规范。

【例题 10.3】 如图 10.6 所示，格构式柱由三块 3×12 的木材构成，木材为一级的花旗松-落叶松，$L_1=11\text{ft }8\text{in}$，$x=6\text{in}$。求轴压承载力。

解： 格构式柱分析分为两种情况，它们与图 10.6 中 x 轴和 y 轴两个方向上相对长细比的影响有关。在 y 轴方向上，柱可以简化为实心锯木柱，因此，其应力与 L_2、d_2 及它们的比值有关。在此种情况下，我们可得出

$$\frac{L_2}{d_2}=\frac{11.67\times12}{11.25}=12.5$$

使用此长细比值，我们可以确定横截面积为 3 倍的 3×12 的实心锯木柱的承载力。此计算与前面讲述的关于实心柱的计算相同。使用例题 10.3 中的数据可以得出系数 C_p 为 0.884。这种情况下的承载力可以通过用该系数乘以表中的压应力再乘以横截面积得到。在此例中，需考虑第二种情况，因此在确定哪种情况是柱的临界承载力之前，需确定第二种情况的系数 C_p。

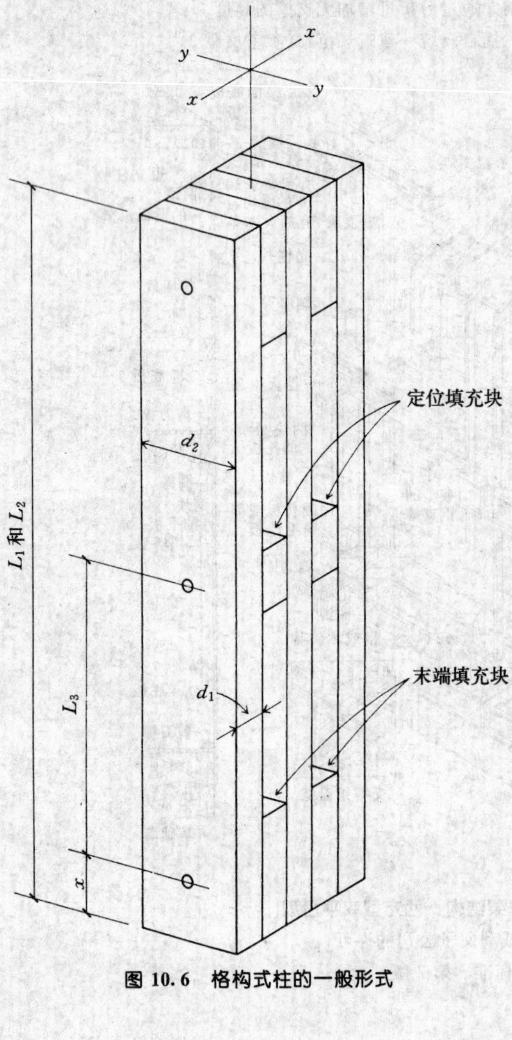

图 10.6 格构式柱的一般形式

对于 x 轴方向弯曲的情况，首先我们检验两种极限的一致性：

(1) L_3/d_1 的最大值=40。

(2) L_1/d_1 的最大值=80。

因此，使用例题 10.3 中的数据得

70/2.5= 28(小于 40)

140/2.5= 56(小于 80)

未超出限值。

此种情况下的承载力取决于 L_1/d_1 的值，且由类似于实心锯木柱计算的方法确定。此外 F_{cE} 应做如下修正：

$$F_{cE}=\frac{K_{cE}K_xE}{(L/d)^2}$$

K_x 值取决于柱中末端有填充木块的情形。在图 10.6 中，距离 x 表示柱的末端到用于将末端填充块拴紧在柱中的连接件的形心间的距离。根据距离 x 与柱长的关系（图 10.6 中 L_1），给出了两个 K_x 值，即

(1) 当 x 小于或等于 $L/20$ 时，$K_x=2.5$。

(2) 当 x 在 $L_1/20$ 到 $L_1/10$ 之间时，$K_x=3.0$。

在此例中，$x=6\text{in}$，$L_1/20=140/20=7$，因此 $K_x=2.5$，我们可确定 F_{cE} 的值为

$$F_{cE}=\frac{K_{cE}K_xE}{(L/d)^2}=\frac{0.3\times 2.5\times 1600000}{56^2}=383\ \text{psi}$$

将此值代入 10.3 节中给出的 C_p 公式中，可得

$$C_p=\frac{1+0.29}{1.6}-\sqrt{\left(\frac{1+0.29}{1.6}\right)^2-\frac{0.29}{0.8}}=0.27$$

由于此值小于 y 方向弯曲时的 C_p 值，所以承载力受此条件限制。则如 10.3 节所述，确定承载力为

$$P=F_cC_pA=1300\times 0.27\times 3\times 28.13=29621\ \text{lb}$$

习题 10.6.A 如图 10.6 所示的格构式柱由两个 2×8 的木块构成，木材为优质结构木材等级的花旗松-落叶松，柱总高度为 10ft，柱的末端到连接件形心的距离为 5in。求此柱的轴压承载力。

10.7 组合柱

在各种情况下，单个柱可以由多个实心锯木截面构件组成。虽然胶合层积柱和格构式柱已做过描述，但是**组合**柱通常是指图 10.7 所示的多构件柱。胶合层积柱实际上按实心截面设计。

组合柱通常使用机械元件（如钉、销、木螺钉或机械螺栓）将多个构件互相连接起来。除非特定的装配方式要经过荷载试验并得到规范许可，这种构件通常作为单个构件承载力进行设计。这就是说，组合柱的**最小**承载力等于各部分的各自承载力之和。

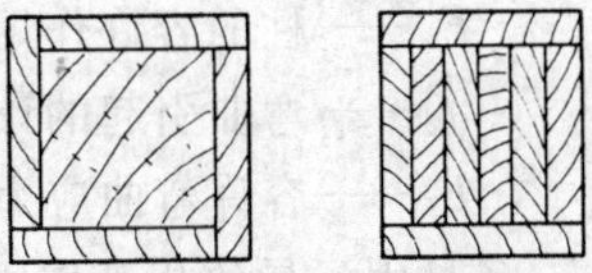

(*a*)　(*b*)

图 10.7 组合柱的横截面

(*a*) 实心锯木材心板；(*b*) 多个原木钉牢或胶合的心板

最常见的组合柱是墙角、墙相交处、门洞和窗洞边缘多个立柱的组合。当受墙面或适当的木块支撑时，这种组合体的总承载力被认为是各个立柱各自承载力之和。

当组合柱作为独立柱时，可能很难合理地确定它们的承载力，除非单个构件的长细比很小，足以发挥显著的承载力。如图 10.7 所示的两类组合柱。在图 10.7（*a*）中，一个实心柱四周被较薄的构件包裹起来。对于此柱一般的假设是长细比仅取决于芯板，而轴压承载力取决于整个截面。

在图 10.7（*b*）中，一系列薄构件通过两个覆板约束在一起，以约束中间件沿弱轴的弯曲。这种柱的长细比认为是中间构件强轴方向的长细比，对于保守的设计，轴压承载力可保守地取为内部构件承载力之和，但是若覆板用螺杆或螺钉连接，则轴压承载力还应该包括覆板的承载力。

10.8 柱的弯曲

在许多情况下，结构构件承受轴压和弯曲的组合作用。这两种作用产生的应力可以是直接型的（拉应力和压应力），且可以组合起来考虑有效应力条件。然而，柱和受弯构件

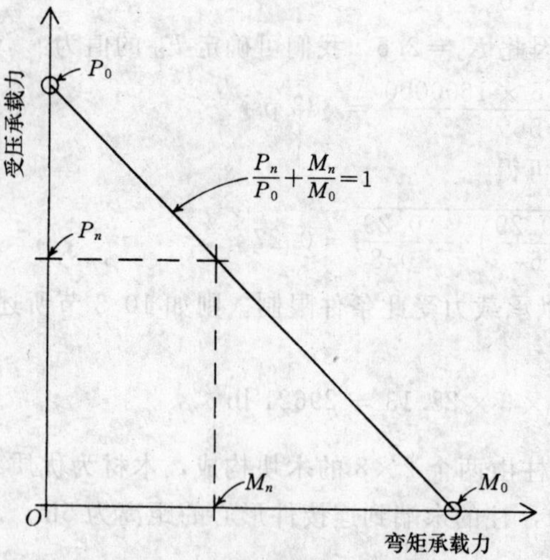

图 10.8 柱交互作用的理想情况：轴向受压加弯曲

的基本作用特征本质上不同，因此习惯于通过**所谓的相互作用**来考虑这种组合作用。

相互作用的典型形式如图 10.8 所示，图中符号意义如下：

(1) P_0 为柱的最大轴向承载力（无弯曲）。

(2) M_0 为构件的最大抗弯承载力（无轴压力）。

(3) 当轴压荷载小于 P_0 时，柱还具有一定的抗弯能力。这种组合表达为 P_n 和 M_n。

相互作用关系的典型形式表达式为

$$\frac{P_n}{P_0}+\frac{M_n}{M_0}=1$$

此方程的图形为连接 P_0 和 M_0 的直线，如图 10.8 所示。

采用应力而不是荷载和力矩，则可得到类似于图 10.8 的图形。这通常用于木结构和钢结构设计。图形的表达式为

$$\frac{f_a}{F_a}+\frac{f_b}{F_b}\leqslant 1$$

式中 f_a——实际荷载引起的计算应力；

F_a——柱的容许作用应力；

f_b——弯曲引起的计算应力；

F_b——容许弯曲应力。

各种因素导致相互作用偏离纯直线，包括非弹性行为、横向稳定性或扭转的作用及构件横截面形式的影响。一个主要的因素就是所谓的 P-Δ 效应。图 10.9 (a) 表示外墙为承重墙或有柱时建筑中出现的常见情形。重力和由风或地震作用引起的横向荷载的组合可能产生图示的荷载情况。若构件柔性很大，且侧移明显，那么当构件的轴线偏离竖向压力的作用线时，就会产生附加弯矩。附加弯矩就是荷载（P）和侧移（Δ）描述此现象的术语就称为 P-Δ 效应［见图 10.9 (d)］。

其他的很多情况也可以产生 P-Δ 效应。图 10.9 (b) 表示刚框架结构中的顶层柱。柱顶弯矩由梁端的抵抗弯曲引起。尽管这种情况下变形形式有所不同，但 P-Δ 效应是相似的。图 10.9 (c) 中的竖向悬臂柱表示了这种作用可能的极限情况。

P-Δ 效应不一定是需要考虑主要问题。主要因素是柱的相对长细比和柔度。刚度较大的柱既能承受偏心荷载作用，又能承受弯曲引起的微小变形，减小 P-Δ 效应。而最糟的情况是，P-Δ 效应可能加大变形。由 P-Δ 效应

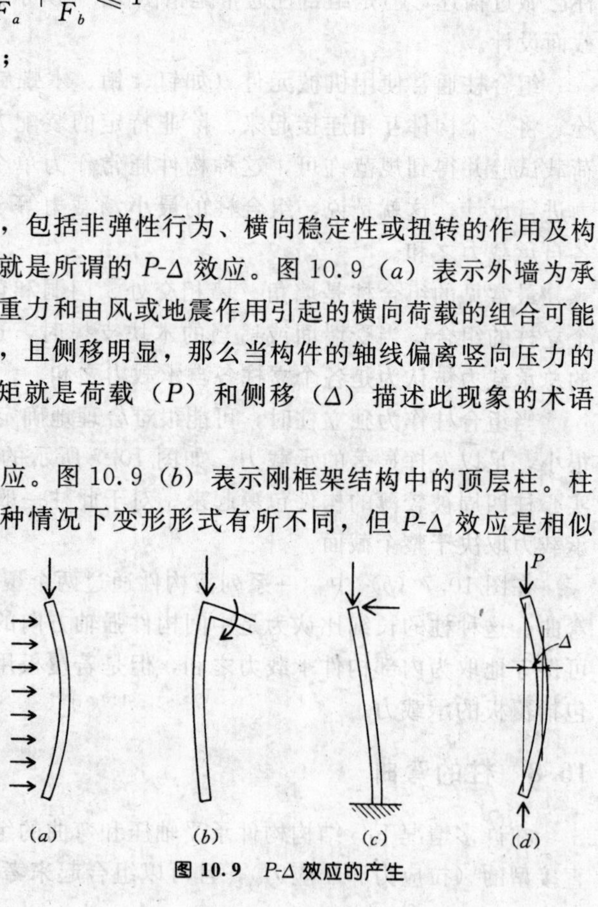

图 10.9 P-Δ 效应的产生

引起的附加弯矩产生附加侧移，而引起附加的 P-Δ 效应，继而产生更大的侧移等。可能出现的极限情况是那些非常细长的受压构件，在这种情况下，应该仔细地加以考虑。

在木结构中，柱发生弯曲通常如图 10.10 所示。图 10.10（a）表示外墙中的立柱的受弯。在各种情况中，由于框架的构造不同，若荷载不是沿柱的轴线［见图 10.10（b）］作用，则仅承受竖向荷载的柱也可能产生弯曲。当前木柱设计的标准使用简单的直线关系作为对特殊情况进行调整的一种参考。调整是以上描述的 P-Δ 效应，另一调整是由弯曲引起的变形有关，这通过修正容许弯曲应力进行调整。

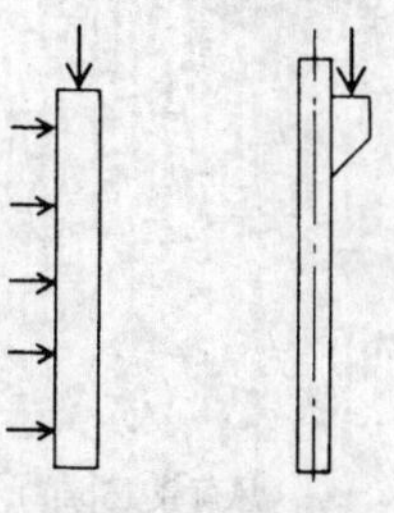

图 10.10　柱中轴向压力和弯曲组合的常见情况
（a）外立柱和桁弦；
（b）带牛腿的柱

对于实心锯木柱，1991 年版的 NDS 提供了下公式，对承受轴向压力和一个方向弯矩组合荷载的柱进行分析：

$$\left(\frac{f_c}{F'_c}\right)^2+\frac{f_b}{F_b(1-f_c/F_{cE})}\leqslant 1$$

式中　f_c——计算压应力；

F'_c——压应力乘以系数 C_p 的列表设计值；

f_b——计算弯曲应力；

F_b——弯曲应力的列表设计值；

F_{cE}——如 10.3 节中讨论所得到的实心锯木柱的值。

下面的例题用于说明步骤。

【例题 10.4】　外墙立柱承受如图 10.11 所示的荷载，立柱高 11ft，木材为立柱等级的花旗松-落叶松。分析此立柱是否满足弯矩和轴向荷载的组合作用的要求。（注意：这是 16.3 节中实例建筑的墙立柱。）

解： 查表 4.1 可知，$F_b=776$psi（重复使用构件）、$F_c=825$psi、$E=1400000$psi。由于包括风载，应力值（但不是 E）可以使用 1.6 的放大系数（见 4.4 节中的表格）。

我们假设墙面材料沿弱轴（$d=1.5$in）为立柱提供足够的支撑，则另一方向容许应力下所使用的尺寸为 5.5in，因此可得

$$\frac{L}{d}=\frac{11\times 12}{5.5}=24$$

那么

$$F_{cE}=\frac{K_{cE}E}{(L/d)^2}=\frac{0.3\times 1400000}{24^2}=729\text{psi}$$

$$\frac{F_{cE}}{F_c}=\frac{729}{825}=0.884$$

关于柱承载力的系数 C_p 为（见 10.3 节）

$$C_p=\frac{1+F_{cE}/F_c^*}{2c}-\sqrt{\left(\frac{1+F_{cE}/F_c^*}{2c}\right)^2-\frac{F_{cE}/F_c^*}{c}}$$

$$=\frac{1+0.884}{1.6}-\sqrt{\left(\frac{1+0.884}{1.6}\right)^2-\frac{0.884}{0.8}}$$

$$=0.531$$

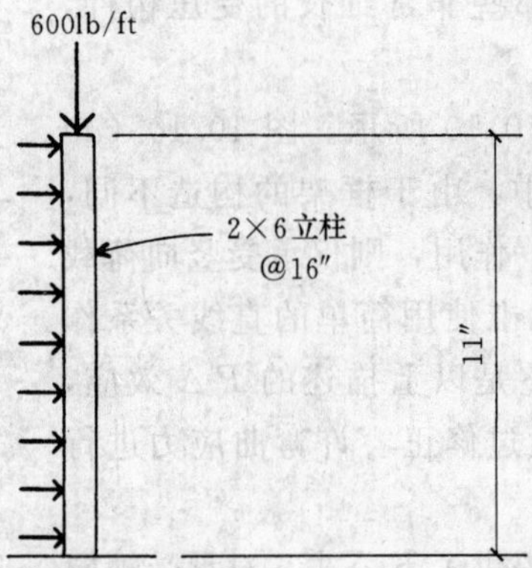

图 10.11 例题 10.4 图

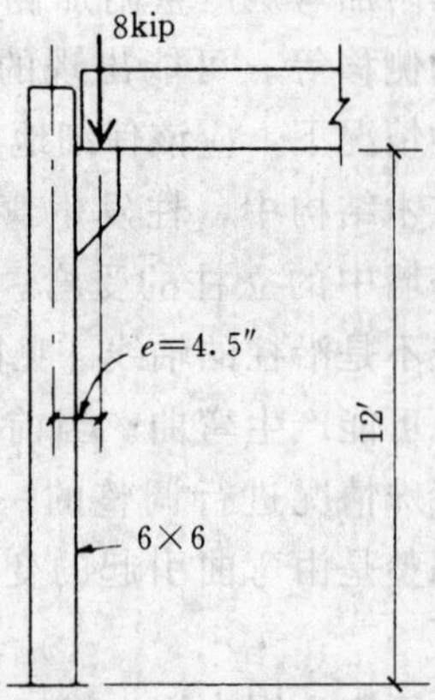

图 10.12 例题 10.5 图

接下来我们考虑立柱是否满足压力的单独作用，不考虑关于风的应力放大系数。使用柱承载力公式

$$P = F_c C_p A = 825 \times 0.531 \times 8.25 = 4397 \text{ lb}$$

此值与间距为 16in 的立柱上的给定荷载进行对比，给定荷载为

$$P = (16/12) \times 600 = 800 \text{ lb}$$

这表明给定荷载不是考虑的主要因素。

对于组合荷载，我们计算如下：

$$f_c = \frac{P}{A} = \frac{800}{8.25} = 97 \text{ psi}$$

$$F'_c = C_p F_c = 0.531 \times 825 = 438 \text{ psi}$$

$$M = (16/12)(wL^2)/8 = 16/12 \times 15 \times 11^2/8 = 302.5 \text{ lb} \cdot \text{ft}$$

$$f_b = M/S = 302.5 \times 12/7.563 = 480 \text{ psi}$$

$$f_c/F_{cE} = 97/729 = 0.133$$

根据组合作用公式则有

$$\left(\frac{97}{1.6 \times 438}\right)^2 + \frac{480}{1.6 \times 776 \times (1 - 0.133)} = 0.019 + 0.446 = 0.465$$

此值小于 1，故立柱满足要求。

【例题 10.5】 如图 10.12 所示的立柱所用木材为密实一级的花旗松-落叶松。分析此立柱是否满足弯矩和轴向荷载组合作用的要求。

解： 查表 4.1 可得，$F_b = 1400$psi，$F_c = 1200$psi，$E = 1700000$psi。查表 5.1 可得，$A = 30.25\text{in}^2$，$S = 27.7\text{in}^3$，则可得

$$\frac{L}{d} = \frac{12 \times 12}{5.5} = 26.18$$

$$F_{cE} = \frac{0.3 \times 1700000}{26.18^2} = 744 \text{ psi}$$

$$F_{cE}/F_c = 744/1200 = 0.62$$

$$C_p = \frac{1+0.62}{1.6} - \sqrt{\left(\frac{1+0.62}{1.6}\right)^2 - \frac{0.62}{0.8}} = 0.5125$$

$$f_c = \frac{P}{A} = \frac{8000}{30.25} = 264 \text{ psi}$$

$$F'_c = C_p F_c = 0.5125 \times 1200 = 615 \text{ psi}$$

$$f_c/F_{cE} = 264/744 = 0.355$$

$$f_b = M/S = (8000 \times 4.5)/27.7 = 1300 \text{ psi}$$

柱在组合作用下：

$$\left(\frac{264}{615}\right)^2 + \frac{1300}{1400(1-0.355)} = 0.184 + 1.440 = 1.624$$

此值大于1，故立柱不满足要求。

【例题 10.6】 图 10.13 表示一桁架上弦的受载条件，这是 16.6 节中建筑设计实例中桁架的条件。此构件是 10.6 节的例题 10.3 中给出的构件，分析此构件是否满足轴向荷载和弯矩的组合作用的要求。

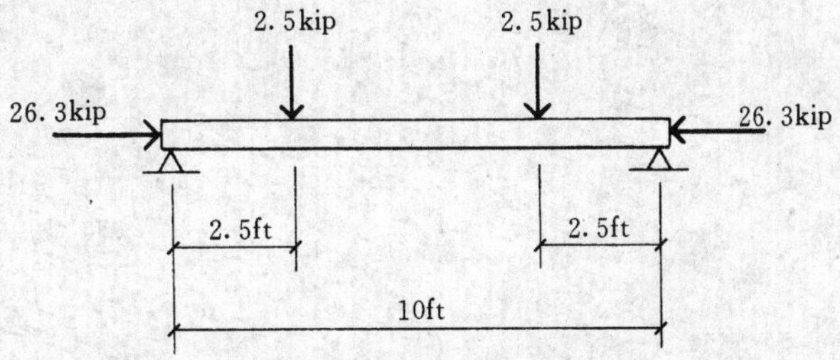

图 10.13 例题 10.6 图

解：从 10.6 节中的例题 10.3 可知：

构件由三根 3×12 的木条组成的格构式构件，木材为一级的花旗松-落叶松，$A=84.39\text{in}^2$，$F_c=1300\text{psi}$，$F_b=1000\text{psi}$，$E=1600000\text{psi}$，$C_p=0.27$

[注意：桁弦实际上是倾斜的，如前面的例题中给出。它的实际长度为 11.7ft，而它的水平投影长度为 10ft，这是我们进行弯矩分析的跨度（见 8.9 节）。]

在组合作用下，我们做如下计算：

$$f_c = P/A = 26300/84.39 = 312 \text{ psi}$$

$$F'_c = C_p F_c = 0.27 \times 1300 = 351 \text{ psi}$$

当构件沿主轴产生弯矩，计算组合作用公式下弯曲系数的尺寸 d 为构件沿弯曲方向的尺寸，此例中为 11.25in，因此可得

$$L/d = (10 \times 12)/11.25 = 10.67$$

则

$$F_{cE} = 0.3E/(L/d)^2 = 0.3 \times 1600000/10.67^2 = 4216 \text{ psi}$$

$$f_c/F_{cE} = 312/4216 = 0.074$$

观察图 10.13 可知，最大弯矩为

$$M = 2.5 \times 2.5 = 6.25 \text{ k·ft} = 6.25 \times 12 \times 1000 = 75000 \text{ in·lb}$$

查表 5.1 可得，一个 3×12 木块的 $S=52.73\text{in}^3$，因此三个 3×12 木块的 $S=3\times52.73=158.19\text{in}^3$，则得出

$$f_b = M/S = 75000/158.19 = 474 \text{ psi}$$

假设关于屋顶荷载的应力放大系数为 1.25（见表 4.2），组合作用下的分析如下：

$$\left(\frac{312}{1.25\times351}\right)^2 + \frac{474}{1.25\times1000\times(1-0.074)} = 0.506 + 0.410 = 0.916$$

故构件满足要求。

习题 10.8.A 一个2×4的外墙立柱高9ft，木材为一级花旗松-落叶松，墙面风载为17psf；立柱中心间距为24in，墙上的重力荷载为沿墙纵向400lb/ft。分析此构件是否满足压力和弯矩组合作用的要求。

习题 10.8.B 一个10×10的柱高9ft，木材为一级花旗松-落叶松，轴压荷载为20kip，偏心距为7.5in。分析此构件是否满足压力和弯矩组合作用的要求。

第11章

框架扣件和配件

典型的木结构由大量的单个构件组成，这些构件连接起来形成整个结构体系。与家具的榫结或胶结一样，除了胶合产品（如胶合板）之外。木构件很少能够直接连接，为了装配建筑构件，最常用的方法就是使用一些钢元件作为连接物，常见的有钉、螺丝、螺栓和片状金属扣件。1991 年版的 NDS（参考文献 1）的主要部分是用于确定承载力和控制木结构连接的形式。本章集中介绍一些最常见扣件在简单情况下的处理方法。

11.1　木结构中的螺栓连接

当用钢螺栓连接木构件时，设计需考虑一些问题。主要如下：

（1）**构件中的净应力**。放置螺栓而钻的孔减少了构件的横截面。为了对此进行分析，假设孔的直径为 1/16in，大于螺栓的直径。最常见的情况如图 11.1 所示。当螺栓交错排列时，可能需要进行如图所示的两种情况的分析。

（2）**螺栓对木材上的作用力和螺栓的弯曲**。当构件较厚且螺栓细长时，螺栓的弯曲将

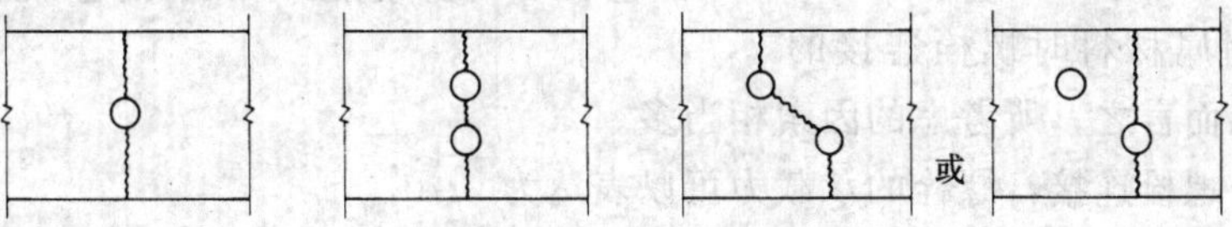

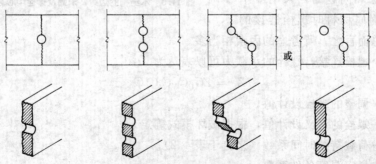

图 11.1　螺栓孔对受拉构件横截面的折减效应

在构件的边缘发生应力集中。木材的承载力还受荷载与木材纹理所成角度的限制，因为木材沿纹理方向的抗压强度较大。

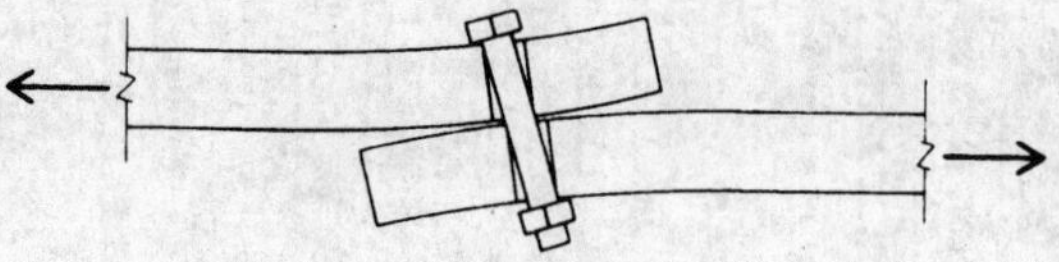

图 11.2 两构件的螺栓连接处发生的扭曲

(3) **螺栓连接构件的数量**。最坏的情况是如图 11.2 所示的两构件连接的情况。在这种情况中，由于连接不对称。导致较大的扭转。此情况称为单剪，因为螺栓仅在一个平面受剪。当多个构件连接时，扭转效应会减小。

(4) **离边缘过近时螺栓外围木材的开裂**。这个问题，以及多个螺栓连接的最小间距问题，可以使用图 11.3 中所给的标准处理。限制尺寸考虑以下因素：螺栓直径 D、螺栓长度 L、力的类型——拉力或压力及荷载与木纹的夹角。

(5) **螺栓的长度**。螺栓长度是确定与木材接触面的一个因素。若螺栓长度与直径的比值较大导致螺栓产生较大弯曲，则螺栓的长度也可能受到关注。设计时，螺栓的长度根据所连接的木构件的厚度而定。

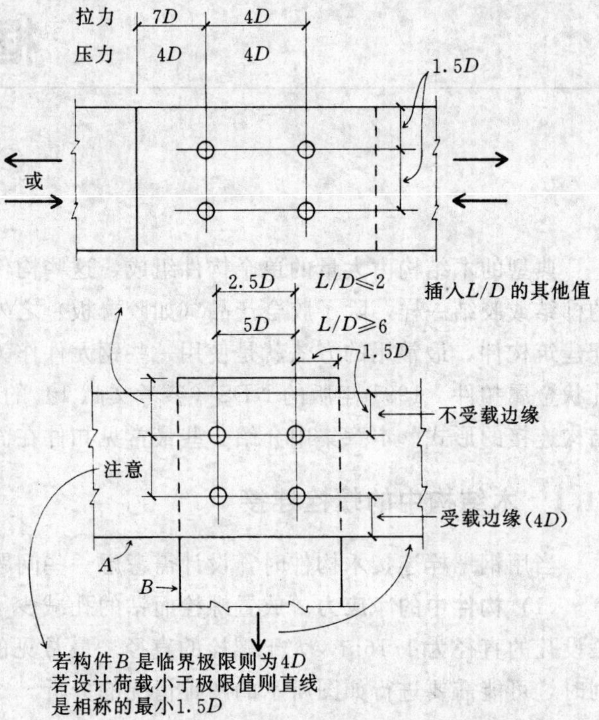

图 11.3 木结构的边缘、末端及螺栓中心之间间距

1991 年版的 NDS 给出了螺栓连接设计：

第一步，基本木结构的总体考虑，特别是对荷载持续时间、湿度条件及木材的特殊品种和等级进行调整。

第二步，与结构连接部件有关因素的总体考虑。这些在 NDS 的第 7 部分，其中包含连接形式、多连接件的排列、连接件力的偏心距等相关因素一些的规定。

第三步，特殊类型连接件的考虑。NDS 第 7 部分还包括了在处理特殊连接方法和问题时，采用 6 个附加部件和附属材料时螺栓连接的有关规定。总而言之，所考虑的因素相当多。

对于单个螺栓连接，螺栓的承载力可以表达为

$$Z' = ZC_D C_M C_t C_g C_\Delta$$

式中 Z'——调整的螺栓设计值；

Z——螺栓的名义设计值，根据破坏模式确定；

C_D——荷载持续时间系数（来自于表 4.2）；

C_M——指定湿度条件系数；

C_t——极端气候条件件的温度系数；

C_g——多个螺栓沿荷载方向排成一排时连接处的群体作用系数；

C_Δ——与连接（单剪、双剪和偏心受载等）的几何形状（一般形状）有关的系数。

对于所有这些复杂因素，可能需要附加的调整。对于螺栓接点，必须考虑两个附加因素：所连接构件的荷载与木纹方向的夹角和螺栓布置时足够的尺寸和间距。

关于荷载相对于木纹的方向，有两种主要的情况：荷载平行于木纹（荷载沿构件轴向分布）和垂直于木纹。在这两种情况之间是木纹与荷载成一夹角的情况。此时可使用汉金森公式（见 4.5 节）进行调整。图 11.4 阐述了以图形形式运用汉金森公式的方法。其中

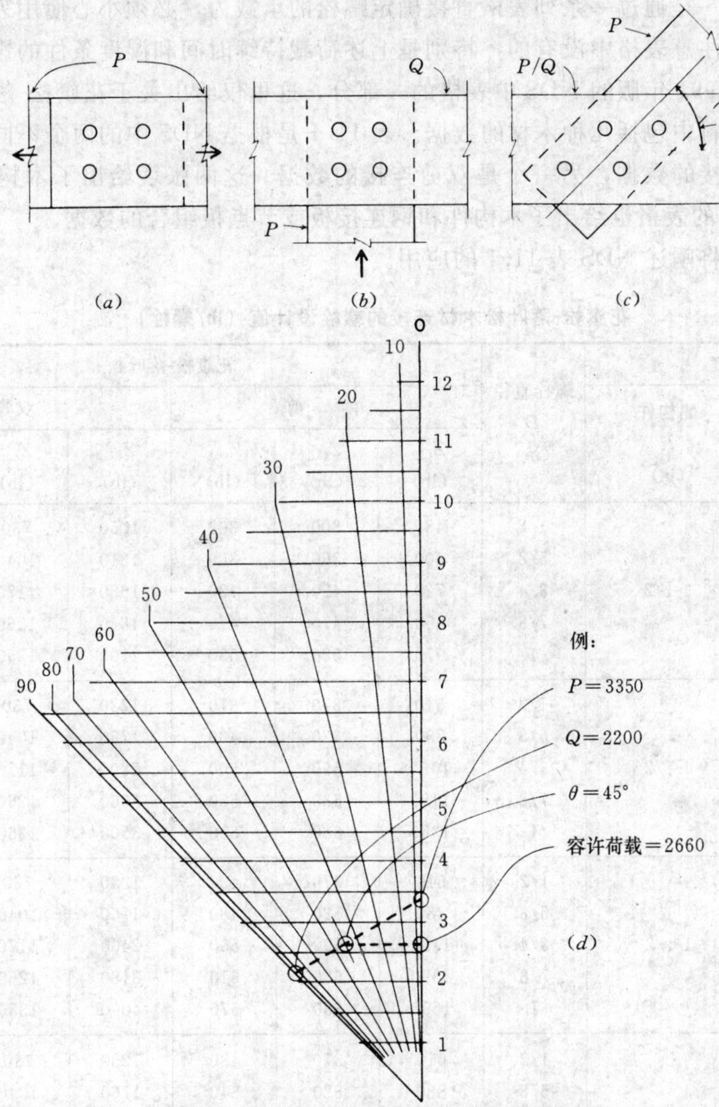

图 11.4　螺栓连接中荷载与木纹方向的关系

(*a*) 平行于构件（夹角为 0°）；(*b*) 直角于构件（夹角为 90°）；

(*c*) 0～90°之间的构件；(*d*) 夹角为 0～90°之间时

汉金森图表的调整设计值

P 表示平行于木纹的螺栓承载力、Q 表示垂直于木纹的承载力。假定 P 方向为 0、Q 方向为 90°，则 0～90°之间的角用希腊字母 θ 表示。

当必须在尺寸较小的构件里使用多个螺栓时，螺栓的布置就很关键。图 11.3 给出了考虑主要尺寸。NDS 一般设定两个限制尺寸。第一个是螺栓承载力设计所要求的最小值，第二个是，因它而指定折减承载力的绝对最小值。一般而言，可以使用这两个临界值之间的任何值，通过在临界承载力之间进行线性插值来确定螺栓的承载力。

在实际设计中直接使用所有的 NDS 要求会导致混乱。因此，NDS 或其他的规范提供了一些捷径。之一是通过一系列表格直接确定螺栓的承载力，必须小心使用表中的各种数值。然而，更要注意表格中没有的，特别是上述荷载持续时间和湿度条件的影响。

表 11.1 是 1991 年版的 NDS 中表格的一部分，这里仅给出关于花旗松-落叶松木材的数据，而在原资料中包括几种木材的数据。表 11.1 是根据 NDS 中的两个不同表格编辑而来，一个单剪连接的数据，另一个是双剪连接的数据。这两张表给出了木构件连接的数据；NDS 中其他的表格也给出了木构件和钢连接板或节点板组合的数据。

下面的例题将阐述 NDS 表 11.1 的应用。

表 11.1　　花旗松-落叶松木材连接的螺栓设计值（lb/螺栓）

厚度		螺栓直径	花旗松-落叶松					
			单剪			双剪		
主构件 t_m (in)	侧构件 t_s (in)	D (in)	$Z_{l\perp}$ (lb)	$Z_{s\perp}$ (lb)	$Z_{m\perp}$ (lb)	$Z_{l\perp}$ (lb)	$Z_{s\perp}$ (lb)	$Z_{m\perp}$ (lb)
1-1/2	1-1/2	1/2	480	300	300	1050	730	470
		5/8	600	360	360	1310	1040	530
		3/4	720	420	420	1580	1170	590
		7/8	850	470	470	1840	1260	630
		1	970	530	530	2100	1350	680
2-1/2	1-1/2	1/2	610	370	370	1230	730	790
		5/8	850	520	430	1760	1040	880
		3/4	1020	590	500	2400	1170	980
		7/8	1190	630	550	3060	1260	1050
		1	1360	680	610	3500	1350	1130
3	1-1/2	1/2	610	370	420	1230	730	860
		5/8	880	520	480	1760	1040	1050
		3/4	1190	590	550	2400	1170	1170
		7/8	1390	630	610	3180	1260	1260
		1	1590	680	670	4090	1350	1350
3-1/2	1-1/2	1/2	610	370	430	1230	730	860
		5/8	880	520	540	1760	1040	1190
		3/4	1200	590	610	2400	1170	1370
		7/8	1590	630	680	3180	1260	1470
		1	1830	680	740	4090	1350	1580

续表

厚度		螺栓直径 D (in)	花旗松-落叶松					
			单剪			双剪		
主构件 t_m (in)	侧构件 t_s (in)		$Z_{l\perp}$ (lb)	$Z_{s\perp}$ (lb)	$Z_{m\perp}$ (lb)	$Z_{l\perp}$ (lb)	$Z_{s\perp}$ (lb)	$Z_{m\perp}$ (lb)
3-1/2	3-1/2	1/2	720	490	490	1430	970	970
		5/8	1120	700	700	2240	1410	1230
		3/4	1610	870	870	3220	1750	1370
		7/8	1970	1060	1060	4290	2130	1470
		1	2260	1230	1230	4900	2580	1580
4-1/2	1-1/2	5/8	880	520	590	1760	1040	1190
		3/4	1200	590	750	2400	1170	1580
		7/8	1590	630	820	3180	1260	1890
		1	2050	680	890	4090	1350	2030
	3-1/2	5/8	1120	700	730	2240	1410	1460
		3/4	1610	870	1000	3220	1750	1760
		7/8	2190	1060	1160	4390	2130	1890
		1	2610	1290	1290	5330	2580	2030
5-1/2	1-1/2	5/8	880	520	590	1760	1040	1190
		3/4	1200	590	790	2400	1170	1580
		7/8	1590	630	980	3180	1260	2030
		1	2050	680	1060	4090	1350	2480
	3-1/2	5/8	1120	700	730	2240	1410	1460
		3/4	1610	870	1030	3220	1750	2050
		7/8	2190	1060	1260	4390	2130	2310
		1	2660	1290	1390	5330	2580	2480
7-1/2	1-1/2	5/8	880	520	590	1760	1040	1190
		3/4	1200	590	790	2400	1170	1580
		7/8	1590	630	1010	3180	1260	2030
		1	2050	680	1270	4090	1350	2530
	3-1/2	5/8	1120	700	730	2240	1410	1460
		3/4	1610	870	1030	3220	1750	2050
		7/8	2190	1060	1360	4390	2130	2720
		1	2660	1290	1630	5330	2580	3380

资料来源：经出版商国家林产品协会许可，摘自《国家木结构设计规范》（参考文献 1）。

【例题 11.1】 三构件（双剪）的连接木材为花旗松-落叶松，选择木材等级。连接点如图 11.5 所示，荷载平行于构件的木纹方向，拉力为 9kip。中间构件（指定为表 11.1 中的主构件）为 3×12，二侧构件（表 11.1 中的侧构件）均为 2×12。若连接上有 4 个 3/4in 的螺栓，问：此接点是否满足要求？不必对湿度或荷载持续时间进行调整，并假设布置尺寸满足螺栓设计值的要求。

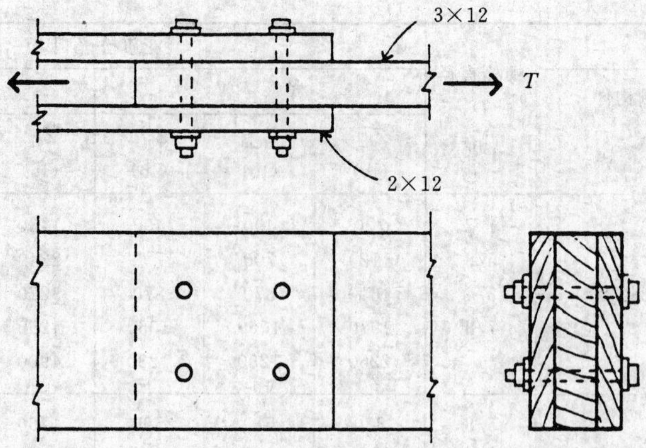

图 11.5 例题 11.1 图

解：查表 11.1，每个螺栓的容许承载力为 2400lb，因此四个螺栓的总承载力

$$T = 4 \times 2400 = 9600\ \text{lb}$$

仅取决于连接内螺栓的承载力和抗剪作用。

木材中拉应力的关键因素是中间构件，因为其厚度小于二侧构件的厚度之和。一般认为螺孔的直径比螺栓大 1/16in，因此构件在两个螺栓处的净截面面积为

$$A = 2.5 \times [11.25 - 2 \times (13/16)] = 24.06\ \text{in}^2$$

查表 4.1 可得，木材的容许拉应力为 1000psi，因此中间构件的最大抗拉承载力为

$$T = \text{容许应力} \times \text{净面积} = 1000 \times 24.06 = 24060\ \text{lb}$$

因此，该连接满足荷载要求。

应该注意，NDS 规定对使用多个连接的承载力应进行折减。然而，对于每排仅有两个螺栓和例中的连接折减系数可以忽略不计。

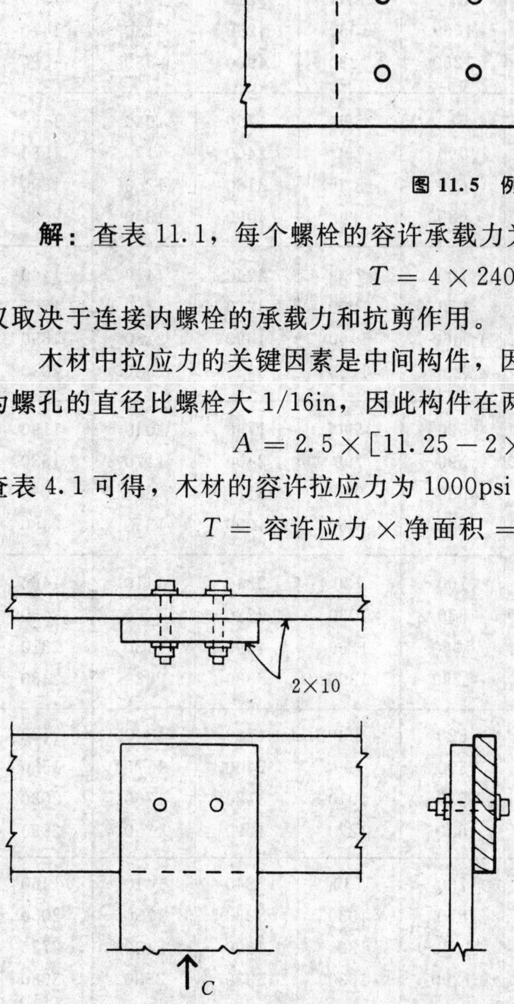

图 11.6 例题 11.2 图

【例题 11.2】 两连接的构件为优等的结构用花旗松-落叶松，构件均为 2×10。两构件成 45°角连接，如图 11.6 所示。连接处有两个 7/8in 的螺栓。问：连接处的最大承载力是多少？

解：这是两个 1.5in 厚构件的单剪连接，不考虑净截面的拉应力。因此极限承载力是 1.5in 厚木块垂直于木纹方向的极限承载力。查表 11.1 可知，螺栓设计值为 470lb/螺栓，因此，连接的总承载力为

$$C = 2 \times 470 = 940\ \text{lb}$$

【例题 11.3】 一个三构件的连接中间构件为 4×12，外侧构件均为 2×10 的用材为优质结构用花旗松-落叶松，外侧构件与中间构件成某一角度排列，如图 11.7 所示。求外侧构件通过连接能够传递的最大压力。

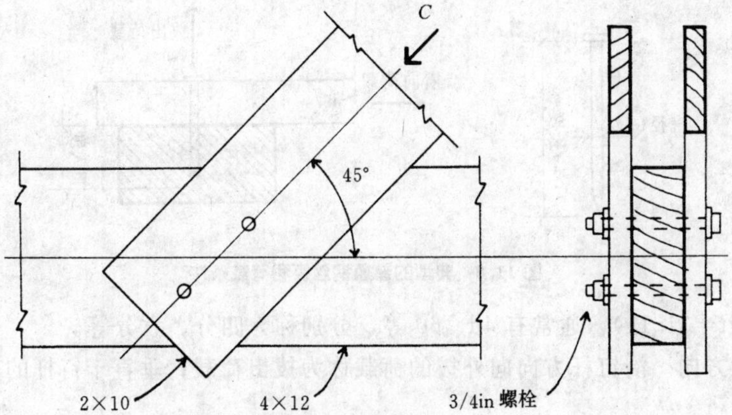

图 11.7 例题 11.3 图

解：在此情况中，我们必须同时分析两个外侧构件中间构件和。外侧构件中荷载平行于木纹，中间构件中荷载与木纹成 45°角。

对于外侧构件，表 11.1 给出的每螺栓设计值为 2400lb/螺栓。（主要构件 3.5in 厚，侧构件 1.5in 厚，双剪，荷载平行于纹理。）

主要构件，平行和垂直木纹方向的极限值分别为 2400lb 和 1370lb。在图 11.4 的图表中，45°受力时，每个螺栓的极限值大约为 1740lb。由于该值小于外侧构件的极限值，所以连接的总承载力为

$$C = 2 \times 1740 = 3480 \text{ lb}$$

注意：以下所有问题的木材，都为一级花旗松-落叶松，并假设对湿度和荷载持续时间不做折减。

习题 11.1.A 一个三构件的受拉节点，外侧构件为 2×12，中间构件为 4×12（见图 11.5）。连接采用 6 个分两排布置的 3/4in 螺栓。求连接的总承载力。

习题 11.1.B 由两个构件组成的受拉节点，两构件均为 2×6，采用两个 3/4in 螺栓。连接拉力的极限值是多少？

习题 11.1.C 两个 2×8 的外侧构件，采用 3/4in 的螺栓成 45°角连接在 3×12 的中间构件上（见图 11.7）。通过外侧构件传递给节点的最大压力是多少？

11.2 钉结连接

为满足各种使用目的，钉子可制成各种尺寸和外形。尺寸从微小的平头钉到大型道钉。多数钉子需要人们用锤子来敲击——就像它们已经延续了大约几千年的那样。然而现在出现了各种机械驱动装置。人工和机械驱动装置的使用产生了其他固定方式，如 U 形钉和螺钉，因此在某些形式的连接中代替了钉子。

在轻型木框架的结构连接中，最通常使用的钉子一般称为**普通圆头钉**，或简称普通钉。使用如图 11.8 所示的普通钉要考虑以下几个方面：

(1) **钉子尺寸**。主要尺寸是直径和长度。钉子以英钱（pennyweigt）为单位

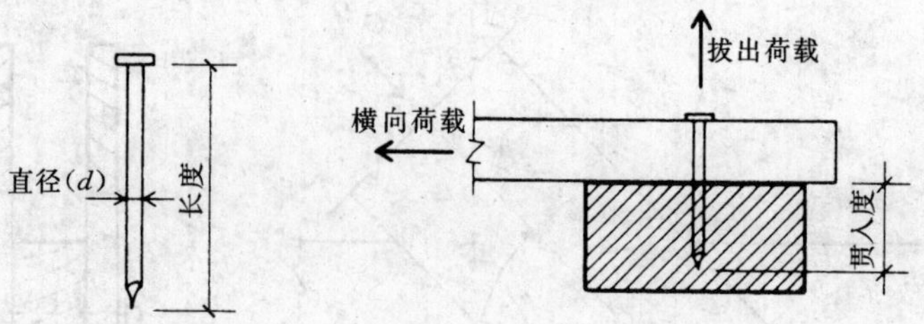

图 11.8 典型的普通钢丝钉和荷载条件

(20pennyweigt=31.1g)，通常有 4d、6d 等，分别称为四分、六分等。

(2) **荷载方向**。沿钉杆方向向外拔的荷载称为**拔出荷载**；垂直于钉杆的剪力称为**横向荷载**。

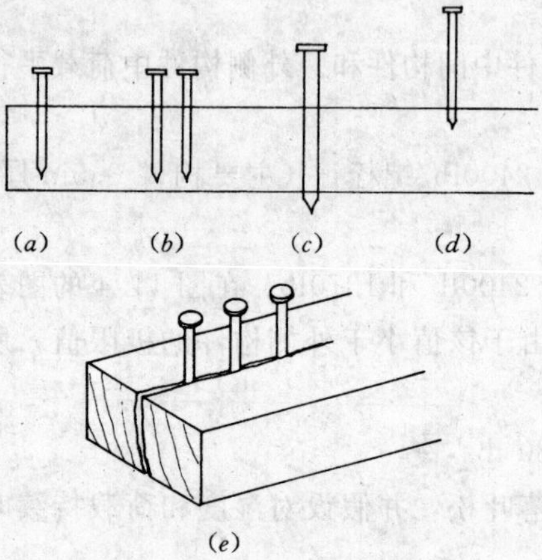

图 11.9 缺乏钉接经验的几种情况
(a) 太靠近边缘；(b) 钉子之间靠的太近；(c) 对于木板，钉子太大；(d) 对于把持木板，钉子贯入度太小；(e) 在平行于木材纹理的单排上，钉距太小

(3) **贯入度**。钉接的典型形式是穿过一个构件并钉入另一个构件，且承载能力由钉子在第二个构件上的嵌入长度所决定。嵌入长度称为**贯入度**。

(4) **木材种类和等级**。木材越硬、越紧、越重，荷载承受能力就越大。

好的钉接设计需要一些工程知识和良好的木工工艺。一些明显需要避免的情况如图 11.9 所示。在设计钉结连接时，非常需要一些实际的木工经验。

普通圆钉的抗拔承载力以每英寸贯入长度下的承载力为单位，必须乘以实际的贯入长度才能求出以英镑为单位的实际承载力。通常最好不要使用取决于抗拔承载力的结构连接。

普通圆钉的横向荷载力见表 11.2。当根据横向荷载考虑钉接时，不需要考虑荷载方向与木材纹理方向的关系。

下面的例子阐述了典型的钉连接的设计。

【例题 11.4】 节点如图 11.10 所示，木构件通过 16d 普通钢钉连接。木材为花旗松-落叶松。问两侧构件所能承受的最大压力是多少？

解：查表 11.2，每个钉子的数值是 141lb（侧构件为 1.5in 厚、16d 钉子）。因此连接总承载力为

$$C = 10 \times 141 = 1410 \text{ lb}$$

未对荷载方向进行调整。然而这里假定钉接的形式就是所谓的侧纹连接，即钉子与木纹方向成 90°且荷载垂直于钉子（横向）。

将钉子嵌入支承构件中足够的贯入长度也是需要考虑的问题。但是，如果钉子完全嵌入构件中，使用表 11.2 给出的数据可以保证其足够的贯入长度。

表 11.2　　普通圆头钉横向承载能力　　单位：lb/钉

边构件厚度	钉子长度	钉子直径	英钱	G=0.50 花旗松-落叶松	边构件厚度	钉子长度	钉子直径	英钱	G=0.50 花旗松-落叶松
t_s (in)	L (in)	D (in)		Z (lb)	t_s (in)	L (in)	D (in)		Z (lb)
1/2	2	0.113	6d	59	3/4	4-1/2	0.207	30d	147
	2-1/2	0.131	8d	76		5	0.225	40d	158
	3	0.148	10d	90		5-1/2	0.244	50d	162
	3-1/4	0.148	12d	90		6	0.263	60d	181
	3-1/2	0.162	16d	105	1	3	0.148	10d	118
	4	0.192	20d	124		3-1/4	0.148	12d	118
	4-1/2	0.207	30d	134		3-1/2	0.162	16d	141
	5	0.225	40d	147		4	0.192	20d	159
	5-1/2	0.244	50d	151		4-1/2	0.207	30d	167
	6	0.263	60d	171		5	0.225	40d	177
5/8	2	0.113	6d	66		5-1/2	0.244	50d	181
	2-1/2	0.131	8d	82		6	0.263	60d	199
	3	0.148	10d	97	$1\frac{1}{4}$	3-1/4	0.148	12d	118
	3-1/4	0.148	12d	97		3-1/2	0.162	16d	141
	3-1/2	0.162	16d	112		4	0.192	20d	170
	4	0.192	20d	130		4-1/2	0.207	30d	186
	4-1/2	0.207	30d	140		5	0.225	40d	200
	5	0.225	40d	151		5-1/2	0.244	50d	204
	5-1/2	0.244	50d	155		6	0.263	60d	222
	6	0.263	60d	175	$1\frac{1}{2}$	3-1/2	0.162	16d	141
3/4	2-1/2	0.131	8d	90		4	0.192	20d	170
	3	0.148	10d	105		4-1/2	0.207	30d	186
	3-1/4	0.148	12d	105		5	0.225	40d	205
	3-1/2	0.162	16d	121		5-1/2	0.244	50d	211
	4	0.192	20d	138		6	0.263	60d	240

资料来源：经出版商国家林产品协会的许可，摘自《国家木结构设计规范》（参考文献 1）。

习题 11.2.A　与图 11.10 类似的节点，外侧构件名义厚度为 1in（实际厚度 3/4in），钉子为 10d 普通圆头钉。计算能够传递到两侧构件的压力。

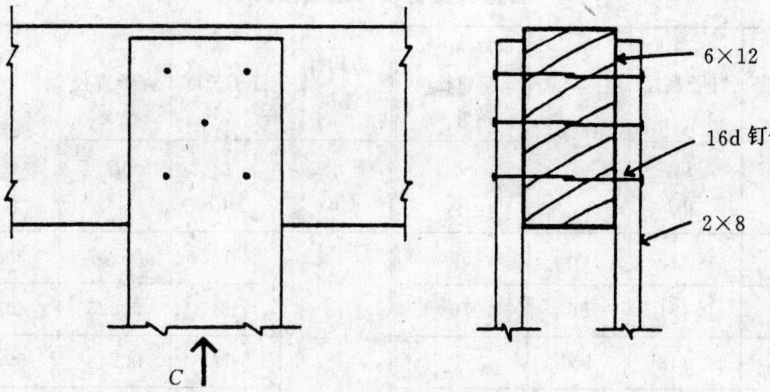

图 11.10 习题 11.2.A 图

11.3 螺钉和方肩螺栓

当钉子的松动和爆裂成问题时，要使周围木料更有效地抓住钉子的方法是让钉轴表面变得不平整。许多表面形状各异的钉子已经得以使用，但达到这一效果的另外一种方法是使用螺纹钉代替普通钉。螺钉可以被旋紧并将构件挤压连接在一起，这是普通钉子不可能达到的。对于动荷载，比如地震引起的颤动，牢固的、有效的锚固接合具有独特的优点。

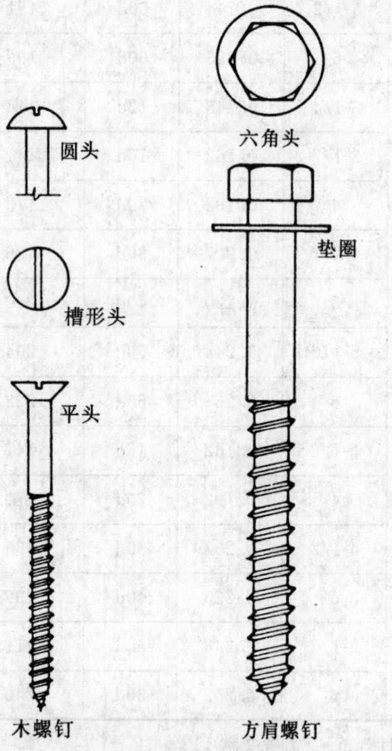

图 11.11 木螺钉的类型

[经出版商约翰·威利父子公司的许可，摘自爱德华·艾伦编写的《建筑结构的基本原理》(Furdamentals of Building construction)]

螺钉的形式多种多样，其中用于木结构的三种最常用的螺钉如图 11.11 所示。平头螺钉被旋动以使得头部能完全插入木料中，并使得表面没有凸起。圆头螺钉通常使用垫圈，或用来在木材表面固定金属物体。六角螺钉又称为**方肩螺钉**或**方肩螺栓**，且设计成用扳手而不是启子来旋紧。方肩螺栓有各种尺寸范围并可以用在主要的结构连接上。

螺钉的功用基本与钉子相同，被用来抵御拔出或侧向剪力型的荷载。螺钉在安装时，常常必须先钻一个引导洞，称为**定位孔**，其直径比螺钉轴稍小。螺钉的结构连接规范提出了定位孔的限制的要求以及正确安装的各种其他细节的要求。抗拔出和侧向荷载能力作为钉子尺寸和支持螺钉的木料的类型的功能被给出。

与钉固接合相同的是，螺钉的使用包括了各种判断，其中工艺大于科学。螺钉类型、尺寸、间距、长度的选择以及良好接合的其他细节可能由一些规范给出了规定，但它仍然是经验的事情。

虽然通常没有介绍钉子拔出荷载的计算，但螺钉没有如此限制，且当连接细节处需要该荷载时，常常会选择螺钉。

11.4　机械驱动固定设备

虽然在每个木匠的工具箱里仍然有锤子、启子和扳手，但现在结构的固定通常使用动力装置。这就使得在某些情况下，固定设备不适合原有的分类规定而且规范对使用的固定设备的规定变得更加复杂。简单的手工射钉枪包括一些可以安装足够强度结构扣件的装置都可以归于设备一类。夹板屋面和地面板以及各种墙面覆盖材料的现场安装现在常常利用机械动力装置来完成。

11.5　剪力装置

当木构件搭接且用螺栓固定时，很难避免节点搭接构件间产生滑动。如果力是双向的，如风或地震作用会在节点处产生往复应力，这种缺乏紧度的连接是不能采用的。有时在搭接构件间插入各种装置，使得当螺栓旋紧时，在搭接构件间，除了简单的摩擦外，还有抗滑。

为提高搭接节点抗剪能力，有时使用齿形或脊形的金属装置。这些装置只是简单地放置在搭接木板之间，旋紧螺栓将使它们咬合在构件上。五金产品有各种形状和尺寸并且使用很广，主要适用于重型的粗木结构。

用于搭接节点稍微复杂一点的抗剪装置是裂环连接件，它是一个钢环，通过在搭接木板表面开挖相匹配的圆形槽来安装。当环安装在槽内且螺栓被旋紧，环被紧紧地挤压进槽内，且产生的连接的抗剪能力比单纯使用螺栓要强得多。裂环连接件的设计在下一节中讨论。

11.6　裂环连接件

裂环连接件的常规形状和安装方法如图 11.12 所示。这种装置在设计时需考虑以下几个问题：

（1）**环的尺寸**。如图 11.12 所示，常用的是名义直径为 2.5in 和 4in 的两种环。

（2）**木构件净截面上的应力**。如图 11.12 所示，木板横截面被环形轮廓（图中 A）和螺栓洞削减。如果环放置在木板的两边，则两侧均有削弱。

（3）**木板厚度**。如果木板太薄，为环所作的切割将过分地咬进横截面中。额定荷载的数值将反映此项考虑。

（4）**有环木板的面数**。如图 11.13 所示，接合处的外部构件将只有一面使用环，而内部构件两面都使用环。因此对于内部构件，厚度的考虑更为重要。

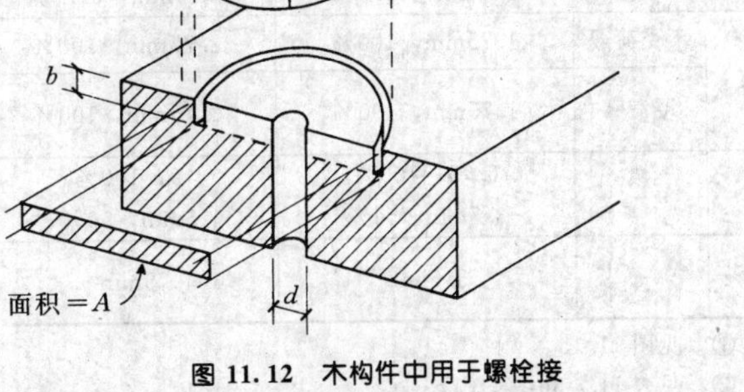

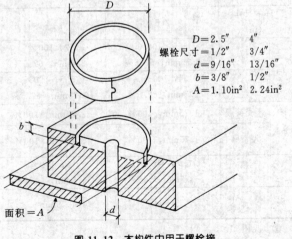

图 11.12　木构件中用于螺栓接合的裂环连接件

（5）**边缘和端部距离**。必须保证

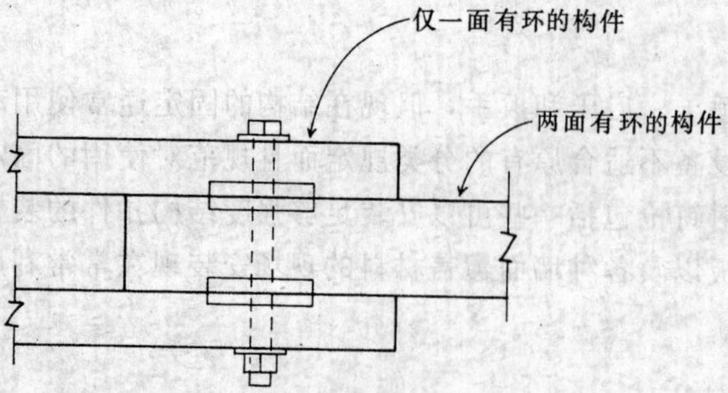

图 11.13 使用裂环连接件的构件面数的确定

足够的安装环的空间，以防止节点承载时，面积环从木板的一侧滑出。在承载方向上，对于边缘距离的考虑是最重要的——称为受载边缘（见图11.14）。

（6）**环的间距**。环的间距必须足以保证环的安装以及充分发挥环的承载能力。

图 11.15 给出了必须考虑的 4 个安装尺寸。表 11.3 已经给出了这些尺寸的限制。某些情况下有两个限制尺寸。一个是充分发挥环的承载能力时的尺寸（表中的100%）；另一个是环承载能力削减时允许的最小尺寸。当环的安装尺寸介于这些限值之间时，其承载力可以按插值法计算。

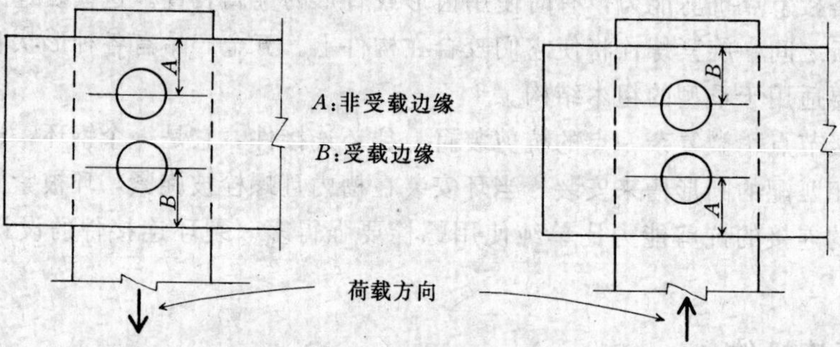

图 11.14 受载边缘的确定

表 11.3 裂环连接件的间距、边缘距离和端部距离①

荷载方向与纹理关系		表 11.4 中设计数值的距离（in）和对应的百分比			
		平行		垂直或成角度	
环的尺寸（in）		2.5	4	2.5	4
L_1	拉	5.5，100% 2.75min，62.5%	7，100% 3.5min，62.5%	5.5，100% 2.75min，62.5%	7，100% 3.5min，62.5%
	压	4，100% 2.5min，62.5%	5.5，100% 3.25min，62.5%	5.5，100% 2.75min，62.5%	5.5，100% 3.25min，62.5%
L_2	不受荷载	1.75min，100%	2.75min，100%	1.75min，100%	2.75min，100%
	受载②	1.75min，100%	2.75min，100%	2.75min，100% 1.75min，83%	3.75min，100% 2.75min，83%
S_1		6.75，100% 3.5min，50%	9，100% 5min，50%	3.5min，100%	5min，100%
S_2		3.5min	5min	4.25，100% 3.5min，50%	6，100% 5min，50%

① 见图 11.15。

② 见表 11.4 和图 11.14。

资料来源：经出版商国家林产品协会的许可，摘自《国家木结构设计规范》（参考文献 1）。

表 11.4 给出了花旗松-落叶松和南方云松的密实和常规等级裂环连接件的承载力。与螺栓相同，给出的数值分别为荷载为顺纹方向或横纹方向。当荷载与木纹成一定角度时，可以使用汉金森公式（见 4.5 节）或图 11.4 所示图表来确定其数值。

下例说明了节点使用裂环连接件时的分析步骤。

【例题 11.5】 如图 11.16 所示连接，使用 5/2in 裂环，一级花旗松-落叶松木料，荷载如图所示，确定荷载的极限值。

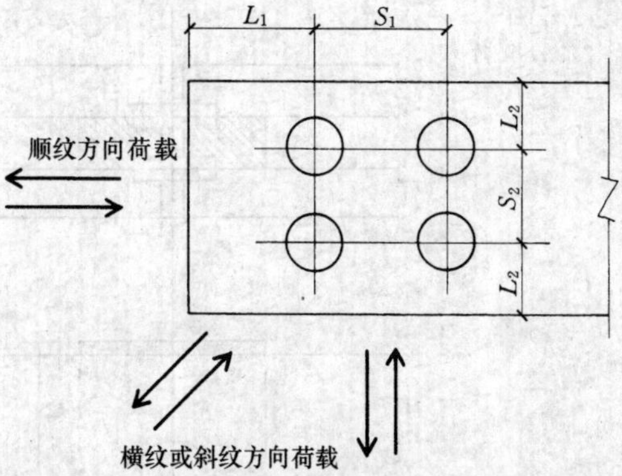

图 11.15 裂环连接件的端部、边缘和间距要求的相关图（见表 11.3）

表 11.4 **裂环连接件的设计值**

环尺寸 (in)	螺栓直径 (in)	使用连接件面数①	木板实际厚度 (in)	荷载顺纹方向设计值/连接件 (lb)		受载边缘距离③ (in)	荷载横纹方向设计值/连接件 (lb)	
				A组木料②	B组木料②		A组木料②	B组木料②
2.5	1/2	1	1min	2630	2270	1.75min	1580	1350
						≥2.75	1900	1620
			≥1.5	3160	2730	1.75min	1900	1620
						≥2.75	2280	1940
		2	1.5min	2430	2100	1.75min	1460	1250
						≥2.75	1750	1500
			≥2	3160	2730	1.75min	1900	1620
						≥2.75	2280	1940
4	3/4	1	1min	4090	3510	2.75min	2370	2030
						≥3.75	2840	2440
			≥1.5	6020	5160	2.75min	3490	2990
						≥3.75	4180	3590
			1.5min	4110	3520	2.75min	2480	2040
						≥3.75	2980	2450
		2	2	4950	4250	2.75min	2870	2470
						≥3.75	3440	2960
			2.5	5830	5000	2.75min	3380	2900
						≥3.75	4050	3480
			≥3	6140	5260	2.75min	3560	3050
						≥3.75	4270	3660

① 见图 11.13。

② A 组为密实等级，B 组为花旗松-落叶松常规等级。

③ 见图 11.15。

资料来源：经出版商国家林产品协会的许可，摘自《国家木结构设计规范》（参考文献 1）。

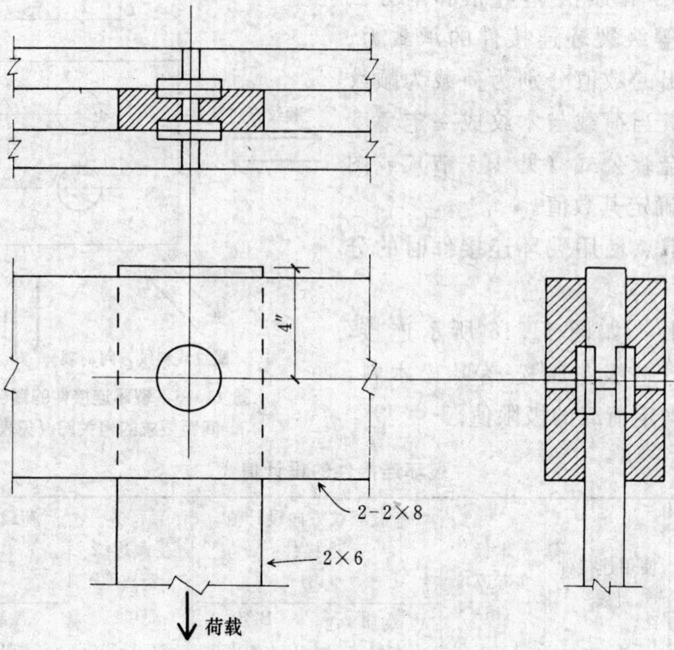

图 11.16 例题 11.5 图

解：对这个接中的每个构件需分别分析。分析 2×6 构件，可知：

荷载为顺纹方向。

两面使用环。

临界尺寸为构件厚度 1.5in（38mm），端部距离 4in。

由表 11.3，环能够充分发挥能力所需的端部距离是 5.5in，且如果使用最小距离 2.75in，承载能力会削减到总能力的 62.5％。如果使用 4in 端部距离，其数值必须使用内插法，如图 11.17 所示，因此

$$\frac{1.5}{x}=\frac{2.75}{37.5}$$

$$x=\frac{1.5}{2.75}\times 37.5=20.45\%$$

$$y=100-20.45=79.55\%\approx 80\%$$

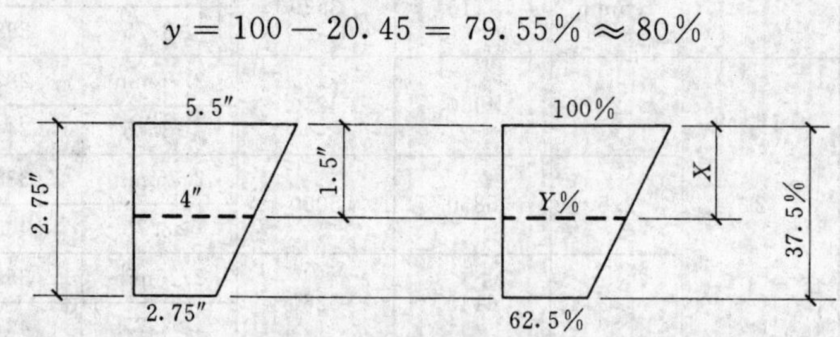

图 11.17 例题 11.5 图

由表 11.14，我们发现每个环的总承载力为 100lb。因此可使用的承载力为

$$0.80\times 2100=1680\ \text{lb/环}(7.47\text{kN/环})$$

分析 2×8 构件可知：

(1) 荷载为横纹方向。

(2) 只有一面使用环。

(3) 荷载边缘距离为 7.25in 的一半，即 3.625in (92mm)。

对于这种情况，表 11.5 所示荷载值为 1940lb (12.81kN)。因此连接受 2×6 构件的条件限制，使用两个环的连接的总承载力为

$$T = 2 \times 1680 = 3360\ \text{lb}(14.9\text{kN})$$

应该验证，2×6 的构件能够承受荷载在连接处净截面上的拉应力。如图 11.18 所示，净面积为

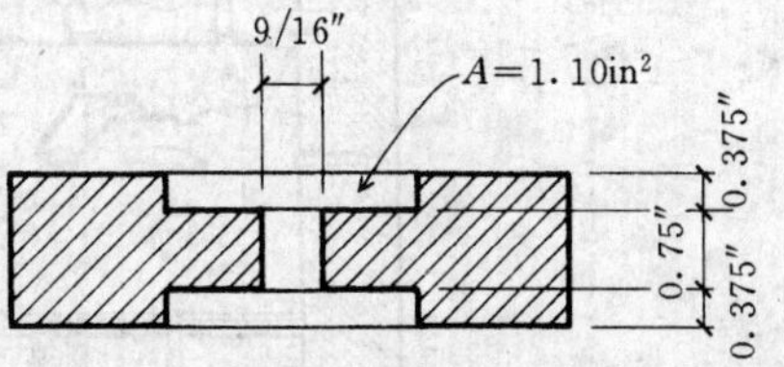

图 11.18 净截面积的确定（例题 11.5 图）

$$A = 8.25 - 2 \times 1.10 - \frac{9}{16} \times 0.75$$

$$= 5.63\ \text{in}^2(3632\text{mm}^2)$$

由表 4.1 得知，允许拉应力为 675psi (4.65MPa)，因此 2×6 的承载力为

$$T = 675 \times 5.63 = 3800\ \text{lb}(16.9\text{kN})$$

因此，构件在拉应力作用下不处于临界状态。

习题 11.6.A 图 11.16 所示的连接，使用 4in 裂环，木构件使用一级花旗松-落叶松木料。如果每个外部构件为 3×10，中间构件为 4×10，确定受拉荷载的极限值。

11.7 型钢框架构件

成型金属框架装置用于重型木结构的安装已经有几百年的历史。在古代，采用青铜、铸铁及熟铁的成型构件，后来采用锻制或弯曲及焊接的钢制成型构件（见图 11.19）。现在使用的一些装置在功能和细节上基本上与很久以前使用的装置相同。对于大型木构件，连接件通常由钢板弯起并焊接制成所需的形状（见图 11.20）。梁与柱以及柱与柱脚的连接是常常需要完成的任务，完成此任务的简单方法也由实践中发展而来。

为抵抗重力荷载，如图 11.20 所示的连接件通常没有直接的结构上功能。从理论上来说，像在农村房屋中那样，将梁安放在柱顶上是可能的。但当抵抗风或地震的侧向荷载时，这些连接装置的连接和锚固功能通常显得尤为重要。在施工过程中，这些装置也提供了将结构固定的实际功能。

近期的发展是将金属装置应用于轻型木框架结构的安装中。如图 11.21 所示的薄金属片装置，现在普遍用于采用名义厚度 2in 的主要构件的主柱或搁栅中。与那些使用在重型木结构中的连接装置相同，这些较轻的连接件常常为结构提供连接和锚固等有用的功能。荷载在建筑物侧向支撑系统基本构件间的传递常常由这些构件完成（见第 15 章中的讨论）。

常用的轻型钢片类和重型钢板类的连接装置均可以容易地从建筑材料供应商那里获得。许多这些装置都符合当地建筑规范的要求且已经由厂商标明了荷载等级。如果这些荷

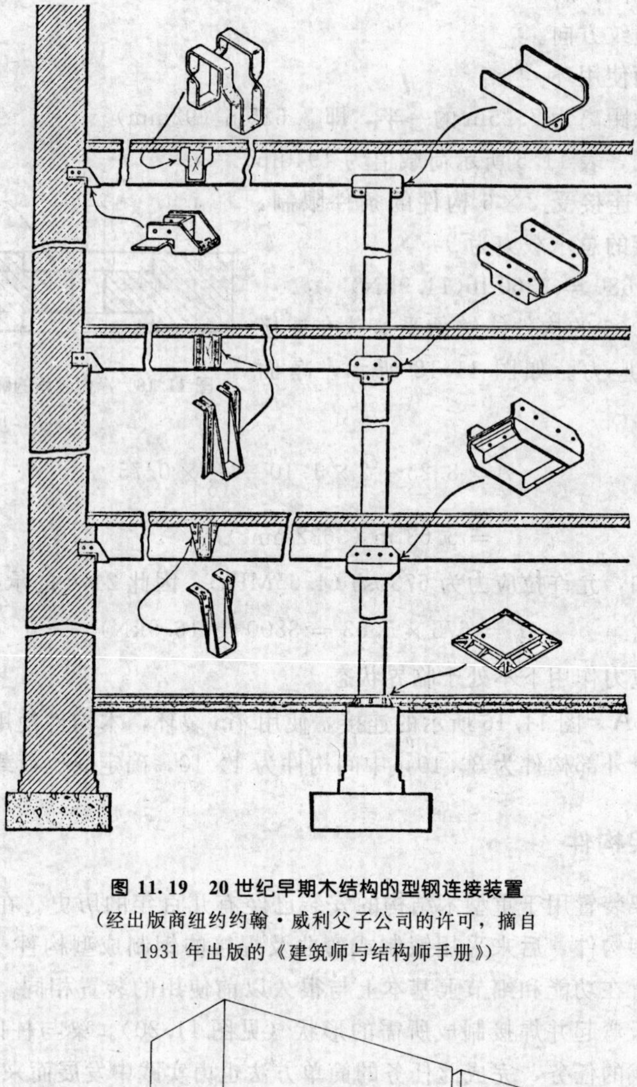

图 11.19 20 世纪早期木结构的型钢连接装置
（经出版商纽约约翰·威利父子公司的许可，摘自1931 年出版的《建筑师与结构师手册》）

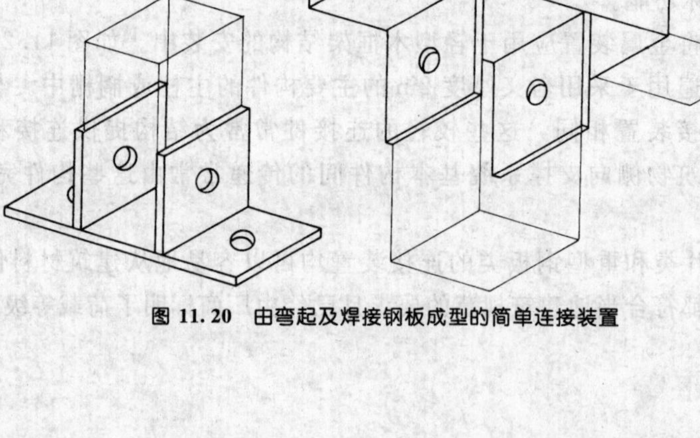

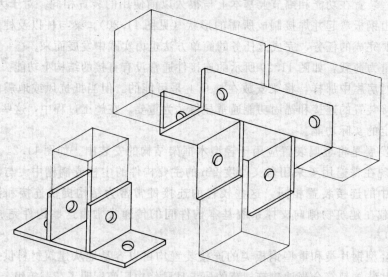

图 11.20 由弯起及焊接钢板成型的简单连接装置

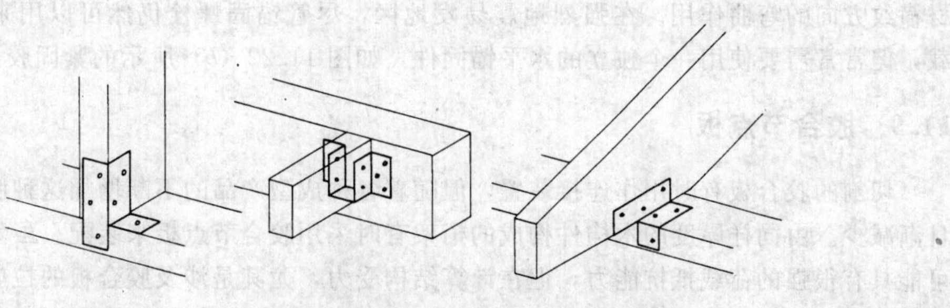

图 11.21 用于轻型木框架结构的连接装置，成型于弯起钢板

载等级得到规范认可，用于某一建筑，这些装置就可以用于传递经过计算的结构荷载。有关这些产品的信息应该由当地供货商提供。

对于特殊情况，需要设计一个定制的连接装置。这种装置可以很快且容易地由当地金属加工车间完成。然而，这些装置的生产厂商可能拥有大量的适合各种情况的产品，因此在定制特殊的装置之前，明智的做法是首先应确定所需的装置不是标准件。因为在绝大多数情况下定制产品更加昂贵。

11.8 混凝土和砌体锚固

由混凝土或砌体结构支撑的木构件通常必须直接或通过一些中间装置进行锚固。最常用的锚固方法是将钢螺栓浇筑进混凝土或砌体中；但也有各种浇筑、钻孔或动力射入装置可以用于各种情况。后一种形式的锚固件为预制产品，且必须从生产商或供应商那里获得承载能力的所有数据及所需的安装细节。

图 11.22 给出了两种常见情况。木立柱墙的门槛通过浇筑在混凝土中的钢锚固螺栓固定在混凝土基础上。在施工过程中，这些螺栓基本上仅仅是将墙安全地固定在某一位置上。然而，它们也需要锚固住墙以抵抗侧向和上举力，如第 15 章所述。对于侧向力，荷载的极限值通常由螺栓-木材连接的极限值决定，见 11.2 节中的讨论。对于上举力，极限值可以由螺栓的拉应力或嵌入混凝土或砌体中的螺栓的拔出极限确定。

图 11.22（*b*）给出了一种常见的情况，木框屋顶板或楼面通过一个水平拴固在墙面上的构件连接在砌体墙上，这个构件称为卧材。对竖向荷载螺栓对剪切作用的传递已在 11.2 节中描述。对侧向力，问题是螺栓的拔出或螺栓中的拉应力，但最需要考虑的是卧

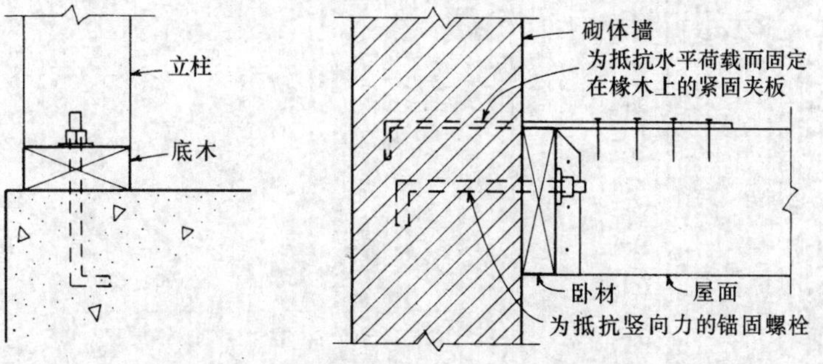

图 11.22 混凝土和砌体中木结构的固定装置

材横纹方向的弯曲作用。在强烈地震易发地区，尽管锚固螺栓仍然可以用来抵抗重力荷载，但常常需要使用一个独立的水平锚固件，如图 11.22（*b*）所示的紧固胶合板。

11.9 胶合节点板

切割的胶合板有时用作连接装置，但随着各种成型产品的不断增加这种胶合板的使用日渐减少。由同样厚度的木构件构成的桁架有时采用胶合节点板来装配。虽然这种连接件可能具有很强的荷载抵抗能力，但在计算结构受力，尤其是涉及胶合板的拉应力时，最好采用保守的方法。参见 11.2 节中的例题。

第12章

桁架

木桁架的应用非常广泛。由于其自重较轻、防火要求较低和适用于多种屋顶形式，木桁架常用作屋顶结构，本章讨论了木桁架的应用。第 16 章介绍了各种情形下桁架设计。为了抵抗风荷载和地震荷载，桁架系统也作为侧向支撑，这将在第 15 章中讨论。

12.1 概述

桁架为一系列构件组成的框形结构，构件的布置和排列是为了保证构件间传递的应力轴向压力或拉力。桁架一般由一系列三角形组成，因为三角形是唯一的一种在不改变其一条或多条边长的情况下形状不变的多边形。

由桁架构成的屋顶，其开间是两个相邻桁架中间的屋顶部分；两个桁架中心间的距离为开间宽度。**檩条**是指跨越在桁梁间的小梁，它将由雪、风荷载和屋顶自重传递给桁架。上弦杆两相邻节点间的距离称为**节间**。作用在上弦杆连接点或节点的设计荷载以每平方英尺的重量乘以节间长度再乘以开间宽度，称为**节间荷载**。图 12.1（*a*）给出了典型屋顶桁架各构件的名称。

12.2 桁架的类型

图 12.2 展示了一些常见的屋顶桁架。桁架的高度与跨度的比值称为**高跨比**，高度与半跨的比值称为**坡度**，这两个概念经常被混淆，比较清楚的方法是给出每英尺跨度的高度值。一个屋架在水平距离为 12in 时，高度为 6in，则它的坡度为“6/12”。参考表 12.1 可以明确这个概念。

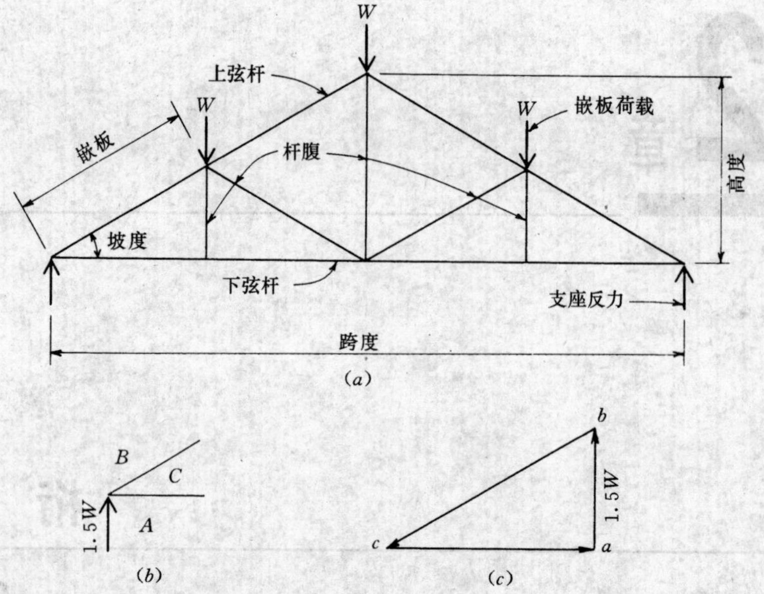

图 12.1 平面桁架的形式

(a) 构件布置图；(b) 节点力计算图；(c) 图 (b) 中节点处力的向量图

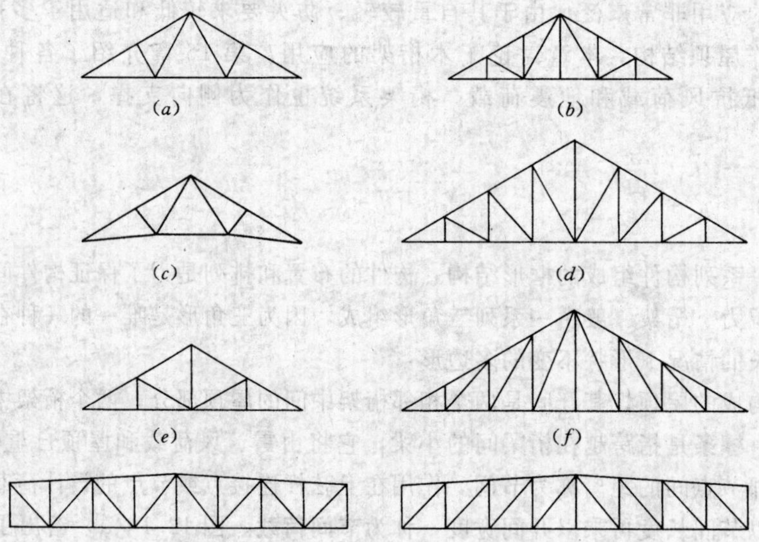

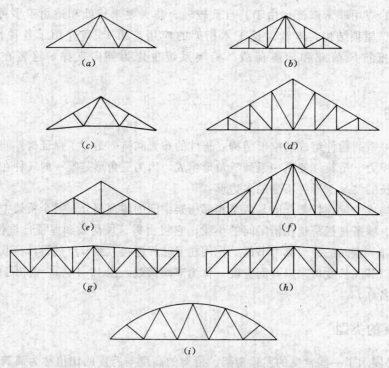

图 12.2 木桁架的常见形式

(a) 芬克式；(b) 扇形；(c) 弓形芬克式；(d) 豪威式；(e) 中柱式；
(f) 普拉特式；(g) 平华伦式；(h) 平普拉特式；(i) 弓弦式

表 12.1 屋架高跨比和坡度

高跨比	1/8	1/6	1/5	1/4	1/3.46	1/3	1/2
角度	14°3′	18°26′	21°48′	26°34′	30°0′	33°0′	45°0′
坡度	3/12	4/12	4.8/12	6/12	6.92/12	8/12	12/12

12.3 桁架构件中的应力

当设计一个屋顶桁架时，设计者必须首先确定每个构件中内力的大小和性质。（注意：尽管使用了力的单位，但这些力习惯性地称为**应力**。）这里的“性质”是指为拉应力或压应力。这将通过图示方法加以说明。

不考虑风荷载时，桁架通常承受对称荷载。例如，在图 12.1（*a*）所示的桁架中，有三个相等的竖向节间荷载，均为 W；同时由于桁架是对称的，支座处每一个向上的力即反力应该等于 $1/2\times 3W=1.5W$。图 12.1（*b*）中以简图的形式表示桁架的左下节点处在的受力情况。这些力围绕节点顺时针方向有三个：AB 是反力，为 $1.5W$ 的向上的力；BC 沿上弦杆方向，CA 沿下弦杆方向，它们的大小都未知。这些力是共存的，因为在数值上它们是平衡的，对应于这些力的应力图必须闭合。因此以某一尺寸作一向上的力 ab 代表反力 $1.5W$［见图 12.1（*c*）］。从点 b 作平行于 BC 的线，从点 a 作平行于 CA 的线。这两条线相交于点 c。构件 BC 和 CA 的应力数值可以通过应力图［见图 12.1（*c*）］中与 ab 相同比例量出来来求得。

根据图 12.1（*b*）和图 12.1（*c*）确定这个节点处应力的性质。首先考虑在节点 ABC 处的构件 BC。因为这些力以顺时针方向读出，注意字母的顺序：先是 B，然后是 C。在应力图中 BC 向下倾斜向左。在力的图中，如果 BC 是倾斜向左，那么是指向节点 ABC 的，因此构件 BC 受压。然后考虑节点 ABC 处的构件 CA，在应力图中，CA 从左到右，在力的图中 CA 从左读到右时，是远离节点 ABC 的，因此构件 CA 受拉。

桁架中构件的长度与它的应力并没有直接联系。应力大小由桁架应力图中对应构件线段长度来确定。

应力图［见图 12.1（*c*）］是桁架底部三个共存的力形成的力多边形。整个桁架的应力图将包括桁架所有节点处的力组合成的力多边形。图 12.3（*a*）为四节间芬克式桁架；图 12.3（*b*）为该桁架在垂直荷载作用下完整的应力图。

12.4 应力图

图 12.3（*a*）中，作用在桁架上的竖向节间荷载为 4kip，两端的节间荷载各为 2kip，整个竖向荷载为 $4+4+4+2+2=16$kip。因为桁架是对称的，每个支座处向上的反力为 $16/2=8$kip。

已知节点荷载和反力，建立应力图的第一步是画出外力的力多边形。这些力为 AB、BC、CD、DE、EF、FG 和 GA，它们的大小均已知。因此以一个合适的比例画出 ab［见图 12.3（*b*）］，一个大小为 2kip 的向下的力。另一个外力为 BC，从刚确定的点 b 作向下的且等于 4kip 的力 bc。CD，DE 和 EF 继续运用同样的方法，便构成了所有向下的力。

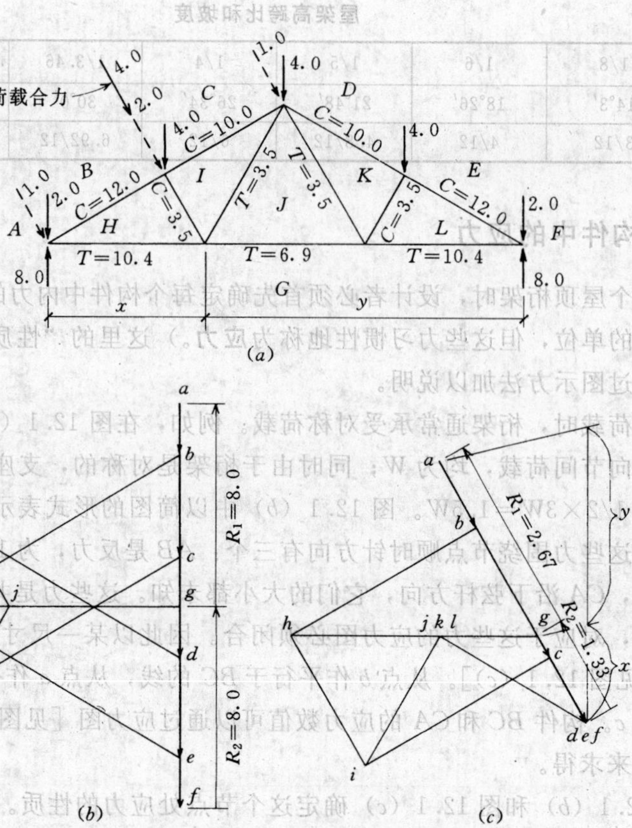

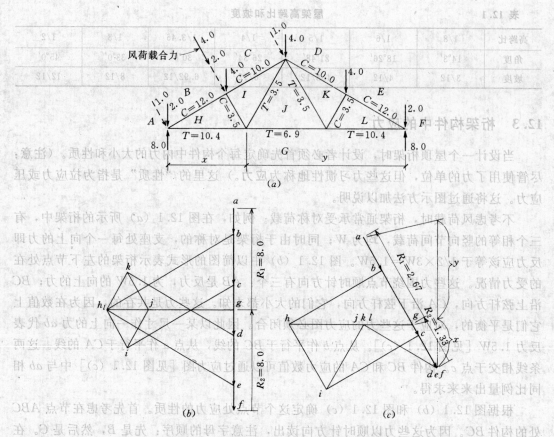

图 12.3 平面桁架内力（应力）的图形分析示例

(*a*) 桁架图；(*b*) 竖向荷载应力图；(*c*) 风荷载应力图

这些线称为**荷载线**，长度等于 16kip。下一个外力为 *FG*，一个 8kip 的向上的力，这就确定了点 *g* 的位置；剩下的外力 *GA* 完成了外力多边形。因为荷载和反力是竖向的，所以外力形成的力多边形也是一条竖向的线。

根据刚画的多边形，为力 *AB*、*BH*、*HG* 和 *GA* 作关于 *ABHG* 的力多边形。从 *b* 作平行于 *BH* 的直线；从 *g* 作平行于 *HG* 的直线，相交于点 *h*。然后考虑构件 *BCIH*，从 *c* 作平行于 *CI* 的直线，过 *h* 作平行于 *IH* 的直线，相交于 *i*。下一个是节点是 *HIJG*，过 *i* 作平行于 *IJ* 的直线，过 *g* 作平行于 *JG* 的直线，相交于 *j*。同样的方法应用于节点 *CDKJI* 和 *DELK*，完成应力图［见图 12.3 (*b*)］。

构件应力的大小可以根据刚完成的应力图中线的长度得出。应力性质已在 12.3 节中加以说明。当表示应力性质时，除非另外说明，负号（—）通常表示受压，正号（+）表示受拉。然而在一些书中，这些规定经常被混淆。为避免概念模糊，本文中符号 *C* 表示压力，*T* 表示拉力。要记住的是，受压构件应该制作得短一些，并通过作用在杆端节点的推力阻制杆件缩短；相反地，受拉构件趋向于制作得长一些，并通过作用于杆件端节点的拉力阻制杆件的伸长。竖向荷载的应力性质和大小在图 12.3 (*a*) 的桁架应力图中已得到说明。

风荷载应力图

如前所述，一个屋顶桁架构件的应力可以通过应力图得到。假定风垂直于屋面。在桁架图［见图 12.3（*a*）］中，用虚线表示的风荷载为左风，总值为 1＋2＋1＝4kip。用前面的方法作出风荷载的应力图。建立外力的力多边形，命名为 *AB*、*BC*、*C-DEF*、*DEF-G* 和 *GA*，后两个为风荷载反力。要注意风荷载从左边过来，并没有力 *DE* 和 *EF*；因此在应力图中字母 *D*、*E* 和 *F* 代表一个点。作直线 *ab*、*bc* 和 *c-def*［见图 12.3（*c*）］。假定风荷载产生的反力应平行于风的方向，同时，由于风来自左边，因此该左边支座反力大于右边反力。为了得出反力的大小，假定所有的荷载集中在一条直线 *BC*。风荷载合力的延长线将下弦杆分为 x 和 y 两部分，反力的数值也按 x 和 y 的比例划分。因此，代表总风荷载的直线 *a-def* 也被分为 x 和 y 两部分。为完成这种划分，从点 *def* 作一条竖直的线，其长度等于下弦杆的长度，并将其划分为 x 和 y 两部分。将竖直线的最顶端和点 a 连接，并从划分 x 和 y 的点处作该连线的平行线，与荷载线相交于点 g，则可求出反力 R_1 和 R_2。现在外力多边形已经完成，应力图可由先述的方法作出。由图可见字母 j、k 和 l 交于同一点，说明当左风时，*JK* 和 *KL* 没有应力。但是为了满足设计要求，*JK* 和 *KL* 的应力分别取为与 *JI*、*IH* 一样，因为可能会出现右风情况。

12.5 桁架杆件和节点

图 12.4 表示了桁架的三种基本构造形式。如图 12.4（*a*）所示，为单一构件形式。所有构件均在一个平面内。这种形式主要用于简单的 W 形桁架［见图 12.2（*a*）］，杆件名义厚度通常为 2in。连接采用如图 12.4（*a*）所示的胶合板，但当生产商将桁架做成标准产品

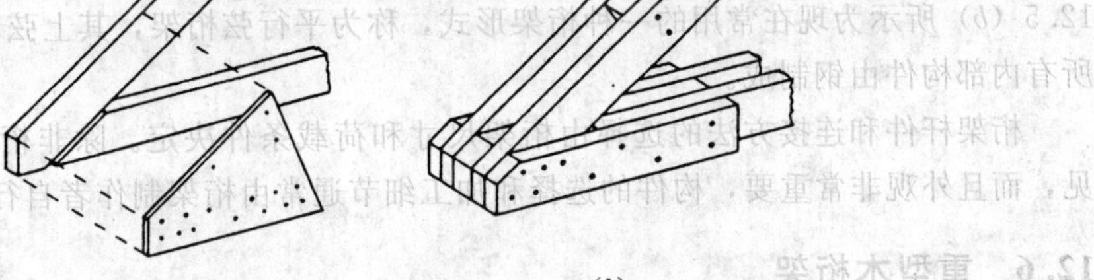

（*a*）　　（*b*）

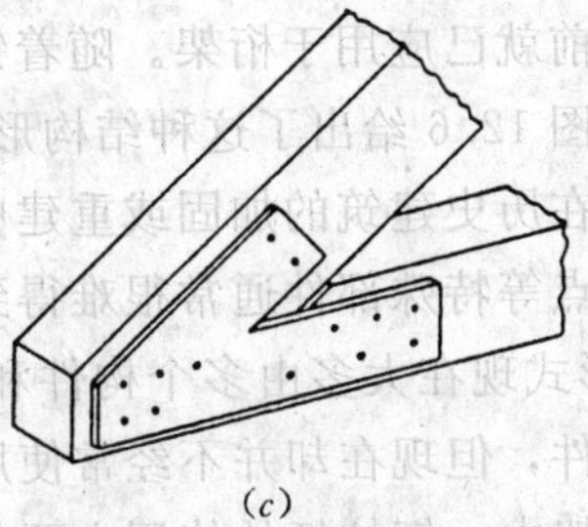

（*c*）

图 12.4 木桁架的基本形式

（*a*）单一构件，钉固结点板的轻木桁架；（*b*）搭结和螺栓连接的多部件构件；（*c*）钢结点板和螺栓连接的重型木桁架

时，通常采用金属连接装置。在后一种情况下，节点受力由原型荷载试验进行验证。

大一些的桁架可以使用如图 12.4（*b*）所示的形式，杆件包括多个标准木构件。如果构件受压，通常将其设计成格构式，如 10.8 节所述。可中小跨度时，构件通常为二个名义厚度为 2in 的构件。但在大跨度或较大荷载时，每个杆件可由几根名义厚度大于 2in 的构件组成，连接通常使用螺栓和在裂环形式的抗剪力装置。

在所谓的**重型木桁架**中，每根杆件都是大的木构件，且通常在同一平面，如图 12.4（*c*）所示。这种情况下一种常见的连接形式是使用钢板，并用方头螺栓或双头螺栓固定。根据桁架形式和荷载情况，节点处有可能不使用节点板，如图 12.5（*a*）所示的斜压杆与下弦杆连接的情况。这在以前是常用的，但它需要木工工艺较高，现在不容易满足要求。

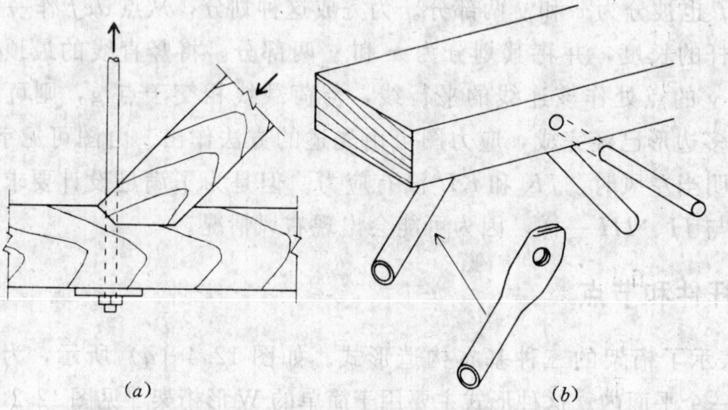

图 12.5 木和钢组合桁架的形式

虽然木构件的抗拉能力较强，但要满足连接件的抗拉要求却不容易，尤其在重型木桁架中。因此在一些桁架中，受拉构件由钢材制成，如图 12.5（*a*）所示的竖向构件。图 12.5（*b*）所示为现在常用的一种桁架形式，称为平行弦桁架，其上弦和下弦由木材制成，所有内部构件由钢制成。

桁架杆件和连接方法的选择由桁架尺寸和荷载条件决定。除非桁架暴露在外可以看见，而且外观非常重要，构件的选择和加工细节通常由桁架制作者自行决定。

12.6 重型木桁架

单一大尺寸木构件在许多年前就已应用于桁架。随着钢铁技术的发展，铸铁和钢部件在这种结构中得到了各种应用。图 12.6 给出了这种结构形式在 20 世纪初时的情况。这种构造形式尤其是连接方法，除了在历史建筑的加固或重建中使用外，今天已很少使用。铸铁垫板和工艺水平较高的开槽节点等特殊部件通常很难得到。

图 12.6 所示的桁架尺寸和形式现在大多由多个构件和螺栓连接构成，如图 12.4（*b*）所示。虽然钢构件可用于受拉构件，但现在却并不经常使用，因为木构件受拉时，抗剪装置具有足够的抗拉能力。在木桁架中，钢拉杆的使用主要是解决连接问题。这种组合构造在今天的应用之一是在如图 12.5（*b*）所示的桁架中，使用钢构件。

木桁架的设计将在 16.4 节中加以说明。

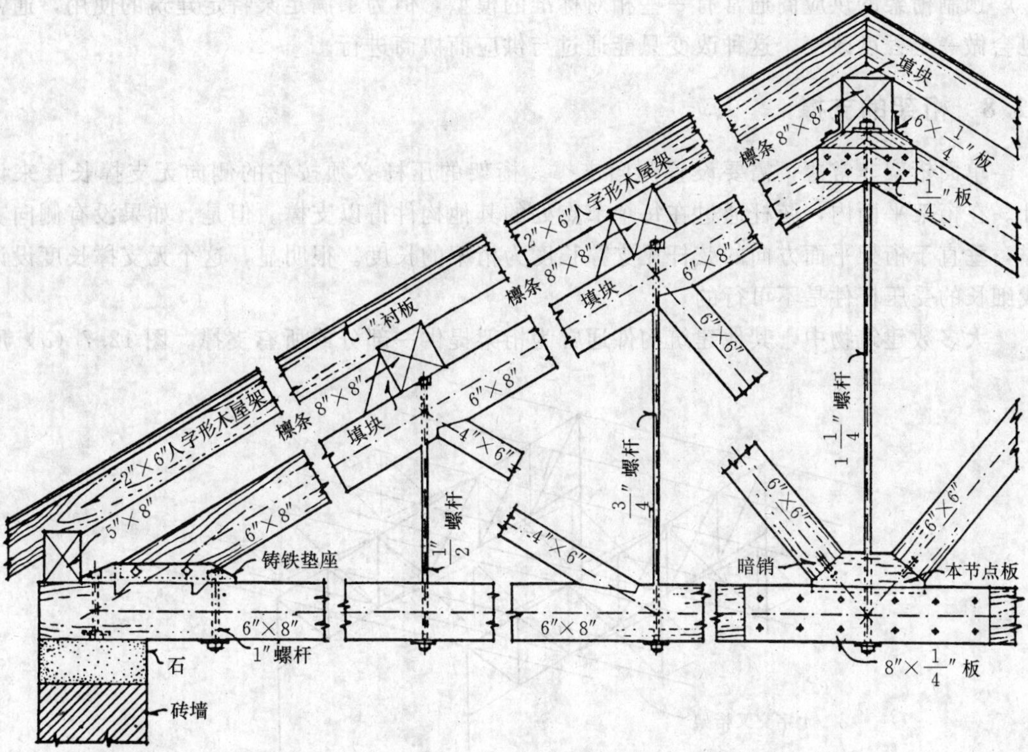

图 12.6　20 世纪早期的桁架［经出版商纽约约翰·威利父子公司的许可，摘自盖伊（Gay）和帕克 1932 年出版的著作《建筑结构材料与方法》］

12.7　预制桁架

如今美国房屋结构中大部分桁架为预制产品，详细的工程设计大都由生产商聘用的工程师设计。由于较大桁架的远距离运输通常不太可行，这些产品的使用主要局限在距离生产商一定的距离以内。如果要使用一个产品，必须首先确定在该建筑物周围区域内可以得到那些产品。

预制桁架有三种主要形式。生产商会生产不同尺寸的产品。有些厂家只生产一种类型的产品，有些则生产多种。预制桁架有以下三种类型：

（1）第一种是简单的人字形和 W 形桁架，［见图 12.2（*a*）］，桁架构件为单一名义厚度为 2in 的木材。这种桁架易于生产可由附近的生产商少量生产。一般而言，大公司通常使用自动生产过程，并且，生产过程较为复杂，但由于该产品简单，应用范围逐渐扩大。

（2）第二种是组合桁架，通常由木构件和钢构件组成，如图 12.5（*b*）所示。这种桁架在制作细节上比 W 形桁架要复杂，大部分作为专利产品由大公司生产。它们通常与钢制空腹托梁竞争，在不同的区域各有优势。

（3）第三种是较大的大跨桁架，通常使用多构件，如图 12.4（*b*）所示。这些桁架可以由特定的生产商按照一定标准来生产，但一般是为特定建筑物而定制。跨度很大时采用为弓弦式桁架，这种桁架实际上是组合拱，如图 12.2（*i*）所示。

预制桁架的供应商通常有一些相对标准的模型，但为了满足某特定建筑的使用，通常也会做一定程度改变。这种改变只能通过与供应商协商进行。

12.8 桁架的支撑

单面桁架非常薄，需要设置侧向支撑。桁架的压杆必须按它的侧向无支撑长度来设计。在桁架平面内，弦杆通过在每个节点处的其他构件得以支撑。但是，如果没有侧向支撑，垂直于桁架平面方向的弦杆无支撑长度为桁架的长度。很明显，这个无支撑长度设计成细长的受压杆件是不可行的。

大多数建筑物中，其他建筑构件通常为桁架提供一部分或所有支撑。图 12.7（*a*）所

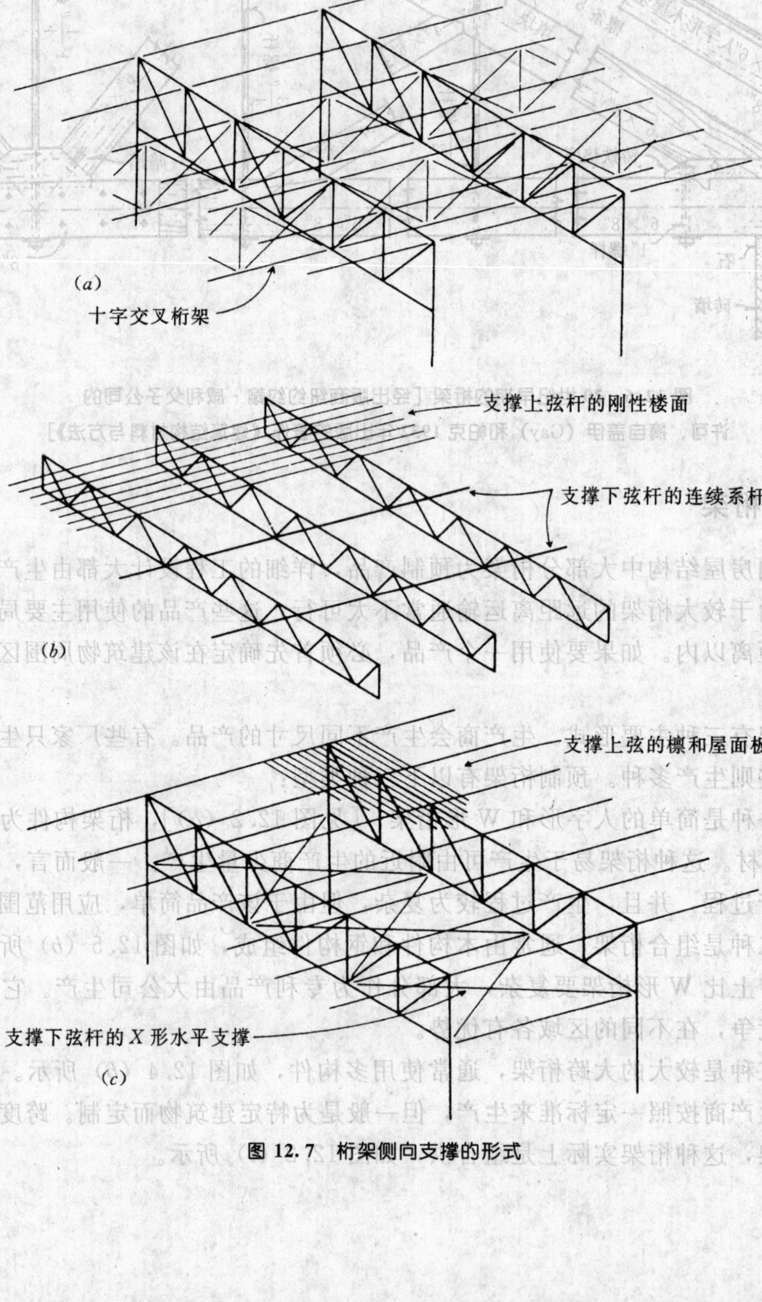

图 12.7 桁架侧向支撑的形式

示的结构体系中，桁架的上弦杆在每个桁架节点处用檩条支撑。如果屋面板是合理的刚性平面结构构件并能和檩条充分连接，这就使压杆有了足够的支撑。压杆支撑是桁架的主要问题。但是，为了满足平面外稳定，同样有必要在桁架的高度范围内设置支撑。图 12.7（*a*）所示的处理方法是在桁架每个相邻的节点处设置垂直平面内的 X 形支撑。檩条作为桁架垂直平面支撑的一部分起辅助作用。这种一个节间的支撑实际上能够支撑一对桁架，因此只要在桁架间隔一开间布置则可。但是，对建筑物来说，这种支撑只是整个支撑体系的一部分，或只为单个桁架提供支撑。在后一种情况中，这种支撑将是连续的。

如图 12.7（*b*）所示的直接支承着屋面板的轻型桁条，通常完全可以支撑屋面板。这就形成了连续的支撑，因此在这种情况下，弦杆的无支承长度实际为零。这种情况下的辅助支撑通常是与下弦杆相连接的。一系列连续钢杆或小型角钢，如图所示。

另一种支撑形式如图 12.7（*c*）所示。这种情况下，在两桁架之间、与下弦杆等高的位置布置水平的 X 形支撑。这个开间可以通过水平支杆把其他几个桁架连接起来，使之得以支撑。与前一个例子相同，上弦杆由屋顶支撑作为垂直支撑。这种形式支撑有可能作

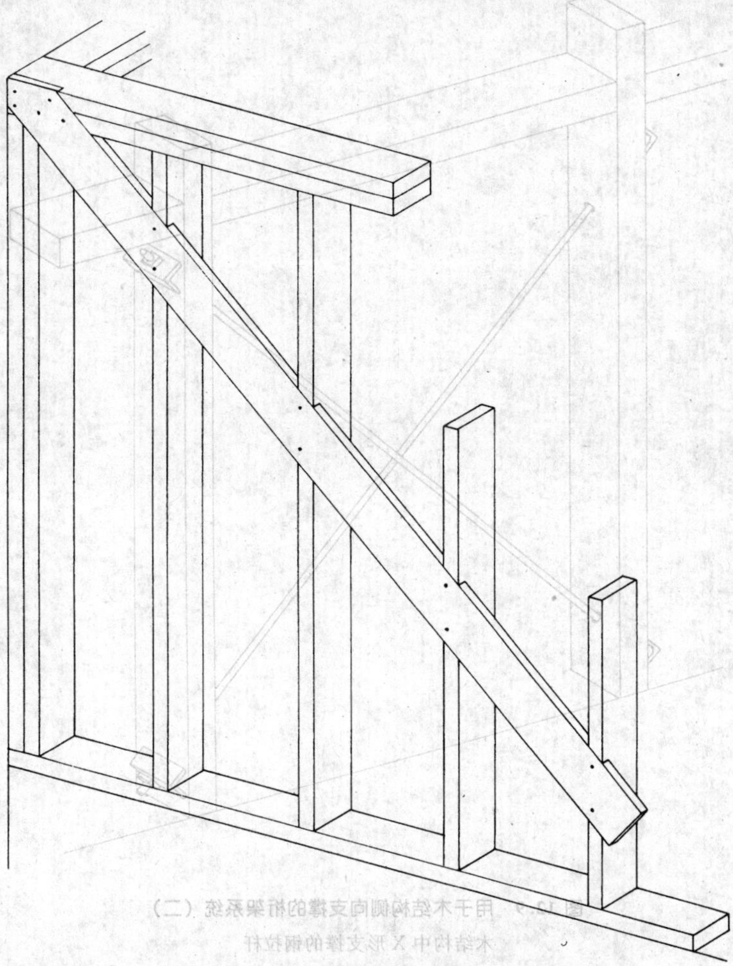

图 12.8 用于木结构侧向支撑的桁架系统（一）

带有立柱构造，名义厚度为 lin 的插入式斜撑构件

为整个建筑物侧向支撑系统的一部分，它的使用、位置和构造并没有严格作为桁架支撑得以开发。

框架的桁架式支撑

桁架有时作为一种技术用于框架结构中抵抗风和地震产生的侧向力。在带有墙立柱的轻型木框架结构中，长期使用图 12.8 所示的构造形式。这种构造使用名义厚度为 1in 的斜撑构件，这些构件插入在立柱表面，并与每根立柱以钉连接。虽然有时还会使用这种形式，但由于塑料、干墙石膏墙板、碎木胶合板和纤维板等大量墙体材料的额定抗剪设计能力的出现，这种形式大都被淘汰了。

当桁架用于重木结构框架中的支撑时，常用图 12.9 所示的形式。桁架由包括斜撑钢制杆件构成，钢杆放置成 X 形使其处于受拉状态。木框架的水平构件通常与竖直方向柱和 X 形支撑形成完整的桁架系统。

为抵抗水平力的支撑框架结构的主要问题将在 15.5 节中进一步讨论。

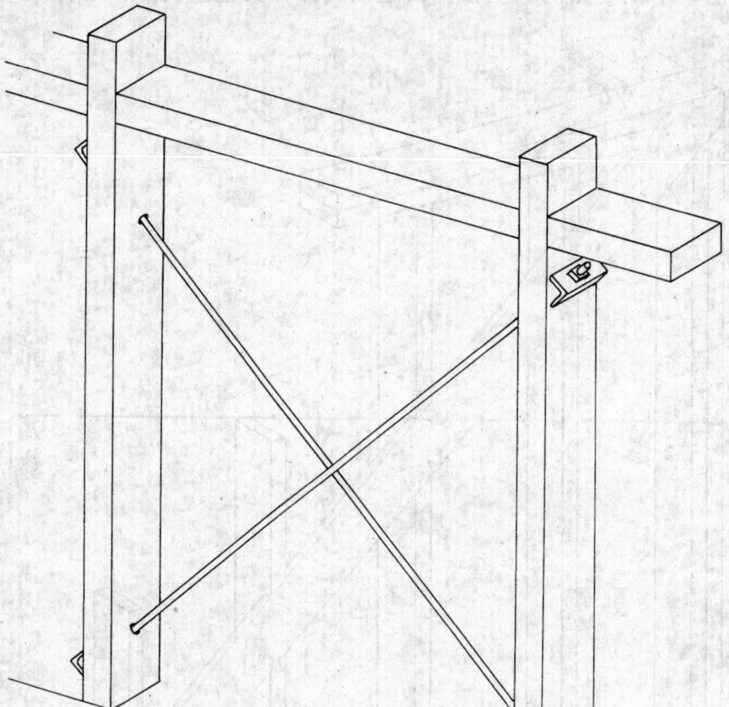

图 12.9 用于木结构侧向支撑的桁架系统（二）

木结构中 X 形支撑的钢拉杆

第13章 叠合产品

将木片胶结在一起制成大块胶合结构的基本方法是由家具业首先开发的。当时，这种方法用于生产房屋建筑中的面板和类似木材的构件。现在，叠合产品包括了更多的形式和更广的材料使用范围，如纸张、木纤维产品、泡沫塑料和塑料胶片等。本章主要介绍基本胶合方法生产的各种结构构件相关的材料。

13.1 产品类型和用途

产品在建筑上的主要类型和典型应用如下所示（见图 13.1）。

（1）**多层叠合结构用木材**。这些构件由多层标准 2 号或 1 号杆件胶合而成。应用最广的产品是 2 号杆件胶合而成的类似实心锯木的梁或桁梁，但是，叠合构件也可能为曲线型。当曲线半径较小，可使用 1 号木材。截面尺寸和长度并没有限制，许多大构件现在已经使用这种方法生产。

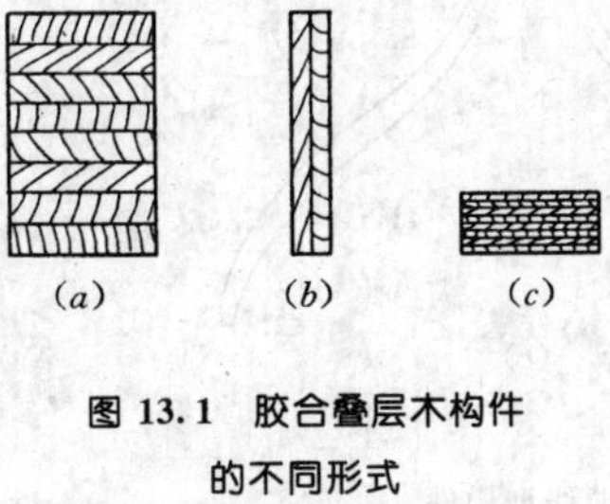

图 13.1 胶合叠层木构件的不同形式

（2）**竖向胶合托梁**。通常将两片或三片 3/4in（标称为 1 号）的木板叠合在一起作为托梁。与尺寸为 2 号和 3 号标准的木材竞争［见图 13.1（*b*）］。

（3）**薄木板叠合构件**。这种构件由特殊的钳子按照胶合板厚度生产的小尺寸横截面组成。其产品介于大型胶合构件和多年应用在家具、栏杆等和其他物品的构件之间。一种由 Trus-Joist 公司生产，被称为 MicroLam 的产品，作为整体弦杆应用于组合桁架。这种产品的优点是可以使用尺寸很小的、高质量木材以生产长度没有限制的单个构件。

13.2 叠合木梁和叠合桁梁

名义厚度为 2in 的木材已在叠合木梁和桁梁上使用多年。在超出实心锯木构件的尺寸应用范围时，叠合梁确实是唯一的选择。但是，使用叠合梁也有其他的原因，包括如下几个方面：

(1) **强度更高**。用于叠合的木材含水量为烘干木材的含水量。这与用于大型实心锯木构件的湿木相比质量更好。此外，由于叠合使缺陷的影响最小，使得叠合构件的抗弯和抗剪应力值达到普通等级实心锯木的 2 倍，这就使得截面尺寸大为缩小。这也足以证明了叠合产品价格相对较高的原因。

(2) **尺寸更加稳定**。这是指翘曲、开裂、收缩等趋势。烘干材料和经叠合加工的材料将制成较稳定的产品。在材料形状的改变可能对建筑结构有不利影响的情况下，这是被关心的主要问题。

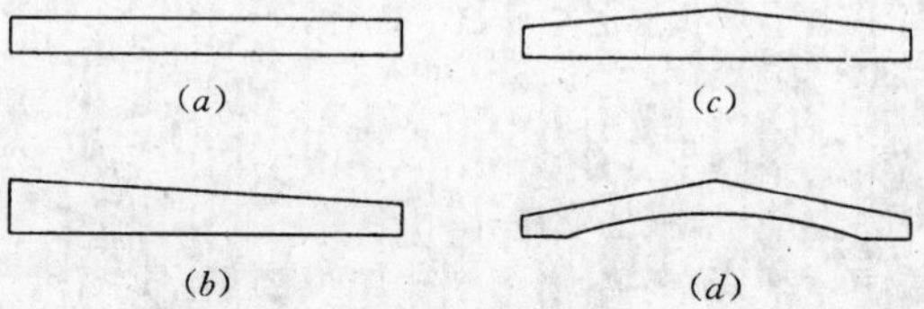

图 13.2 胶合叠层木构件的不同断面

(3) **形式多样**。如图 13.2 所示，采用叠合方法可以生产曲线型、锥形等不同形状的梁。为静力挠度设置的上拱、为屋面排水设置的坡度和其他需要的外形都能相对容易地制作出来。否则只可能使用桁架或组合结构。

叠合木梁已广泛应用多年，工业标准也得以制定（见参考文献 2《木构造手册》，或参考文献 3《统一建筑规范》第 25 章）。尺寸一般根据生产过程和用于叠合的标准木构件尺寸确定。生产完成后产品的截面高度为 1.5in 的倍数，宽度略小于木材尺寸。叠合面局部缺陷以及胶合层的倾斜通常导致表面的不平整。可以进行简单的刨光修整，也可以使用粗刨等特殊加工方法。

这些构件都是预制产品，有关信息可以从为建筑场地区域服务的供应商那里获得。虽然有大量的工业标准和建筑规范控制，但事实上最好获知当地所能提供产品的特殊信息。

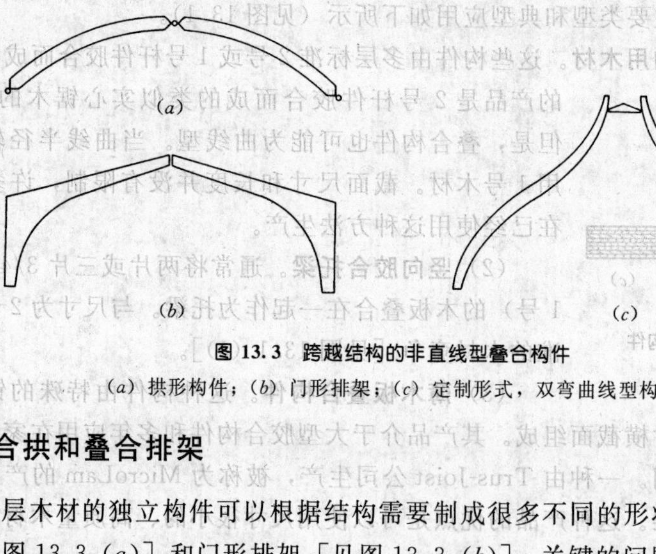

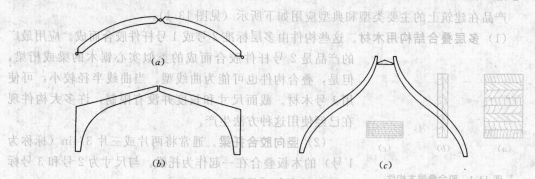

图 13.3 跨越结构的非直线型叠合构件

(a) 拱形构件；(b) 门形排架；(c) 定制形式，双弯曲线型构件

13.3 叠合拱和叠合排架

胶合叠层木材的独立构件可以根据结构需要制成很多不同的形状。常用的两种形式是三铰拱［见图 13.3 (a)］和门形排架［见图 13.3 (b)］。关键的问题是构件的曲率半径必

须限制在木材种类和叠合厚度所能承受的范围内。对大构件来说，这不是问题，但对于较小的结构，必须将木材曲率半径限制为标称 2in。

叠层产品的生产商通常将拱和门形排架构件生产为标准构件。产品的实际结构设计通常由生产商的工程师完成。构件的形式、尺寸范围、连接构造和其他影响设计的问题应向具体生产商咨询。

其他形状当然也是可能的，如图 13.3（*c*）中的双曲线型构件。通过这种方法，设计出许多充满想象力的结构。

13.4 叠合柱

名义厚度为 2in 倍数的木材有时应用于柱。这种较高强度材料的优点是很明显的，尤其当同时承受抗弯和抗压组合作用时。在某些情况下，其尺寸稳定性可能成为主要的优点。

大型胶合叠层柱截面的防火能力与实心锯木截面的重型木结构相同。与实心木型材相比，它在这方面并没有太大的竞争力，但与裸露的钢柱相比却有明显优势。

生产出单根长度较长、外形为锥形、或宽度较大等柱子。换句话说，它具有其他叠合结构构件均具有的优点。一般而言，叠合柱没有横梁和桁架应用频繁，只有当其他柱的选择受到限制时才会考虑使用。

叠合柱的一种特殊应用是在组合截面中，如图 10.7（*b*）所示。在这种情况下，叠合的核心部分作为功能结构部分，而附加的实心锯木构件只作为装饰作用或用于其他构造原因使用。

13.5 胶合板

胶合板是指通过将多层薄片（称为板层）按一定纹理方向角胶结而成的木板。最外层称为**板面**，其余的为**内板层**。木纹方向垂直于板面的内板层称为**直交板层**。通常内板的层数为奇数，这样板面的纹理方向相同。为了满足结构使用，墙板、屋顶或地板板的厚度为 1/4～1/8in，板的尺寸为 4ft×8ft。

板层交错的纹理方向为面板提供了较大抗劈裂能力，随着木板层数的增加，在两个方向上的强度大致相等。当板面的纹理方向与支座垂直时，较薄的板最为有效。对于 3/4in 及更厚的板，板的纹理方向并不十分重要。

1. 胶合板的形式和等级

结构胶合板主要由花旗松木片制成。生产的板有许多不同种类；除板厚外的主要区别如下：

（1）**胶合形式**。根据使用的胶不同，板可以分为室外使用（暴露在室外）或室内使用二种。室外使用的板应该能够用于室内包括较大湿度的条件。

（2）**木片的等级**。根据节疤、裂隙、斑点或补片的情况木片一般分为 A、B、C 或 D 四级，其中 A 是最好的。最关注的是板面木片的质量，因此板主要根据二面板划分等级。比如，一块标识为 C-C 的板表示两面板均为 C 级；而标识为 C-D 则表示上面板为 C 级，下面板为 D 级。

（3）**结构分类**。某些情况下，面板划分为结构Ⅰ级和结构Ⅱ级。当板用于剪力墙、水平屋顶或楼面时，这是首要关注的问题。对这种分类，内板的等级同样需要考虑。

（4）**特殊面**。一面为特殊表面的胶合板有着广泛的用途。暴露在外的修整面的使用是其中一个例子。这种板通常由特定生产商生产，其结构性能和使用事项可从供应商处获得。

一些等级和分类是行业性的，另一些则根据特定建筑规范或特殊产品的地区性使用有所变化。设计者应该了解一般性的行业标准，但同时也要获得特定地区可以得到和经常使用的产品信息。

2. 板的识别标志

胶合板的结构等级通常有一个称为**识别标志**的指示，作为等级商标的一部分印在板的背面。这个标志表明了板的强度和刚度，由用斜线（/）隔开的两个数字组成。第一个数字表示在平均荷载条件下，用于支承屋面板的支座的最大中心距，第二个数字表示在平均住宅荷载条件下，楼面板的最大跨度。在使用这些数据时有各种不同的条件，但通常允许在某些情况下不经过计算选用面板。

3. 数据的使用

胶合板结构设计的数据可以从工业出版物或指定胶合板生产商那里获得。一些建筑规范也有通常情况下胶合板设计的数据，通常由工业出版物而来。表 13.1 摘自《统一建筑

表 13.1　两跨或多跨连续胶合板楼面和屋面的允许跨度（纹理与支座垂直①、⑧）

序号	面板跨度规格③	夹板厚度（in）	屋面板② 最大跨度（in）		屋面板② 荷载（lb/ft²）		楼面板最大跨度④（in）
			有木填块边	无木填块边	总荷载	活荷载	
1	12/0	15/16	12		135	130	0
2	16/0	15/16、3/8	16		80	65	0
3	20/0	15/16、3/8	20		70	55	0
4	24/0	3/8	24	16	60	45	0
5	24/0	15/32、1/2	24	24	60	45	0
6	32/16	15/32、1/2 19/32、5/8	32	28	55	35⑤	16⑦
7	40/20	19/32、5/8、23/32 3/4、7/8	40	32	40⑤	35⑤	20⑦、⑧
8	48/24	23/32、3/4、7/8	48	36	40⑤	35⑤	24

① 这些数值只适用于 C-C、C-D、结构Ⅰ和结构Ⅱ等级板。因为可能有集中荷载的作用，跨度应限制在所示数值之内。

② 在活载与恒载相加时，均布荷载的挠度控制为 1/180，只有活载的情况时为 1/240。边缘可以用木条或其他经认可的支座类型。

③ 所有面板的跨度级别按构造等级列在注 1。

④ 夹板边缘应有有效的企口连接或除以下几种情况外的支撑固定。有 1/4in 较小厚度的木垫板，或有 1.5in 有效的蜂窝状、轻质量的混凝土放置在楼面板上，或修整过的楼面为 25/32in 的木板条。挠度为跨度的 1/360 时的允许均布荷载为 165lb/ft²。

⑤ 对于屋面活荷载为 40lb/ft² 或总荷载为 55lb/ft²，应减小跨度的 13%或使用下一个更高等级的面板。

⑥ 如果 25/32in 的木板条的安装与搁栅的角度合适时，可采用 24in。

⑦ 在采用最小 1/2 的木垫板或轻质混凝土放置在楼面并且胶合板衬板采用外部胶合时，可采用 24in。

⑧ 本表中所列的楼面板和屋面板应满足 2516 节的设计标准。

资料来源：经出版商国际建筑行政管理人员大会许可，摘自 1991 年版《统一建筑规范》（参考文献 3）。

规范》表 25-S-1（参考文献 3），其中给出了板面纹理垂直于支座时的数据。同样，表 13.2 摘自《统一建筑规范》表 25-S-2，给出了板面纹理平行于支座时的数据。这些表格的脚注提供了包括一些荷载和挠度标准的不同限制条件。这些表格没有列出其他板厚和类型，这些板可以根据生产商和制造者提供的数据进行设计。在进行任何设计工作前，必须保证这些数据符合规范要求。

表 13.2　两跨或多跨时胶合屋面板的允许荷载①、②（面纹平行于支座）

等级	厚度	板型号	跨度	总荷载	活载
结构Ⅰ	15/32	4	24	30	20
		5	24	45	35
	1/2	4	24	35	25
		5	24	55	40
UBC 25-9 标准中的其他等级	15/32	5	24	25	20
	1/2	5	24	30	25
	19/32	4	24	35	25
		5	24	50	40
	5/8	4	24	40	30
		5	24	55	45

① 均布荷载下挠度限制：低于活载与恒载之和时，为跨度的 1/180，只有活载的情况时为 1/240。边缘应用木条或其他经认可支座来固定。

② 本表中所列屋面板应满足 2516 节的设计标准。

资料来源：经出版商国际建筑行政管理人员大会许可，摘自 1991 年版《统一建筑规范》（参考文献 3）。

13.6 胶合板隔板

胶合板屋面和楼面通常作为水平分隔使用，作为建筑物横向支撑的一部分。胶合板的类型、板厚，尤其是锚钉的选择主要根据这种所需功能确定。这一主题在第 15 章详细讨论。

13.7 使用注意事项

胶合板在建筑中有很多用途并有很多可利用的产品。对于普通建筑而言，以下是一些的使用时考虑的主要问题。

（1）**类型和等级的选择**。这主要是常规用法和在建筑规范允许范围内。出于经济考虑，总是使用满足结构需要的最薄的、最低等级的面板，除非其他非结构因素需要较好表面等级或一些特殊需要。屋面板可能需要设计为最小厚度以容纳特殊的屋面材料。

（2）**支撑的模数**。通常使用的面板，尺寸为 4ft×8ft，立柱、椽木和搁栅的合理间距必须能被 48in 或 96in 整除，如 12、16、24、32 或 48。然而，框架间距通常也与墙的另一侧或顶棚面的支撑有关。

（3）**填充**。无支座支承的面板边在钉固时可能需要一些填充物，尤其是屋面板和楼面板。虽然较厚的板在特殊的应用中，可能有企口边，但木填块更加常用。

（4）**固定物**。结构胶合板大多仍然由普通的圆头铁钉固定。所需钉子的尺寸和间距与面板厚度和规范规定有关。需要隔板的位置通常决定锚钉的安装要求。在某些情况下，将面板胶合在支座上，但这种方法很少被单独采用。较大面板的钉固越来越多地用机械动力装置进行，而且安装的东西不总是一个普通的钉子，尽管额定荷载是根据普通钉子的等效值来确定的。

（5）**装配元件**。由胶合板和实心木构件可以生产各种类型的结构构件用于墙、屋顶和楼面，其中一些构件将在 14.3 节中讨论。

第14章

各种木结构构件

虽然以构造为目的的木料最普遍的用途是制作实心锯木木材、胶合板和叠合木材，但在建筑构造中，木材还有许多其他的用途。本章介绍了一些木质结构构件的特定形式。

14.1 组合板梁

在胶合层积板梁出现以前，提高木梁强度最常用的方法是增设钢板。如图 14.1 所示为两种加强梁的截面形式。这种钢木组合构件称为**组合板梁**。在梁尺寸略有增加的情况下，利用这种技术可使梁的强度有较大的提高，更重要的是，梁的刚度得以增加、尺寸稳定性得以改善，尤其是长期变形的稳定性。当然，采用钢梁或胶合层积板梁也能达到同样的效果，但在不允许花费较高费用或不容易购得的情况下，仍然使用组合板梁。

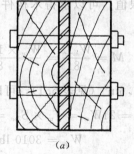

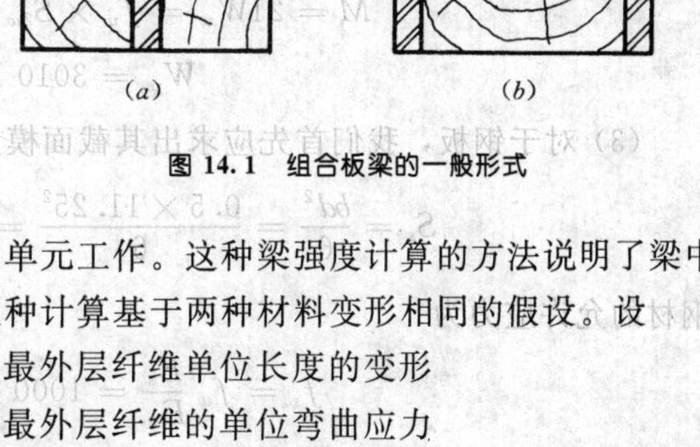

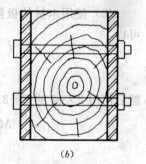

图 14.1　组合板梁的一般形式

组合板梁的各部件由贯穿螺栓安全地结合在一起，使得所有构件作为一个独立的单元工作。这种梁强度计算的方法说明了梁中两种不同材料作为一个单元工作的现象。这种计算基于两种材料变形相同的假设。设

Δ_1 和 Δ_2 = 两种材料各自最外层纤维单位长度的变形

f_1 和 f_2 = 两种材料各自最外层纤维的单位弯曲应力

E_1 和 E_2 = 两种材料各自的弹性模量

因为材料的弹性模量等于单位应力除以单位变形，所以可得

$$E_1 = \frac{f_1}{\Delta_1}, E_2 = \frac{f_2}{\Delta_2}$$

变形为

$$\Delta_1 = \frac{f_1}{E_1}, \Delta_2 = \frac{f_2}{E_2}$$

因为两个变形必须相等，所以可得

$$\frac{f_1}{E_1} = \frac{f_2}{E_2}, f_2 = f_1 \times \frac{E_2}{E_1}$$

组合梁两种材料应力关系的简单方程可以作为研究和设计组合板梁的基础，如下例所示。

【例题 14.1】 如图 14.1（*a*）所示的组合板梁，由两块一级花旗松-落叶松制成的 2×12 厚板和一块 0.5in×11.25in（13mm×285mm）A36 钢板组成。计算梁的允许均布荷载，梁的跨度为 14ft（4.2m）。

解：(1) 首先应用刚才求得的公式来确定哪种材料限制梁的作用。为此我们可以得到以下数据（见表 4.1）：

钢材：E=29000000lb/ft^2（200GPa），最大允许弯曲应力 F_b 为 22kip/ft^2（150MPa）

木材：E=1600000lb/ft^2（1.0GPa），单构件最大允许弯曲应力为 1000lb/ft^2（10.3MPa）

作为一个试算，我们假设钢板中的应力达到极限值，通过公式求得木板中最大的使用应力。因此可得

$$f_w = f_s \times \frac{E_w}{E_s} = 22000 \times \frac{1600000}{29000000} = 1214 \text{ psi}(8.4\text{MPa})$$

由于求得的应力比木材的极限值要大，我们的假设是错的。即当我们允许钢材中的应力为 22ksi 时，木材应力将超过它的极限值 1000psi。

(2) 使用木材的极限值，可以求得木构件的负载量，称为木材的承载力 W_w，由此可得

$$M = \frac{W_w L}{8} = \frac{W_w \times 14 \times 12}{8} = 21W_w$$

然后使用 2×12 的 S=31.6in^3（见表 5.1），可以得到

$$M = 21W_w = f_w \times S_{2w} = 1000 \times (2 \times 31.6)$$

$$W_w = 3010 \text{ lb}(3.5\text{kN})$$

(3) 对于钢板，我们首先应求出其截面模量，如下所示：

$$S_s = \frac{bd^2}{6} = \frac{0.5 \times 11.25^2}{6} = 10.55 \text{ in}(176 \times 10^3 \text{mm}^3)$$

钢材的允许应力为

$$f_s = f_w \frac{E_s}{E_w} = 1000 \times \frac{29}{1.6} = 18125 \text{ psi}$$

则可得

$$M = 21W_s = f_s \times S_s = 18125 \times 10.55$$

$$W_s = 9106\ \text{lb}(40.7\text{kN})$$

所以组合部件的总承载力为

$$W = W_w + W_s = 3010 + 9106 = 12116\ \text{lb}(53.9\text{kN})$$

虽然在组合板梁中，木构件的承载力事实上已被削减，但实质上总承载力要比单独的木构件大。尺寸的少量增加便能得到强度的较大提高是组合板梁广泛应用的主要原因。此外，在大多数应用中，挠度得到明显减小，同时，最值得注意的是，下垂度随时间增长而减小。

习题 14.1.A　一个组合板梁由一块花旗木-落叶松制成的 10×14 的优质结构等级厚板和两块 0.5in×13.5in（13mm×343mm）A36 钢板组成［见图 14.1（*b*）］。计算作用在跨度为 16ft（4.8m）的板梁中心的集中荷载的大小。不考虑梁的自重，使用 22ksi 作为钢材弯曲应力的极限值。

14.2　组合跨单元

将胶合板和标准结构木材组合各种形式的结构构件可以生产。图 14.2 所示的一些建筑常用的构件。

1. **外层受力板**

这种形式的单元由一系列实心锯木构件的芯框和附在其上的两块胶合板组成。这通常描述为**三明治式夹芯板**。然而，当它以跨越形式使用时（例如作为屋面板）并且假定实际承担箱形梁作用，则称为**外层受力板**［见图 14.2（*a*）］。这些板大多用于具有一定模数的预制结构，因为这些结构可能需要重复拆卸以反复利用。但通常情况下，这些面板与使用胶合板、搁栅和普通楼板的典型构造相比却没有竞争力。

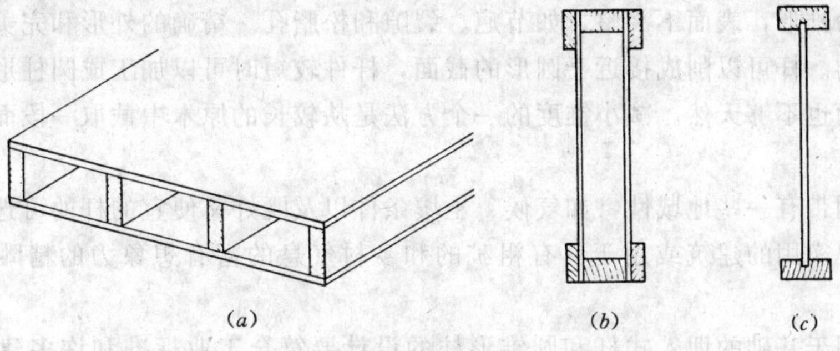

图 14.2　实心锯木和胶合板或木纤维产品的组合构件

对于外层受力板，胶合板通常胶合在木框架上，如果外观不是主要问题，可以使用铁钉和螺钉。如果只使用胶结，就应在工厂里对生产过程进行实时质量控制。

图 14.2（*a*）所示简单单元的基本构造技术可以沿用到更复杂的形式，例如曲面面板或非矩形形状。在特定情况下，可能使用尺寸比普通 4in×8in 更大的胶合板面板，以使得夹层板在安装时表面没有接缝。

一些生产商按照标准产品生产这些面板。表面处理可根据用途改变，且用作墙体和屋顶时，可使用绝缘体填充单元空隙。

2. 组合梁

在外层受力板梁中，由弯曲产生的拉力和压力主要由顶层和底层的胶合板承担，而剪力由木框架单元承担。在图 14.2（*b*）和（*c*）所示的组合梁中，这些作用进行了互换。在这些构件中，上部和底部木构件发挥了如桁架的弦杆或I形梁翼缘的功能，而剪力则由胶合板腹板来承担。在不同荷载和跨度时，这些构件会有很大程度不同。

这种类型的单元也可能具有，如图 13.2 所示的胶合层积梁的不同形式的断面。在剪应力较低的区域（通常不靠近跨边），腹板可以被贯通以预留管线通道。大量的定制成为可能；但最广泛的用法可能是图 14.2（*c*）中所示的简单形式，其中胶合板制的腹板胶合在单片木翼缘的企口处。这种单元形式大量用于中等跨度的屋面和楼面板的商业建筑。虽然也生产木屑板为腹板的梁，但腹板通常为胶合板。

14.3 杆式结构

从古至今，各种针叶类树木的细长直树干已经应用于许多结构。木屋、围桩、栅栏、沿岸码头和各种用途建筑物都使用杆，且其形式几个世纪以来都没有明显改变。现代的发展主要包括更加复杂的连接装置，以及为抵御气候、昆虫及害虫而采用化学药剂进行的加压处理。

杆可以作为梁或椽木使用，但多数还是用作柱或基础。用打桩机将类似于大铁钉的杆打入土中即为木桩。将杆用作基础的另一种方法是仅仅掘一个洞，将杆插入洞中，然后在杆的四周用土或混凝土将洞填满，这是根据将杆作为栅栏杆、标牌支撑物和电线杆来使用。对于建筑物，埋入式杆在地面以上只留有较短的长度以支承一般建筑的木框架结构，或者埋入式杆在地面上留有一定长度，作为框架结构的柱。

杆的制作通常仅仅是剥落掉原木的树皮和躯干外围的软木层，形成的构件总体上是直的，但外形为锥形，表面不平整，如节疤、裂隙和松脂孔。精确的外形和完美的直度事实上是做不到的。杆可以削成接近于圆形的截面，杆件较短时可以加工成圆柱形，但这增加了成本，表面也不够天然。减小锥度的一个方法是从较长的原木中截取一段而不是使用一整根树干。

杆的使用带有一些地域性，如气候、土壤条件以及既好又便宜的杆的可选择性。它们可以用于简单实用的建筑或用于具有粗犷的和乡村气息的富有想象力的精雕细凿的建筑结构。

木杆、用于基础的埋入式杆和圆锥形柱的设计要符合工业标准和许多建筑规范的规定。这些规定是结构计算的基础，但这些结构的多数设计大多是根据经验和对这样一个事实的简单认识：即结构既然能成功地保存长时间，则按此方法建造一定没有问题。

14.4 木纤维产品

木纤维产品包括从纸片、硬纸板到非常致密的高压硬纸板。事实上大部分商业木材都用来生产这类产品，大多用于新闻用纸、纸巾和容器。在结构上，木纤维产品当前的使用如下：

（1）**纸**。纸广泛地用于建筑结构，但不常用于主要结构。事实上干墙板和石膏板是中心为石膏灰浆、表面为纸的夹层板；它是用于内墙表面加工的首选材料。毛粉刷（外部水泥抹面）通常直接作用在木框架上，中间仅仅通过金属丝网粘贴在纸上。可以采用各种材料对纸进行涂层、浸渍和加固以改善其性能。

（2）**硬纸板**。硬纸板实质上只是非常厚且坚硬的纸。硬纸板的一种特殊形式是常见的**波纹薄纸板**，它是由两片平面纸和一个波纹夹层形成的夹层纸板。硬纸板在建筑构造使用不多，但也有各种用途，如一些混凝土体系的模板。波纹夹层纸板可用于各种表面和核心材料产品的表面造型。

（3）**压力木纤维板**。压力木纤维制成的刚性纸面板已经使用多年。它们在非结构构件中得到了广泛应用，但最近，它们向传统使用夹板的领域发起了挑战。现在它在结构上的应用包括墙体衬板、屋面板和组合梁的腹板［见 14.2 节和图 14.2（*c*）］。

（4）**复合板制品**。各种商业化建筑用产品由木纤维（或其他植物纤维）与水泥、石棉纤维和沥青等复合而成。这些产品主要用于非结构用途，例如屋面和墙的隔层，或可用于框架结构中的结构构件——如墙面板或屋面板。

与其他工业化制造的产品相同，设计信息主要来源于工业领域的组织或生产商。当应用较广泛时，建筑规范最终常常会有一些标准——如结构木屑板或加压纤维板。

本纤维产品广泛应用，一方面是由于能够使用纤维板或结构木材中不能使用的木原料，另一方面是因为早已有了大规模的木纤维工业，木纤维产品在结构中的使用正逐步增加。总之，与大多数用于建筑产品的原料不同，树木是可再生资源。

第15章 侧向支撑木结构

本章阐述与抵抗风和地震产生的水平力相关的材料的发展状况。木框架结构多数由平面构件支撑并形成箱形或三维形状。这些构件包括墙体、屋顶和楼面结构，它们由木框架和一些饰面材料组成。当不使用饰面材料时，可能采用桁架或刚架抵抗水平作用。但在一些情况下，其他刚性建筑构件可以用于支撑木框架，因此削弱了其主要抵抗重力荷载的功能。采用这种形式的构件有砌体或混凝土墙以及桁架式或刚结钢框架。为了对侧向荷载有更深入的探讨，读者可以参考《建筑物在风及地震作用下的简化设计》(Simplified Building Design for Wind and Earthquake Forces)(参考文献 8)，大部分材料特性都可在该书中查得。

15.1 风和地震力的施加

为理解建筑如何抵御风和地震力的侧向荷载，有必要考虑力的施加形式，以及这些力如何通过侧向抵御结构系统传到地面。

1. 风载

对封闭建筑施加的风载其实是自然力作用于建筑外部而形成的压力。一种设计方法是将建筑物的立面或侧面看成是与风向成一定角度的竖向平面，而作用在建筑物上的总荷载由此决定。假设水平压力直接作用在这个平面上。

图 15.1 所示为一简单矩形建筑，风荷载作用在其一个平面上。这种荷载的抗侧力结构包括以下部分：

(1) **迎风面的墙面构件**。假设这些构件承担总风压，通常设计成跨越屋面和地面结构之间。

(2) **屋面和楼面板**。假设这些构件为刚性（称为隔板），它们承受迎风墙传来的荷载

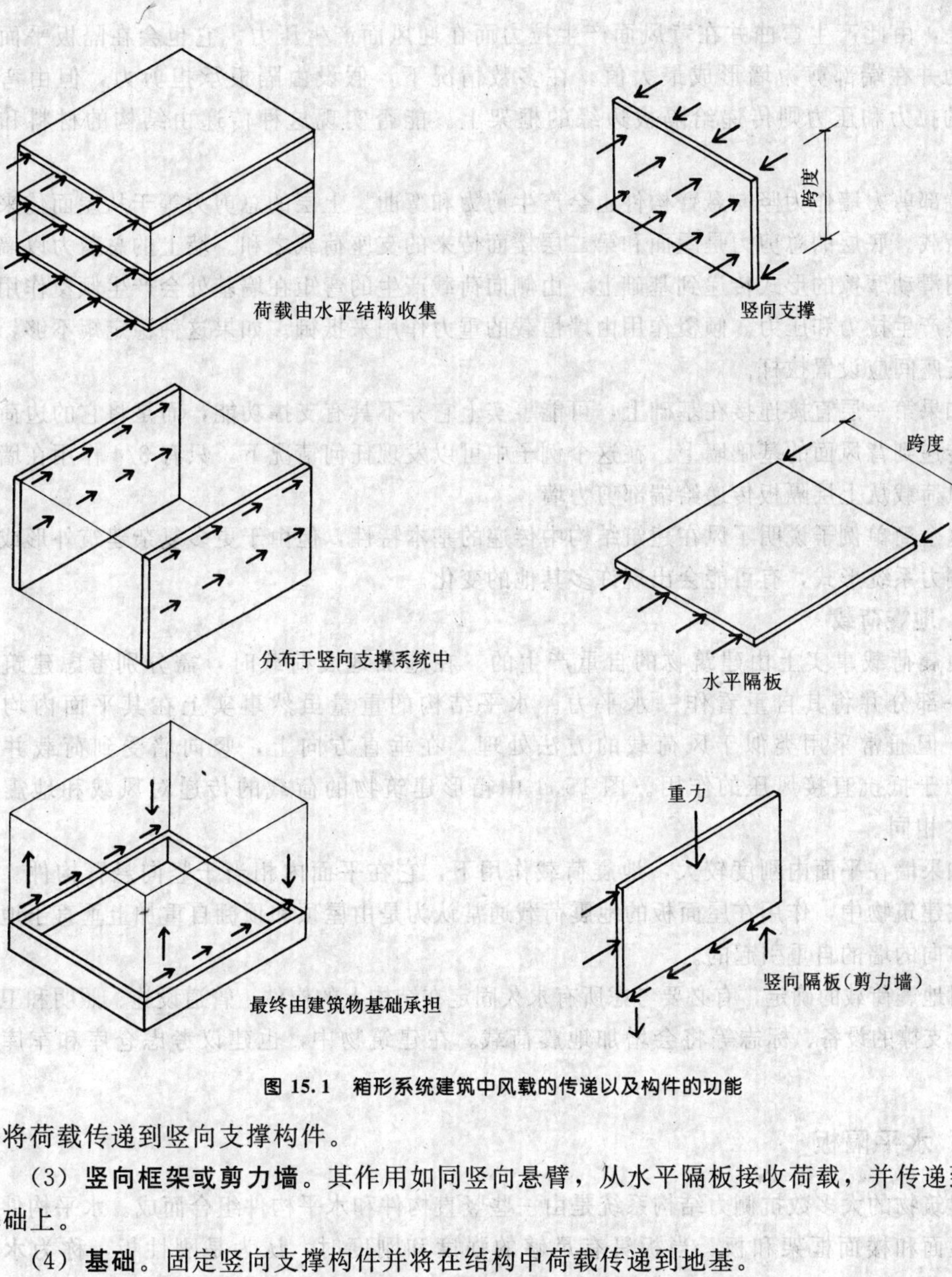

图 15.1 箱形系统建筑中风载的传递以及构件的功能

并将荷载传递到竖向支撑构件。

(3) **竖向框架或剪力墙**。其作用如同竖向悬臂，从水平隔板接收荷载，并传递到建筑基础上。

(4) **基础**。固定竖向支撑构件并将在结构中荷载传递到地基。

图 15.1 的左部表示荷载在结构中的传递过程，图的右部表示抗侧力系统中主要构件的功能。外墙作为表面承受均布压力作用的简单多跨构件，将作用力传至支座。多数情况下，尽管在几个楼层间墙都是连续的，但在每个楼层都将它视为简支，因此每个支座均承受一半荷载。在图 15.1 中，上层墙将一半荷载传递给屋面，另一半传递给第二层楼面；下层墙将一半荷载传递给第二层楼面，另一半传递给第一层楼面。

这种方法对于只有墙体本身时可能比较简单。但如果是带有窗和门的墙，其中会有许多内力在墙内传递的问题。但通常，外部荷载仍像描述的那样传递给水平结构。

屋面板和第二层楼面板作为支撑构件，承受外墙传来的支座边缘荷载，并传到两端剪力墙上，由此产生弯曲并在背风面产生拉力而在迎风面产生压力。它也会在隔板平面产生剪力并在端部剪力墙形成最大值。在多数情况下，假设由隔板承担剪力，但由弯曲产生的拉力和压力则传递给隔板边缘的框架上。能否实现这种传递由结构的材料和构造决定。

端部剪力墙作为竖向悬臂构件也会产生剪力和弯曲。上层的总剪力等于从屋面传来的支座荷载。底层的总剪力是屋面和第二层楼面传来的支座荷载之和。墙上的总剪力以墙与支座间滑动摩擦的形式传递到基础上。由侧向荷载产生的弯矩在墙基处会产生倾覆作用并在墙底产生拉力和压力。倾覆作用由墙恒载的重力作用来抵御。如果这种稳定矩不够，在墙和支座间应设置拉杆。

如果第一层直接连接在基础上，可能事实上它并不具有支撑功能，而是将它的边荷载直接传递到背风面的基础墙上。在这个例子中可以发现任何情况下，只有3/4作用在墙上的总风荷载从上层隔板传递给端部剪力墙。

这个简单例子说明了风在建筑结构中传递的基本特性，但由于更多复杂建筑外形或其他抗侧力系统形式，有可能会出现许多其他的变化。

2. 地震荷载

地震荷载事实上由建筑物的自重产生的。在施加地震荷载时，需分别考虑建筑物的每一部分并将其自重看作一水平力。水平结构的重量虽然事实上在其平面内均匀分布，但通常采用类似于风荷载的方法处理。在垂直方向上，竖向墙受到荷载并起到类似于抵抗直接风压的作用。图15.1中箱形建筑物的荷载的传递对风载和地震荷载基本相同。

如果墙在平面内刚度较大，地震荷载作用下，它在平面内相当于竖向悬臂构件。因此，在建筑物中，作用在屋面板的地震荷载通常认为是由屋顶和顶棚自重加上垂直于地震荷载方向的墙的自重引起的。

对地震荷载的确定，有必要考虑所有永久固定在结构上的构件。管道设施、照明和卫生设施、支撑的设备、标志等将会增加地震荷载。在建筑物中，也建议考虑仓库和车库的荷载。

15.2 水平隔板

建筑物的大多数抗侧力结构系统是由一些竖直构件和水平构件组合而成。水平构件大多是屋面和楼面框架和板。当板具有足够的强度和刚度时，认为是刚性板，称为**水平隔板**。

1. 总体性能

水平隔板主要的功能是将侧向力集中在建筑物的一特定水平面线上，然后将它们分布在抗侧力系统的竖直构件上。对风荷载而言，水平隔板的横向加载通常从外墙附件一直到其边缘。对于地震荷载，荷载部分是由于板的自重，部分是附属在建筑物上其他构件的重量。

水平隔板的相对刚度。如果水平隔板柔性较大，则它的弯曲较大，其连续可以忽略，相对刚性的竖向构件上的荷载实质上分布在周围。此外，如果板的刚度较大，竖向构件的荷载分布实质上按它们各自的相对刚度的比例分配。这两种情况在图 15.2 中通过简单的箱形体系加以说明。

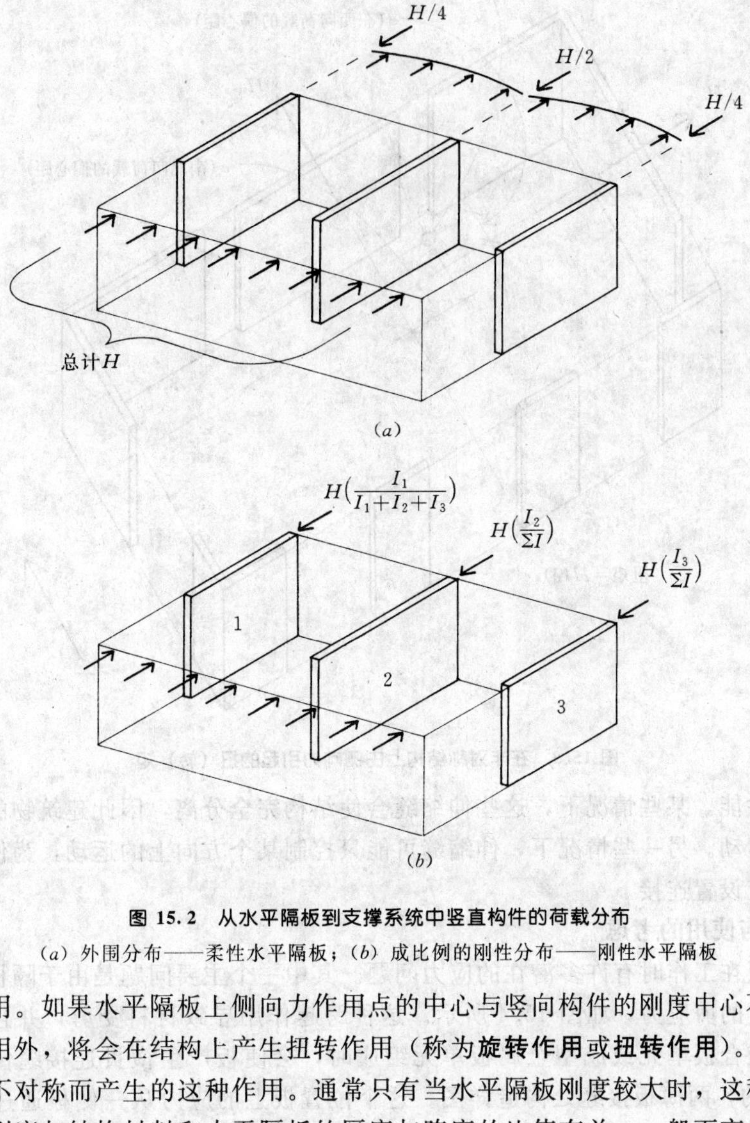

图 15.2 从水平隔板到支撑系统中竖直构件的荷载分布

(*a*) 外围分布——柔性水平隔板；(*b*) 成比例的刚性分布——刚性水平隔板

扭转作用。如果水平隔板上侧向力作用点的中心与竖向构件的刚度中心不重合，除了直接力的作用外，将会在结构上产生扭转作用（称为**旋转作用**或**扭转作用**）。图 15.3 表示了由于结构不对称而产生的这种作用。通常只有当水平隔板刚度较大时，这种作用才比较明显。这种刚度与结构材料和水平隔板的厚度与跨度的比值有关。一般而言，木和金属板较柔，而现浇混凝土板刚度较大。

竖向构件的相对刚度。当竖向构件从刚性水平隔板上分配荷载时，如图 15.2 中的下图所示，由其相对刚度通常必须根据分担的方式确定。当构件的形式和材料相同时，若都是胶合板剪力墙时，通常比较简单。当竖向构件不同时，如是砌体与剪力墙的混合体或者一些是剪力墙、另一些是支撑框架时，为了建立荷载的分布，必须确定其实际的变形，这可能需要进行复杂计算。

伸缩缝的使用。侧向荷载设计的基本方法是将整个结构连在一起以保证运动的整体性。然而由于建筑物尺寸较大或外形不规则，可能需要使用结构伸缩缝控制侧向荷载作用

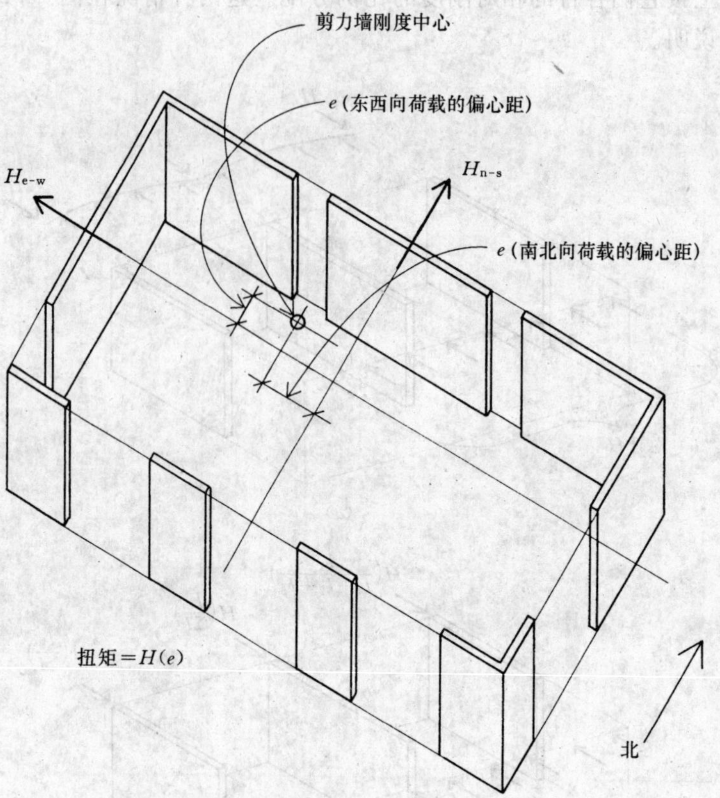

图 15.3 在非对称结构上由侧向力引起的扭(转)矩

下建筑物的性能。某些情况下，这些伸缩缝会使结构完全分离，因此建筑物的各部分会有完全独立的运动。另一些情况下，伸缩缝可能只控制某个方向上的运动，为使荷载在其他方向上传递应设置连接。

2. 设计与使用的考虑

水平隔板在工作时有许多潜在的应力问题。其中一个主要问题是由于隔板的跨越而在隔板平面产生的剪应力，如图 15.4 所示。这种跨越作用导致材料受剪，并且，当板由独立的构件如胶合板单元或成型金属板单元组成时，会使板产生横贯连接缝传递的力。图 15.5 为典型的，两薄板接缝处构造详图。这个位置板上的应力从一侧板通过边缘的钉子传到框架构件上，然后通过其他钉子传递到相邻的板上。

通常在出现剪应力时，斜向拉力及斜向压力将同时出现。在混凝土等材料中，斜拉力往往起关键作用。斜压力却是胶合板或金属薄板压曲的潜在原因。在胶合板楼板中，必须考虑胶合板的厚度，而胶合板的厚度与框架杆件的间距有关。这也是胶合板除了在边缘固定外，还必须钉在中间框架构件上的原因。

连续板通常按类似于腹板式钢梁的方法设计。腹板（面板）按抗剪设计，翼缘（边缘框架构件）按抗弯设计，如图 15.6 所示。边缘构件称为**翼缘**，它们必须抵抗板边缘的拉力和压力。为此通常需要将边缘构件连接起来以实现力传递的连续性。在很多情况下，框架系统中的普通构件，如外墙托梁或立柱墙的顶板，都可能成为

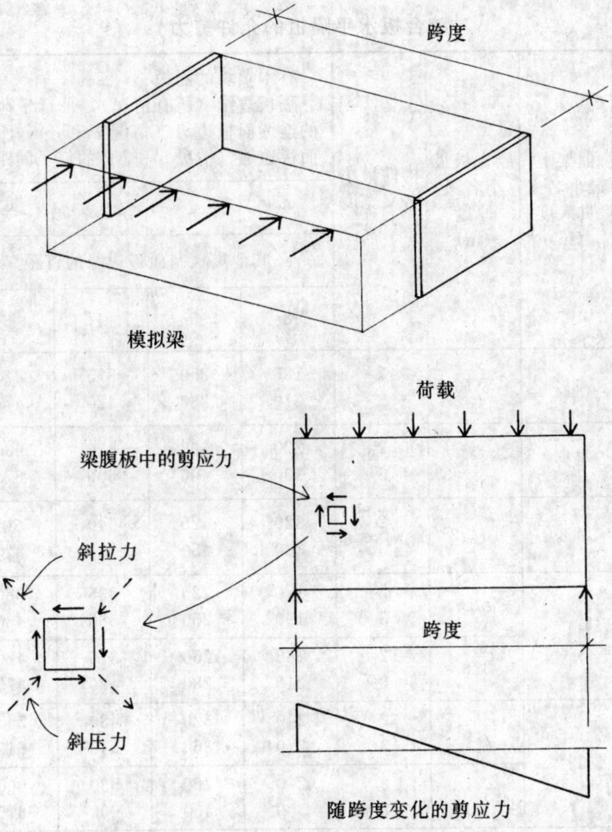

图 15.4 水平隔板作为跨越梁的功能

板的翼缘。

3. 典型构造

最常用的水平隔板是胶合板，这是因为木框架结构非常普遍且胶合板多数用于屋面和楼面。屋面板的厚度可能只有 3/8in，但对有防水层的平屋顶来说，板厚一般为 1/2in 或更厚。虽然使用胶合楼面可以增加刚度并可以避免钉凸出来和吱吱的声音但通常用钉子固定。尽管目前载荷率仍是以常用的圆头钉为基础，但钉接的机械装置最终可能十分普遍，抗剪承载力将会根据其他紧固件确定。

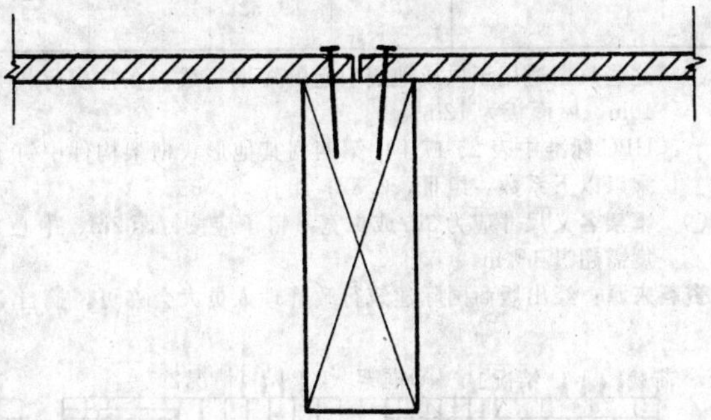

图 15.5 在木框架胶合板制的隔板中典型的钉结合

胶合板与翼缘的连接以及荷载竖向剪力墙的传递大多由钉固完成。规范中抗剪承载力基于胶合板的形状和厚度、钉子的尺寸和间距，框架尺寸和间距以及填充块的使用等。胶合板楼面的承载力在《统一建筑规范》表 25-J-1 中给出，即本书的表 15.1。

表 15.1 花旗松-落叶松、落叶松或南方黄松制成的胶合板水平隔板的允许剪力①

单位：lb/ft

胶合板等级	常用钉子尺寸	框架上最小名义贯入度（in）	胶合板最小名义厚度（in）	构件最小名义宽度（in）	有木填块的隔板① 隔板边缘（所有情况），平行于荷载的连续面板边缘（情况 3 和 4），所有面板边缘（情况 5 和 6）的钉子间距				无木填块的隔板 支承边处钉子间距取最大值 6″	
					6	4	2½②	2②	荷载垂直于无木填块边以及连续的面板接合（情况 1）	其他形式（情况 2、3 和 4）
					其他夹板制面板边缘的钉距					
					8	6	4	3		
结构Ⅰ	6d	1¼	5/16	2	185	250	375	420	165	125
				3	210	280	420	475	185	140
	8d	1½	3/8	2	270	360	530	600	240	180
				3	300	400	600	675	265	200
	10d	1⅝	15/32	2	320	425	640	730②	285	215
				3	360	480	720	820	320	240
C-C、C-D、结构Ⅱ以及包括 UBC 标准 25-9 的其他等级	6d	1¼	5/16	2	170	225	335	380	150	110
				3	190	250	380	430	170	125
			3/8	2	185	250	375	420	165	125
				3	210	280	420	475	185	140
	8d	1½	3/8	2	240	320	480	545	215	160
				3	270	360	540	610	240	180
			15/32	2	270	360	530	600	240	180
				3	300	400	600	675	265	200
	10d	1⅝	15/32	2	290	385	575	655②	255	190
				3	325	430	650	735	290	215
			19/32	2	320	425	640	730②	285	215
				3	360	480	720	820	320	240

① 这些数据适用于风或地震引起的短期荷载，在常规荷载下则要减去 25%。沿中间框架构件，地面板钉中心距为 10in，屋面板为 12in。

UBC 标准中表 25-17-J 中第四列其他形式框架构件中钉子的允许抗剪值在用于所有等级时应用结构Ⅰ中的数值乘以以下系数：组Ⅲ，0.82；组Ⅳ，0.65。

② 框架名义尺寸应为 3in 或更宽，钉子应按钉距 2in、中心 2½in 错列布置，10d 钉中心距为 3in 且贯入到构架的长度需超过 1⅝in。

资料来源：经出版商国际建筑行政管理人员大会许可，摘自 1991 年版《统一建筑规范》中的表 25-J。

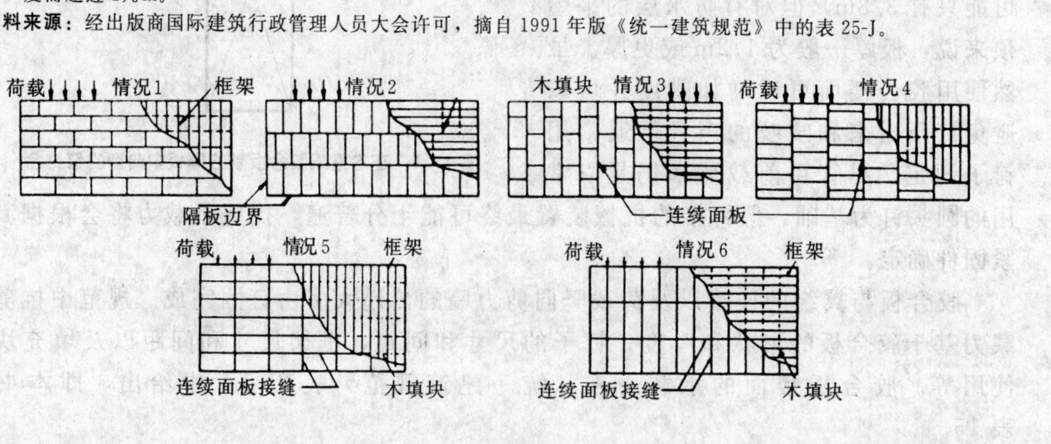

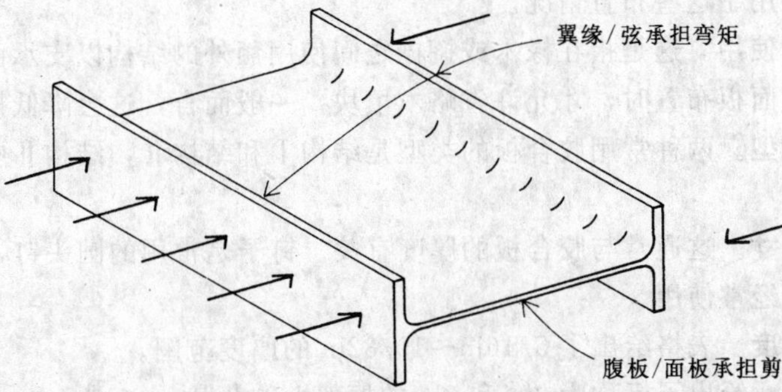

图 15.6 木框架水平隔板的翼缘和腹板梁的比拟图

总之，胶合板面板的柔性较大，当跨度较大或高跨比较高时，需要研究挠度的问题。

在一些情况下，作用在隔板上的荷载或分布在竖向构件上荷载的可能产生超出面板承载力的应力。图 15.7 表示建筑物中一个连续的屋面隔板连接在一系列剪力墙上。荷载的集中和力的传递需要使力沿图中所示的虚线作用。为此，对于外墙，作为翼缘的边构件可能起双倍作用。对于内部剪力墙，当屋面超出墙体形成悬臂时，这是可能的，否则可能需要一些其他构件以加强面板。

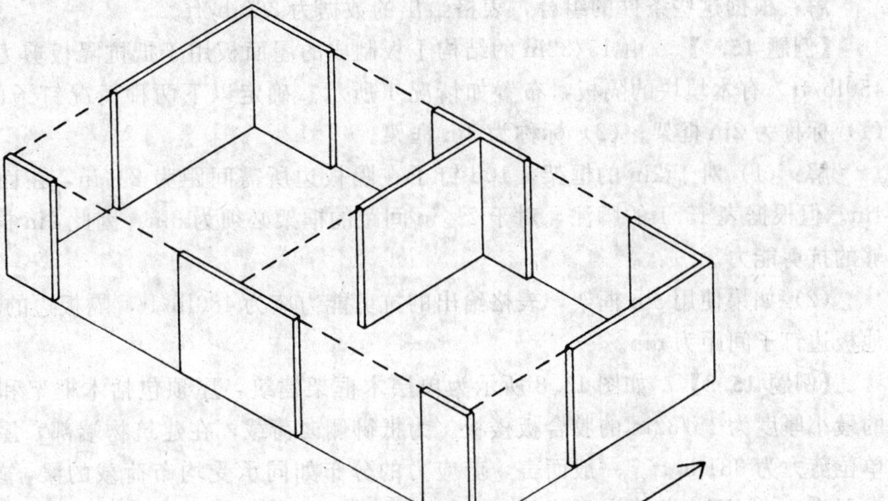

图 15.7 连接连续屋面隔板的剪力墙

带企口的木制面板曾经很流行，但目前其抗剪能力较低。而在需要使用外露的平板式面板时，为抵御侧向荷载，在上面铺一层薄的胶合板面板也是常用的方法。

许多其他形式的屋面板完全可以发挥隔板的功能，尤其当所需的单位抗剪能力较低时。当建造未经描述的建筑时，必须得到当地建筑规范管理部门的许可。

胶合板面板的抗剪能力

表 15.1 给出了胶合板单位宽度上的承载能力（单位为 lb/ft）。表中包括以下一些变量：

(1) **胶合板面板的布置**。表格以脚注根据荷载方向给出了 6 种下面板的布置情况。表格中的数据也仅适用于这些布置情况。

(2) **木填块的使用**。这是指在椽木或搁栅之间使用额外的结构以支承面板边并允许钉固。只有在特定的面板布置时，才允许省略木填块，一般而言，这会降低抗剪能力。

(3) **胶合板类型**。两种常用胶合板的类型是结构Ⅰ和结构Ⅱ，结构Ⅱ中包括许多其他等级。

(4) **钉子的尺寸**。这通常与胶合板的厚度有关。钉子是常用的圆头钉，但有一些较短的特制的夹板钉也经常使用。

(5) **胶合板厚度**。表格给出了5/16in～19/32in的厚度范围。

(6) **框架尺寸**。给出了标称为2in和3in的框架上的荷载。

(7) **特殊考虑**。表格脚注给出了特定情况下可修改的范围。

其他建筑规范条款规定，所有板边钉子的最小中心距为6in，板内支座处钉子的最小中心距为12in（称为**现场钉固**）。以下的例子说明了表15.1中数据的使用。

【例题 15.1】 确定水平隔板的最大抗剪能力，该隔板由胶合板面板钉固在花旗松-落叶松木制的标称2in的框架上。构造数据如下：

面板为结构Ⅱ，15/32in厚，按情况2布置，并附着在有木填块的框架上。

钉子为8d，在隔板边间距为4in，在其他面板边缘间距为6in。

解：根据这些条件的组合，表格给出的数据为360lb/ft。

【例题 15.2】 由15/32in的结构Ⅰ板制成的屋面板用于抵抗隔板剪力，面内应力为450lb/ft。有木填块的隔板，布置如情况1所示。确定以下两种情况钉子的尺寸和间距：(1) 标称为2in框架；(2) 标称为3in框架。

解：(1) 对于2in的框架，10d钉子在隔板边所需间距为2½in，在面板其他边缘为4in。但根据表15.1的脚注，对于2½in间距的框架必须为3in。因此2in框架没有达到足够的抗剪能力。

(2) 如果使用3in框架，表格给出的抗剪能力应为480lb/ft，隔板边的钉距为4in，其他板边钉子间距为6in。

【例题 15.3】 如图15.8所示为单层木框架建筑，屋顶包括木框架和屋面安装所需的最小厚度为15/32in的胶合板楼板。为抵御侧向荷载，在建筑物端部，屋面必须承担的单位剪力为381lb/ft。一般而言，剪应力的分布如同承受均布荷载的梁，端部为最大值，中间为0。屋面构造确定只能基于对侧向作用的考虑。

解：假定面板布置形式为情况1，这也是抵抗较大剪力的最佳形式。根据剪应力最大，由表15.1可有如下选择：

15/32in结构Ⅱ夹板，2号有木填块框架，8d钉距在周边为2½in在其他边缘为4in。

19/32in结构Ⅱ夹板，3号有木填块框架，10d钉距在周边为4in在其他边缘为6in。

15/32in结构Ⅰ夹板，3号有木填块框架，10d钉距在周边为4in在其他边缘为6in。

因为较大应力只发生在靠近建筑物的端部，此时合理的做法应该是将面板分区钉固。使用15/32in结构Ⅱ胶合板时，可以使用两种较小的钉距，如《统一建筑规范》表格所示。因此，钉距范围和对应的额定荷载如下：

8d，周边为2½in，其他边缘为4in：荷载＝530 lb/ft。

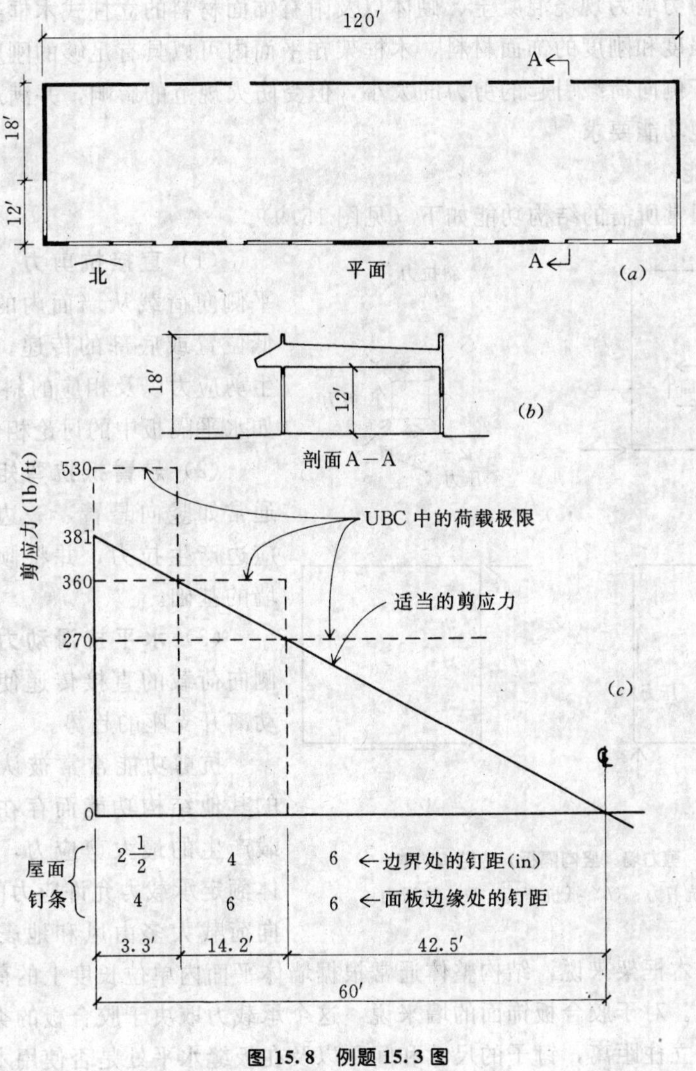

图 15.8 例题 15.3 图

8d，周边为 4in，其他边缘为 6in：荷载＝360 lb/ft。

8d，所有边缘为 6in：荷载＝270 lb/ft。

在图 15.8（*c*）中，这些允许荷载在面板应力变化图上以虚线表示出来以决定各种钉距可使用的范围。由此可见，仅在屋面两端很小范围内需要最大的钉距。钉距分区的实际尺寸可根据屋面框架模数以及面板的布置形式进行微调，但不能超过计算出的分区范围的极限值。

15.3 竖向隔板

竖向隔板通常为建筑物的墙。同时，它们除了发挥剪力墙的功能外，也必须满足各种建筑功能以及承担重力荷载的承重墙。墙的布置、材料的使用以及构造细节必须考虑所有这些功能。

最常用的剪力墙为现浇混凝土、砌体以及附有饰面材料的立柱式木框架。通过使用斜撑或具有足够强度和刚度的饰面材料，木框架在平面内可以具有足够的刚度。建筑类型的选择可能受制于侧向荷载引起的剪力的大小，但受防火规范的影响，并满足以前描述过的墙体的各种其他功能要求。

1. 总体性能

竖向隔板通常所需的结构功能如下（见图15.9）。

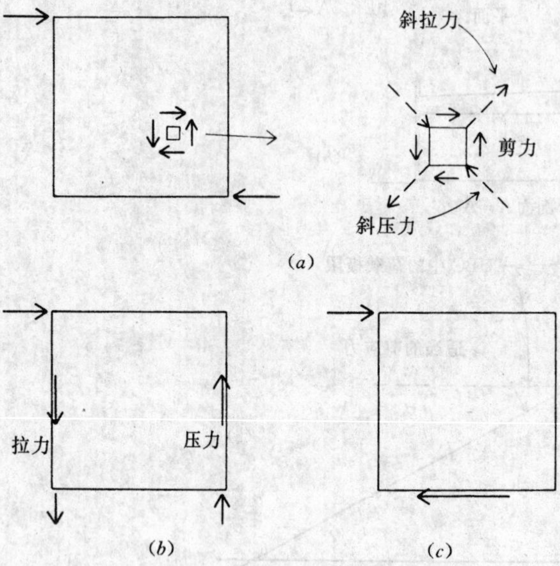

图15.9 剪力墙（竖向隔板）的结构功能

(a) 直接抗剪力；(b) 抵抗弯矩；(c) 抗滑力

(1) **直接抗剪力**。这通常包括水平侧向荷载从墙面内的较高位置向较低位置或底部的传递。这就在墙内产生剪应力以及相应的斜拉和斜压应力，如水平隔板中的讨论相似。

(2) **悬臂抵抗弯矩**。剪力墙受力通常如竖向悬臂，一边产生压力，对应边产生拉力，并将倾覆力矩传递到墙的基础。

(3) **水平抗滑动力**。墙基础部位侧向荷载的直接传递使墙产生水平滑动离开支座的趋势。

抗剪功能常常被认为是独立于墙的其他结构功能而存在的。由侧向荷载产生的最大剪应力，通常稍大于墙体额定承载力允许应力的1/3，因为侧向荷载大多由风和地震力引起。对于结构上有饰面的木框架来说，结构整体通常根据墙体平面内单位长度上的荷载计算总抵抗力，并定出等级。对于胶合板饰面的墙来说，这个承载力取决于胶合板的类型、厚度、尺寸、木材种类和立柱距离，钉子的尺寸和间距以及在板缝水平处是否使用木填块等。

对于木立柱墙，《统一建筑规范》提供了包括胶合板、斜撑木板、涂层、石膏板墙和木屑板在内几种的饰面的额定荷载。

尽管斜压可能造成墙的翘曲，但因为其他约束可以限制墙的长细比，这个问题通常并不重要。木立柱的长细比受到重力设计和立柱尺寸规范限制。因为立柱墙的二侧通常都有饰面，因此夹心板常常能够提供相当大的刚度。

与水平隔板类似，作用在墙上的力矩常常被认为是由墙两侧的竖向构件承担，其作用相当于翼缘或弦杆。在木框架墙中，端部的框架构件被认为具有这种功能。这些构件必须对重力和侧向作用可能的关键组合进行研究。

《统一建筑规范》要求水平荷载的倾覆作用必须考虑安全系数。倾覆作用的分析简图如图15.10所示，如果实际需要连接力，它将由墙边缘框架构件的锚固提供。

一般而言，剪力墙根部的抗滑力至少部分由恒载产生的摩擦力来提供。对于木框架墙而言，常常忽略摩擦，全部荷载由基底螺栓承担。

2. 设计和使用中的注意事项

侧向荷载设计中常常必须作出的重要判断是，一块水平隔板传来的荷载在一系列剪力墙之间的分布方式。在某些情况下，结构对称或水平隔板柔性较大可以简化这种考虑。但在许多情况下，为了进行计算，必须计算墙的相对刚度。

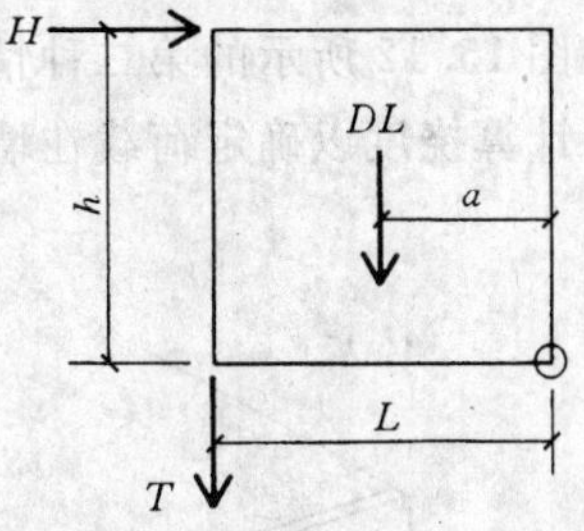

要确定 T：

对于风— $DL(a)+T(l)=1.5[H(h)]$

对于地震—$0.85[DL(a)]+T(l)=H(h)$

图 15.10 剪力墙的倾覆分析（摘自 1991 年 UBC）

如果根据静力和弹性应力-应变条件考虑，墙的相对刚度与单位荷载下的挠度成反比。图 15.11 表示两种假设条件下的剪力墙挠曲方式。在图 15.11（*a*）中，认为墙顶部和底部固定，以双曲线的形式弯曲，中间形成反弯点。这种情况常常用于混凝土或砌体连续墙，一系列独立的墙段（称为墙墩）由连续的上层墙或其他刚度较大的结构来连接。在图 15.11（*b*）中，认为墙只有底部固定，功能与竖向悬臂类似。这种情况适用于独立墙段或其上部较柔的墙。第三种可能性如图 15.11（*c*）所示，假设相对较短的墙段只在顶部固定，产生如图 15.11（*b*）所示的挠曲形状。

在某些情况下，墙的变形主要是剪切变形用而不是弯曲变形，这可能是与墙体材料、构造或墙高与长度的比例有关。此外，抵抗动载所需的刚度与抵抗静载时完全不同。以下是单层剪力墙的设计建议：

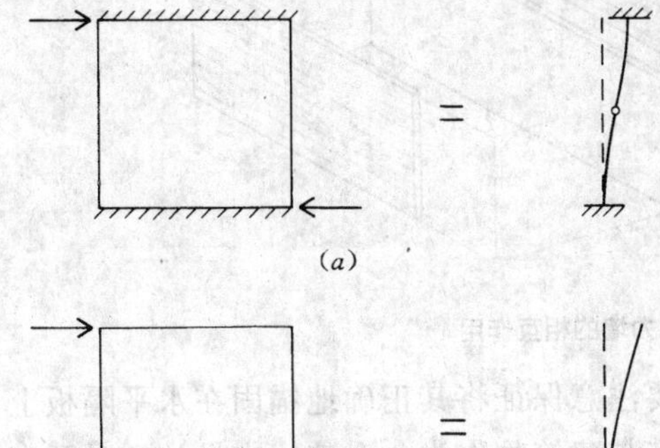

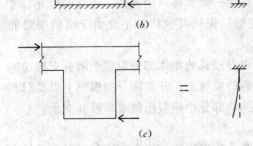

图 15.11 独立剪力墙（也称为独立墙墩）的变形形式

（*a*）上部及下部均固定；（*b*）基础固定形成的悬臂；（*c*）基础铰接，顶部固定或刚接

（1）对于高度与长度的比值小于或等于 2 的木框架墙，假设墙的刚度与平面长度成正比。

（2）对于高度与长度的比值大于 2 的混凝土或砌体墙，假设墙的刚度是高度与长度比值和支座方式（悬臂或顶部与底部固定）的函数。

（3）在承受荷载时，一排的墙在刚度上避免有较大不同。短墙承受较小荷载，尤其假设刚度为高度与长度比值的函数时。

（4）避免变形相同的剪力墙采用不同的结构形式。

前述列表中的第四项可以由图 15.12 中的两种情况来说明。第一种情况是一排上有一系列面板。这些面板中有些是混凝土板有些是砌体板，而另一些是木框架板，刚性的混凝土或砌体面板将会承担大部分荷载。荷载分配必须由实际计算的挠度确定。更好的方法是进行真实的动态分析，因为如果荷载是动态的，则墙的周期比刚度更加重要。

在图 15.12 所示的第二种情况下，墙承担刚性水平隔板传来的荷载。在这种情况下，也需要计算挠度以确定荷载在墙上的分布。

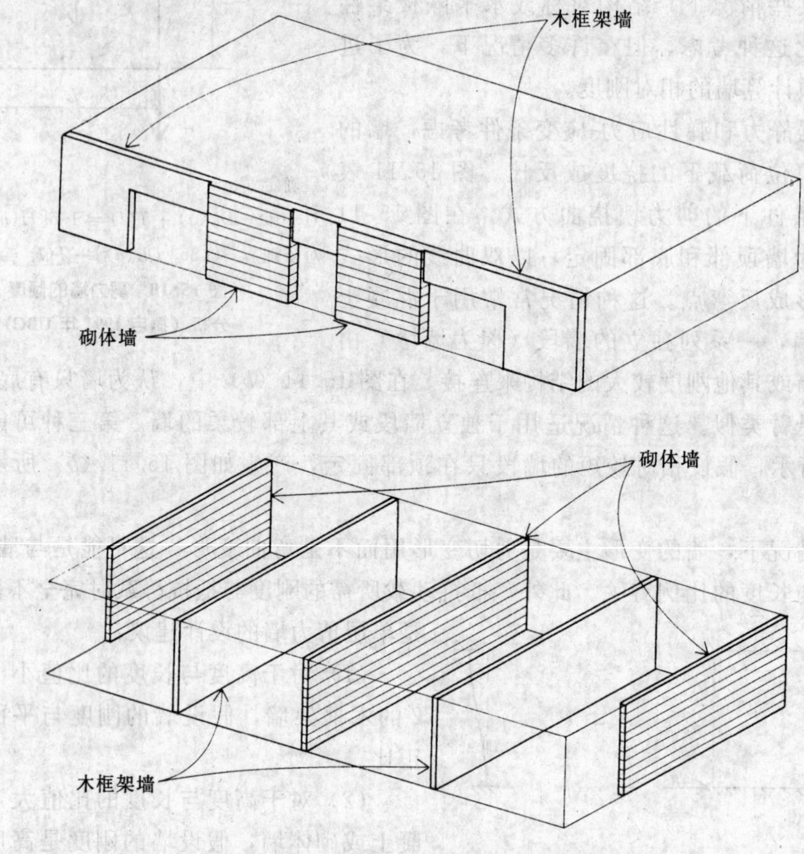

图 15.12 混合结构剪力墙的相互作用

除了所提到剪力墙自身的各种考虑之外，要注意保证将其正确地锚固在水平隔板上。

剪力墙要考虑的最后一个因素是，必须将其与建筑物作为一个整体来设计。对开有较大门窗或其他缺口的较长的墙，设计时通常将其作为一个实体（隔离的、独立的单元）考虑。但在侧向荷载作用下，应该研究整个墙的变形以保证其他构件不会由于墙的变形而破坏。

图 15.13 为这种情况的一个实例。假设两个相对较长的实体部分对整个墙有支撑功能并按独立墙墩设计。但当墙变形时，必须考虑较短的墙墩上、开口部分的横梁上以及门和窗的框架上的弯矩作用。必须保证横梁不能在实体墙部分中碎裂松散或离开其支承。

3. 典型构造

上一节提到，剪力墙的常见形式有附有各种饰面的木构架、加强砌体和混凝土。过去广泛使用的一种木框架墙为胶合板。由于已经建立起了其他材料使用的经验和测试方法，当剪应力较低时，胶合板已很少使用。

考虑到各种因素（如良好的工艺、防火要求和可得的产品等），建立起各种类型墙的

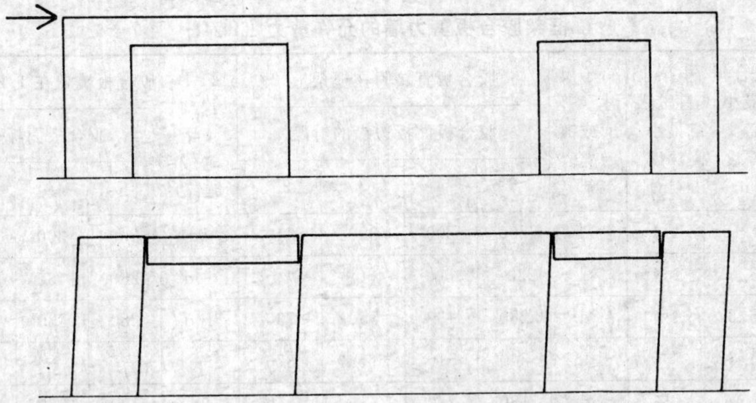

图 15.13　无缝连续墙侧向荷载的变形作用

“最小”结构。在许多情况下，这个“最小”足以满足剪力较小时的要求，唯一要增加的是连接区域和接缝处荷载的传递，增加超过“最小”结构墙体强度通常需要增大尺寸或提高其质量、增加或加强连接、设置支承构件作为弦杆或装配件等。设计人员应当找出基本结构的标准，弄清“最小”结构的组成，以便在必要时增加强度——使用与常规结构相同的方法。

15.4　木框架剪力墙的研究和设计

胶合板剪力墙并最长见于房屋外墙，由抗剪胶合板附着在墙框表面构成。开有门窗洞的较长的房屋墙体通常设计成相连的独立墙墩，洞口之间为实心墙墩。侧向荷载在独立墙墩上的分布取决于许多因素，包括对总体建筑形式的考虑和各种构造细节。一些典型情况将在第 16 章说明。

主要考虑的因素之一是板面的剪应力。表 15.2 列举了普通立柱框架胶合板剪力墙和典型花旗松-落叶松夹板结构等级时的承载力。表格包括了如下各种变量：

(1) **胶合板等级**。表 15.2 给出了三种等级下的数值，等级根据《统一建筑规范》分类。其他规范可能使用了不同的术语，但基本数据均来自工业标准。

(2) **胶合板厚度**。表中列举了一系列厚度，但最常用的是 3/8in 和 15/32in 的胶合板。

(3) **钉子尺寸**。这与胶合板厚度有关；建议使用的最小尺寸的钉子，因为其容易安装且引起立柱劈裂的可能性小。表中为普通圆头钉，但在规范允许的同等强度下，可以使用各种动力旋进的紧固件。

(4) **钉距**。规范中其他地方规定面板边缘最大钉距为 6in，给出数据最小钉距为 2in，但这种小间距较少使用，因为宽度超过 2in 的立柱需要使用较密的间距和较大的钉子。作为屋面和地面板，面板内部在所有支承上钉子的最大中心距为 12in。

(5) **立柱间距**。薄板的翘曲可能成为问题，这对立柱间距提出些限制。

(6) **胶合板的使用方法**。夹板通常直接与立柱相连。但表 15.2 也给出了当面板覆盖在 1/2in 厚石膏望板时的特殊结构下的数值。

(7) **特殊考虑**。表格脚注给出了一些特殊限制以及所允许的特殊情况。

表 15.2　　风或地震荷载作用下花旗松-落叶松或南方黄松①、④框架胶合板剪力墙的允许剪力（lb/ft）

胶合板等级	胶合板最小名义厚度（in）	框架上钉贯入最小深度（in）	钉子尺寸（普通或镀锌套筒）	胶合板直接附在框架上				钉子尺寸（普通或镀锌）	胶合板覆盖在1/2in厚石膏望板上			
				胶合板面板边缘的钉距					胶合板面板边缘的钉距			
				6	4	3	2②		6	4	3	2②
结构Ⅰ	5/16	1¼	6d	200	300	390	510	8d	200	300	390	510
	3/8	1½	8d	230③	360③	460③	610③	10d	280	430	550②	730②
	15/32	1½	8d	280	430	550	730	10d	280	430	550②	730
	15/32	1⅝	10d	340	510	665②	870	—	—	—	—	—
C-C、C-D、结构Ⅱ以及UBC标准25-9中的其他等级	5/16	1¼	6d	180	270	350	450	8d	180	270	350	450
	3/8	1¼	6d	200	300	390	510	8d	200	300	390	510
	3/8	1½	8d	220③	320③	410③	530③	10d	260	380	490②	640
	15/32	1½	8d	260	380	490	640	10d	260	380	490②	640
	15/32	1⅝	10d	310	460	600②	770	—	—	—	—	—
	19/32	1⅝	10d	340	510	665②	870	—	—	—	—	—
UBC标准25-9中边缘的胶合板面板等级	5/16	1¼	钉子尺寸（镀锌）6d	140	210	275	360	钉子尺寸（镀锌）8d	140	210	275	360
	3/8	1½	8d	130③	200③	260③	340③	10d	160	240	310②	410

① 所有面板边缘背部为标称2in或更宽的框架。胶合板可以水平或竖直安装。沿中间构件钉子的中心距为6in。对3/8in夹板，其表面纹理平行于立柱时的中心距为24in，对其他条件和夹板厚度时为12in。这些数据适用于风或地震引起的短期荷载，在常规荷载下则要减去25%。

UBC标准中表25-17-J所列其他种类框架构件钉子的允许剪力的计算在对结构Ⅰ中普通钉子和镀锌套管钉以及其他等级中镀锌套管钉均应用表中数值乘以以下系数：组Ⅲ，0.82；组Ⅳ，0.65。

② 框架应为标称3in或更宽，中心距为2in时钉子应交错排列，10d钉且贯入深度需超过1⅝in时，中心距为3in。

③ 直接附在框架上的3/8in厚的夹板可以增加20%，此时立柱的最大中心距为16in或夹板纹理垂直于立柱。

④ 当墙的两面均有板且每边钉中心距小于6in时，板缝应该布置在不同的框架杆件上或者框架标称应为3in或更厚，每边的钉子应当交错排列。

资料来源：经出版商国际建筑行政管理人员大会许可，摘自1991年版《统一建筑规范》中的表25-K。

除了考虑剪力之外，还必须研究墙体使用中其他功能，包括前一节所述的其他功能。以下的例子说明了剪力墙研究和设计的典型步骤。对墙更深入的研究将在第16章予以说明。

【例题 15.4】 如图15.14所示的夹板剪力墙抵抗所示的侧向荷载。假设侧向荷载由风引起，墙上总的静载如图所示，根据下列数据设计墙和它的框架。

胶合板：花旗松-落叶松，结构Ⅱ等级。

墙框架：花旗松-落叶松，二级或立柱等级。

墙锚固在混凝土基础上。

解：我们首先考虑胶合板中最大单位剪力：

$$v = \frac{\text{侧向力}}{\text{墙的长度}} = \frac{4000}{10} = 400\ \text{lb/ft}$$

假设胶合板直接附在立柱上，从表 15.2 中结构Ⅱ胶合板一栏中得到：

3/8in 胶合板，6d 钉距为 2in（v=510lb/ft）。

3/8in 胶合板，8d 钉距为 3in（v=410lb/ft）。

15/32in 胶合板，10d 钉距为 4in（v=460lb/ft）。

注意表 15.2 注③，在特定情况下，对 3/8in 夹板，8d 钉子，允许其数值增加 20%，但对于此例这并不重要。胶合板的选择以及钉固形式必须考虑结构的总体细节和墙体的其他功能。由此例给定的条件，三种选择都满足要求的。

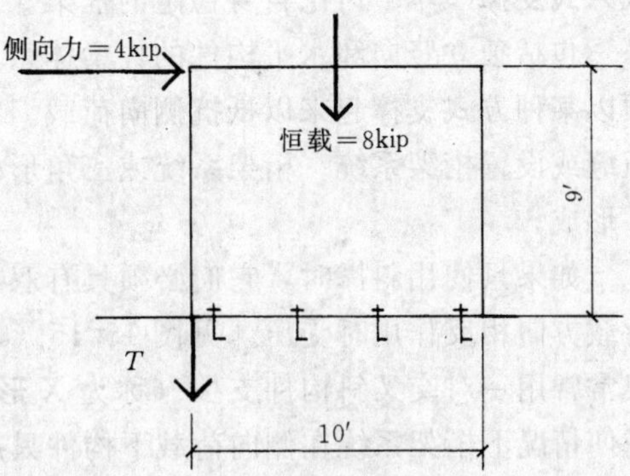

图 15.14

如图 15.10 所示，倾覆分析如下：

$$\begin{aligned}\text{倾覆力矩} &= \text{侧向力} \times \text{墙高} \times \text{安全系数}\\ &= 4 \times 9 \times 1.5\\ &= 54\ \text{kip} \cdot \text{ft}\\ \text{回复力矩} &= \text{恒重} \times 1/2\ \text{墙长}\\ &= 8 \times 10/2\\ &= 40\ \text{kip} \cdot \text{ft}\end{aligned}$$

因为倾覆作用（包括安全系数）较大，所以需要墙根部的系固力，其数值等于

$$T = \frac{\text{倾覆力矩} - \text{回复力矩}}{\text{墙长}} = \frac{54 - 40}{10} = 1.4\ \text{kip}$$

这种锚固的常用做法是用一个钢制装置拴在墙框架的底部并和预埋在混凝土基础里的大的锚拴相连。各种专利装置如扳把等小五金构件均可使用。1.4kip 的力较大，但在装置的可承受的范围和普通墙框架承载能力范围之内。

建筑规范规定的常用最小基底螺栓为：墙端一个螺栓不超过 12in，附加螺栓中心距不超过 6ft。这片墙最少使用三个螺栓，通常最小直径为 1/2in。根据标称 2in 厚度基底上的纯剪力，表 13-2 给出每个螺栓的值为 480lb。设置三个螺栓同时风载下允许应力可增加 1/3螺栓的总最小拴固能力为

$$H = 3 \times 480 \times 1.333 = 1915\ \text{lb}$$

因为数值远小于所需的 4000lb，所以需要增加。可以选择增加螺栓数量、增大的螺栓直径、选择密实等级的基底或增加基底厚度等方法。此外，整个结构的其他因素必须按实际情况予以考虑。增加螺栓的数量是最后的选择，因为在混凝土中安装螺栓需要耗费较高的劳动力成本。

15.5 木框架的桁架支撑

将斜构件用于支撑矩形框架结构可追溯到最早使用木构架的时期。在许多情况下，框架由于附在其上的材料（例如胶合板剪力墙）或其他结构部件（例如刚性砌体或混凝土墙）可以达到侧向的稳定，立柱式结构的常用支撑形式如 12.8 节和图 12.8（a）所述的

嵌入式支撑。本节讨论自身稳定的框架。

包括独立竖向和水平构件的柱梁体系，在重力作用下，自身可能是稳定的，但它们必须以某种方式支撑起来以抵抗侧向荷载。三种基本方法为设置剪力墙、在构件间设置抗力矩缝或设置桁架系统。桁架系统或三角形格构系统，通常在框架的矩形开间内设置斜向构件形成。

如果只使用斜撑时，它们必须具有双重功能：当侧向荷载沿某一方向作用时受拉，当荷载方向相反作用时受压［见图 15.15（*a*）］。因为受拉长构件比受压长构件更有效，框架常常用一对交叉斜构件支撑（称为 X **形支撑**）以避免构件受压。与刚性框架相比，在任何情况下桁架系统在侧向荷载下构件只产生轴向力。使得无论是静力或动力荷载作用下桁架系统均具有较大刚度，与刚性框架相比变形较小。

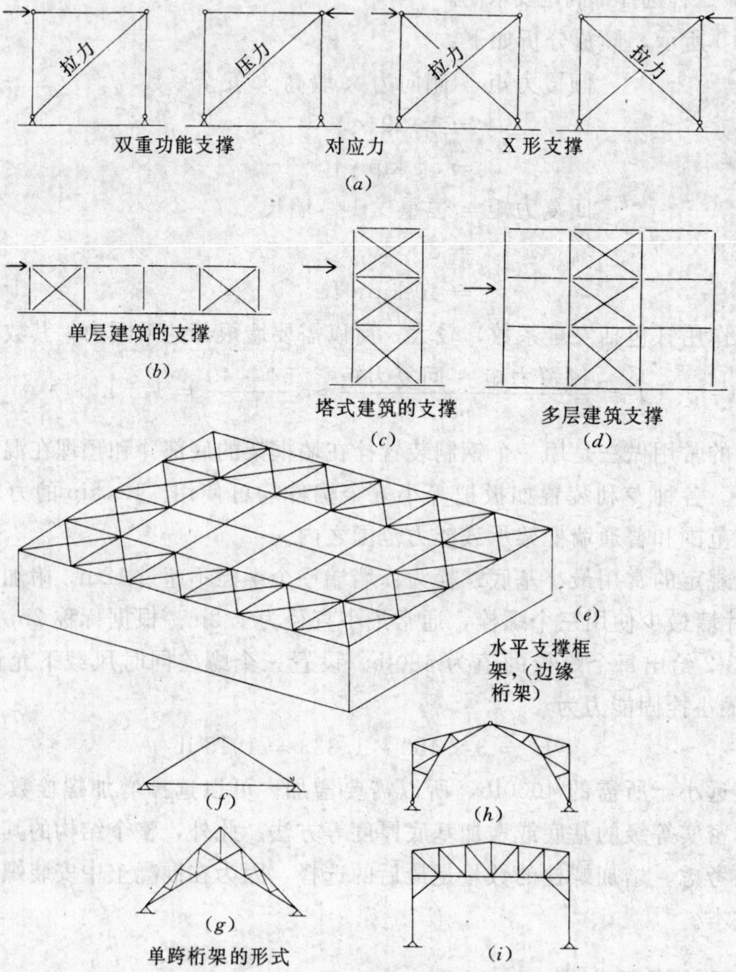

图 15.15 桁架式支撑的使用情况

单层、单开间建筑物可以采用如图 15.15（*a*）所示的支撑。单层、多开间建筑物不必在平面内的所有开间设置支撑，如图 15.15（*b*）所示。后种情况下，水平框架的连续性可使其余开间保持稳定。同样，单开间的多层塔式结构，如图 15.15（*c*）所示，可能需要全部支撑。但图 15.15（*d*）所示的多层建筑物较常用的框架形式常常只是部分支撑。因为无论是单根斜撑还是交叉的 X 形支撑都会为内部交通、门窗等开洞等带来问题，所以建筑设计中，应尽量少设支撑。

多层建筑物的任何形式在楼面结构侧向支撑系统中具有足够的发挥隔板的作用的能力。但屋面常常采用较轻的结构或开口较多，而不能实现常用的水平隔板的功能。对这种开口较多的屋面或地面，可能必须采用桁架式框架作为水平支撑系统。图 15.15（*e*）所示一个单层建筑物的屋架，其中在屋面框架所有边缘开间上均设置了桁架系统以满足水平结构的需要。因为伴有竖向桁架，水平方向可能只有部分设置桁架［见图 15.15（*e*）］，而不是全部设置。

对于单跨结构，桁架系统可以多种方式组合抵抗重力和侧向荷载作用。图 15.15（*f*）为一典型的人字形屋架，且用一个水平构件连接在人字形的底部。在这种情况下，连接杆可以提供双重功能，一是抵抗重力荷载产生的外部推力，另一个是作为三角形的一个构件形成桁架，更有效地抵御侧向荷载。因此，作用在屋顶坡面上的风载，或由于屋顶重量引起的地震荷载都可以用这种人字木加连杆的复合三角形结构抵抗。

图 15.15（*f*）所示的水平连杆在建筑上并不是在所有情况下都需要的。单跨结构其他可能的形式如图 15.15（*g*）～15.15（*i*）所示，均为底层大开口的形式。图 15.15（*g*）所示的是所谓的剪式桁架，它可以使内部具有较大空间或保证屋顶为人字形。图 15.15（*h*）为一排架，它是三铰拱的另一种形式。图 15.15（*i*）所示的结构主要包括一个安装在柱端上的单跨桁架。如果柱铰接在桁架的下弦杆上，结构对侧向荷载则缺少基本的抵御能力，因此必须设置独立的支撑。如果图 15.15（*i*）中的柱一直延伸到桁架顶部，则可用于刚性框架中并能起到抵御侧向荷载的作用。最终，如果加上图中的隅撑，则柱的刚性会得到进一步加强，在侧向荷载作用下，结构的抵抗能力提高，挠度减小。

隅撑［见图 15.15（*i*）］是斜撑的一种形式（又称**偏心支撑**），由于其一个或多个支撑连接点偏离柱梁节点而得名。偏心支撑的其他形式有 K 形支撑、V 形支撑和倒 V 形支撑（见图 15.16）。V 形支撑有时又称为**人字形支撑**。

偏心支撑的使用产生了一些桁架和刚性框架组合的形式。支撑桁架具有与支撑框架相同的刚度，而支撑偏心导致的弯曲增加了刚性框架的变形。极限破坏时，一个重要的问题是偏心支撑连接的构件会产生塑性铰。

偏心支撑在高层钢结构中曾经一直作为主要抗风支撑使用。但现在，作为抵御地震荷载作用时，钢框架的支撑而得以广泛应用，其优点就是具有较大刚度和较高的吸收能量的能力。在地震高烈度地区，不管是重型 X 形支撑还是一些偏心支撑形式的支撑框架现在已得到广泛应用。

1. 支撑的设计

支撑框架的使用，应该考虑以下一些问题：

（1）斜撑构件的设置必须不干扰结构抵抗重力作用以及其他的建筑功能。如果支撑构件设计只承受轴向力的构件，它们的位置和连接必须满足支撑功能的要求。它们的位置也不能与门、窗，或屋顶开洞、管道、线路、照明装置等的设置有冲突。

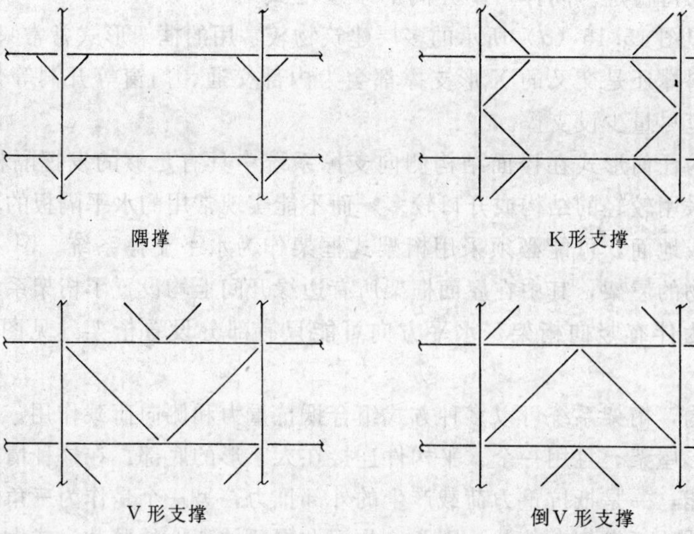

图 15.16 偏心支撑的形式

(2) 如前所述，必须考虑侧向荷载的双向性。如图 15.15 (*a*) 所示，这种考虑需要斜撑构件具备双重功能（作为单斜撑）或由一对斜撑构成超静定结构（作为 X 形支撑），其中一个斜撑抵御一个方向的荷载，而另一个则抵御相反方向的荷载。

(3) 虽然斜撑构件常常只起抵御侧向荷载的作用，但竖向和水平构件必须考虑重力和侧向荷载的各种可能的组合。因此整个框架必须对所有可能的加载情况进行分析，并且每个构件必须按可能使它出现最不利情况进行设计。

(4) 细长的支撑构件，尤其在 X 形支撑体系中，自重作用下可能产生较大垂度，这就需要利用吊杆或结构的其他部分支撑。

(5) 桁架式结构应该“张紧”。连接必须确保没有松动并且在反复荷载或重复荷载作用下不会松弛。这通常意味着需要避免使用容易松动或逐渐变形的连接，例如使用钉子、松的木钉和未处理的毛面螺栓等。

(6) 避免在斜撑上加载，有时只有在重力抵抗体系完全安装完或至少承担部分恒载后才能制作斜撑的连接。

(7) 必须考虑桁架式结构的变形，这关系到它在水平结构中作为分布构件的功能，或在分担荷载的一系列竖向构件中的相对刚度；也会关系到对建筑物中非结构部分的影响，正如剪力墙中讨论的那样。

(8) 在多数情况下，没有必要对矩形框架系统的每一个开间进行支撑。事实上，从建筑的角度而言这是不可能的。如图 15.15 (*b*) 所示，有几个开间的墙通常在若干开间设置支撑，或者甚至是在一个开间设置支撑，结构的其余部分如同火车中的车厢那样互相作用。

在某些情况下，支撑框架可以与其他支撑系统混合设置。如图 15.17 (*a*) 所示支撑框架在一个方向上作为抵抗竖向荷载结构使用，而在另一方向上作为剪力墙使用。在这个例子中，两个体系除了承受扭转时，分别独立工作，而且也没有必要进行变形分析，以确

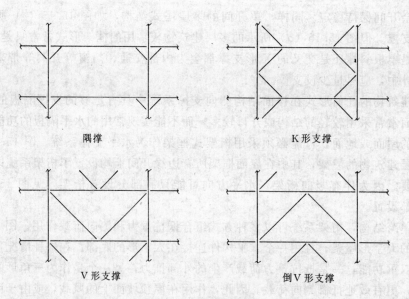

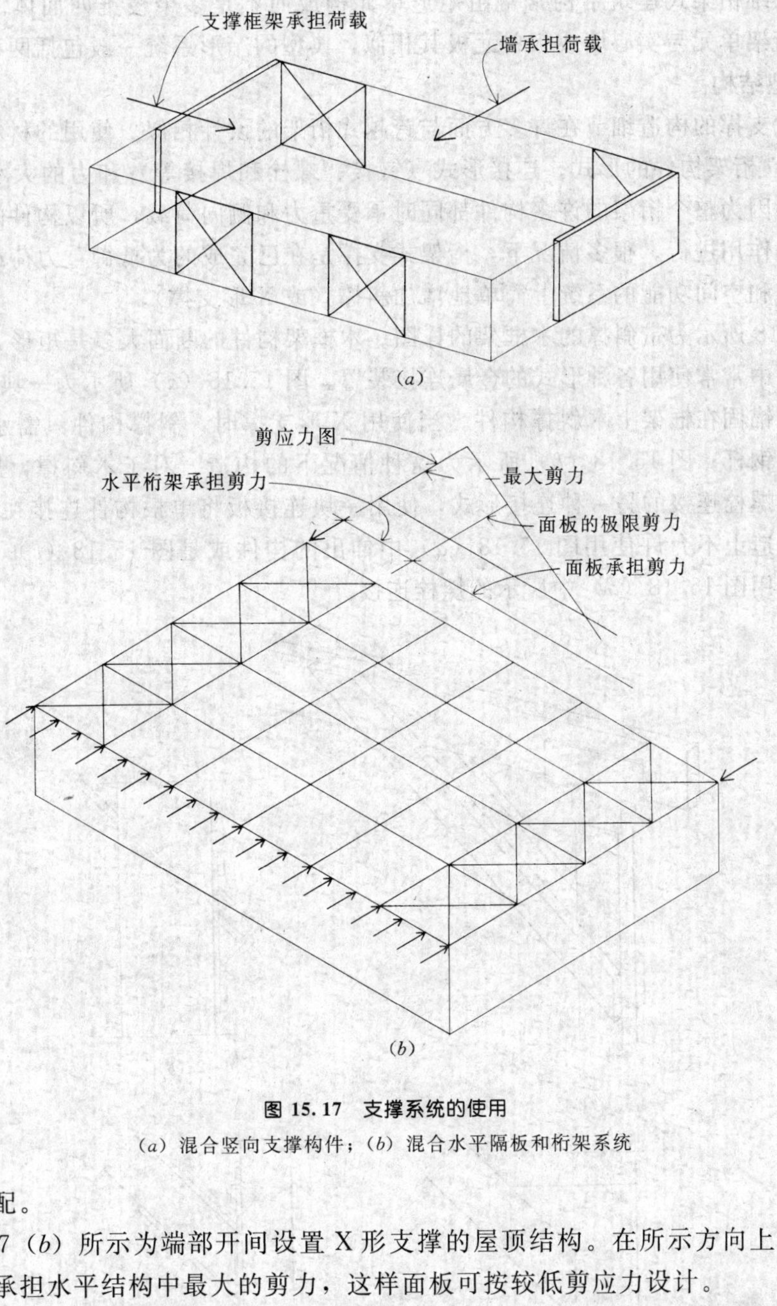

图 15.17 支撑系统的使用

(*a*) 混合竖向支撑构件；(*b*) 混合水平隔板和桁架系统

定荷载的分配。

图 15.17 (*b*) 所示为端部开间设置 X 形支撑的屋顶结构。在所示方向上加载时，这些支撑开间承担水平结构中最大的剪力，这样面板可按较低剪应力设计。

虽然建筑物和其结构通常按二维构件（水平的楼面和屋面以及竖向的墙或框架弯曲平面）设计和建造，但必须注意的是，建筑物实际上是三维的。因此，抵御侧向荷载的支撑是一个三维问题，并且虽然结构的一个水平或竖直面可能具有足够的稳定性和强度，但整个系统必须一致互相作用。当单三角形作为平面桁架的基本单元时，三维桁架可能并不会仅仅因为平面内受到支撑而真正达到稳定。

在纯几何概念中，三维桁架的基本单元是**四面体**。但因为大多数建筑物包含长方形箱体空间，三维桁架式建筑结构常常由矩形单元构成而不是多个棱锥四面体。在使用过程中，单片桁架单元与实心墙或板单元极其相似，典型的箱形系统一般包括两种结构形式。

2. 典型结构

桁架式支撑的构造细节在许多方面与跨越式桁架的设计相似。使用的材料（一般为木和钢）、独立桁架构件的形式、连接形式（钉接、螺栓和焊接等）和力的大小都是主要考虑的问题。因为整个桁架的许多构件都同时承受重力和侧向荷载，所以构件的选择很少仅仅根据桁架作用进行。很多情况下，桁架式支撑是在已完成的为抵御重力荷载和为满足所需建筑外形和空间功能的系统上简单地增加斜撑（或 X 形支撑）。

图 15.18 所示为带斜撑的木框架的详图。木框架构件的断面大多是矩形，并且在框架结构的安装中常常使用各种形式的金属连接装置。图 15.18（*a*）所示为一典型的柱连接，并带有一对锚固在框架上木斜撑构件。当使用 X 形支撑时，斜撑构件只需承担拉力，可以使用细长钢杆；图 15.18（*b*）所示为这种情况下的构造。对于木斜撑，图 15.18（*c*）所示为替代螺栓连接的另一种连接形式，使用一块连接板将单根构件连接在一个平面内。如果建筑构造上不允许使用图 15.18（*a*）中伸出的构件或是图 15.18（*c*）中伸出的板，就有可能使用图 15.18（*d*）中所示的螺栓连接。

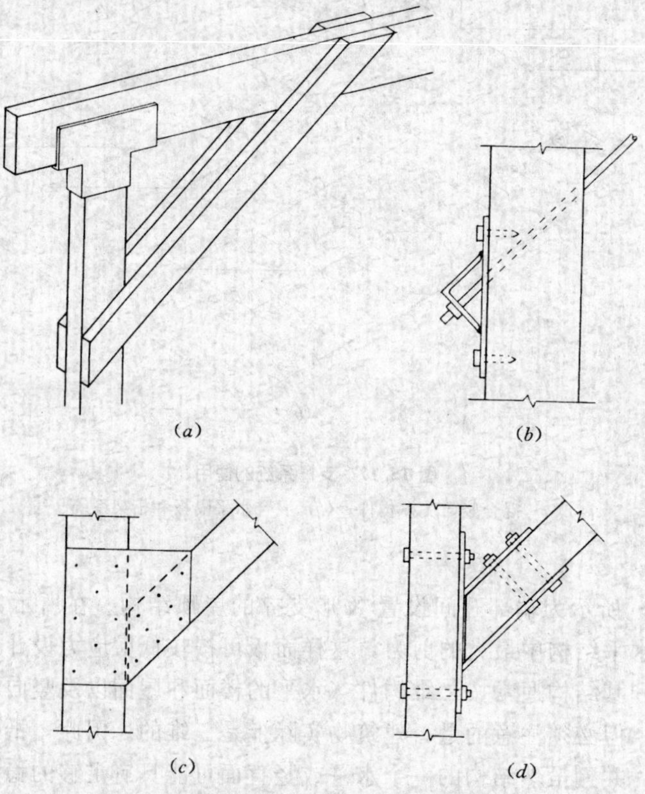

图 15.18

如下节中所讨论，荷载作用下支撑变形的一个主要因素可能是连接的松动。抗剪时，螺栓连接尤其容易损坏，因为洞的尺寸过大或木料的收缩都会导致连接点的松动。在某些情况下，通过使用一些抗剪装置如钢裂环等，有可能增加连接处的紧密度。

连接板通常包括胶合板、钢片或钢板，主要由荷载大小决定。胶合板连接应该采用胶结或钉子应拧紧以增加胶结点处的紧密度。钢板连接通常通过方头螺钉或贯穿螺栓进行连接。薄金属片连接采用钉子或螺钉固定，后者会产生最大的紧密度。

3. 刚度和变形

如前所述，支撑框架实际上是一个刚度较大的结构。这基于这样一种假设：结构总体变形的主要原因是桁架作用引起的拉力和压力使框架构件拉长或缩短。但对于支撑框架的移动，另外两个潜在的主要原因如下：

（1）**支座的移动**。这包括基础的变形和锚接件的屈服。如果基础位于压缩性土之上，由于土应力的作用，就会产生一些移动。而锚具的变形则可能由于锚拴拉长和柱底板弯曲的组合作用引起。

（2）**框架连接件的变形**。这是一个复杂的问题，它与连接件的总体特性（螺钉或胶结以及螺栓或钉固）和形式、布置以及与其相连的其他部分的变形有关。

总之，在设计时，应该研究支撑框架的连接细节，同时考虑减小连接件变形。如前所述，应该尽量采用胶结、木螺栓连接、裂环连接和其他刚性、紧密节点的连接技术。

第16章

建筑设计实例

本章给出了几个木结构建筑设计的说明。这些结构构件的设计在前几章已经给出。本章的主要目的是通过对整个结构的处理来阐述设计工作中更丰富的内容。

房屋建筑的材料、方法和建筑构造有非常明显的区域特点。影响的因素有很多，包括气候的影响以及建筑材料的获取等。即使在同一地区，由于建筑师设计风格和建造者个人的技术的差异，各个建筑物也会有所不同。然而，在任何时候，对大多数形式和尺寸的建筑物而言，通常存在一些占主导地位的、常用的建造方法。这里所述的建造方法和构造是合理的，但并不说明它们是独特的和超常的建筑形式。

16.1 荷载

结构工作主要根据作用在结构上的荷载条件详细说明。这可以结合经验、常识以及建筑规范和工业标准基础上规定的各种规则得到。

1. 恒载

恒载包括建筑物材料的自重，如墙、隔板、柱、框架、楼面、屋面和顶棚等。在梁的设计中，恒载必须包括梁本身的自重。表16.1列出了各种建筑材料的重量，可以用于恒载的计算。恒载由重力引起，它们产生垂直向下的力。

2. 屋面荷载

屋面除了支撑恒载之外，还要按均布活载设计，这包括雪荷载和施工和维修过程中产生的一般荷载。雪荷载由当地降雪量决定，并由当地建筑规范确定。

表16.2给出了《统一建筑规范》所要求的最小屋面活载。注意对屋面坡度和结构构件支承的屋面总面积的调整。后种情况解释了当屋面面积增大时，总的屋面荷载可能减小。

屋面也必须按风压设计，其应用的数值和方法由基于当地风载历史的建筑规范决定。

对很轻的屋顶结构，一个关键的问题是向上的风作用（吸力），这可能会大于恒载而产生一个向上的提升力。

虽然经常使用**平屋顶**这一术语，但平屋顶通常是不存在的。所有屋顶必须设置排水系统。所需的最小斜坡通常为1/4in/ft，或坡度大约为1∶50。当屋面接近水平时，一个潜在的问题就是**积水**，屋面水的自重使支承结构变形，从而产生更多的积水，并引起更大的变形，如此循环，最终导致屋面的加速倒塌。

表16.1　　建筑结构的自重

结构类别	lb/ft²	kN/m²
屋面		
3层预制屋面（卷筒、复合）	1	0.05
3层防水毡和绿豆砂	5.5	0.26
5层防水毡和绿豆砂	6.5	0.31
屋面板		
木材	2	0.10
沥青	2～3	0.10～0.15
黏土瓦	9～12	0.43～0.58
混凝土瓦	8～12	0.38～0.58
1/4in石板瓦	10	0.48
玻璃纤维板	2～3	0.10～0.15
铝板	1	0.05
钢板	2	0.10
隔层		
玻璃纤维毡	0.5	0.025
硬泡沫塑料	1.5	0.075
泡沫混凝土、矿料	2.5/in	0.0047/mm
椽木		
2×6，24in	1.0	0.05
2×8，24in	1.4	0.07
2×10，24in	1.7	0.08
2×12，24in	2.1	0.10
涂漆的钢板		
22标准尺寸	1.6	0.08
20标准尺寸	2.0	0.10
18标准尺寸	2.6	0.13
天窗		
钢框玻璃窗	6～10	0.29～0.48
铝框塑料窗	3～6	0.15～0.29
胶合板或软质板覆板	3.0/in	0.0057/mm
顶棚		
悬挂槽钢	1	0.05
金属拉网		
钢丝网	0.5	0.025

续表

结 构 类 别	lb/ft^2	kN/m^2
1/2in 石膏板	2	0.10
纤维板	1	0.05
1/2in 干砌墙、石膏板	2.5	0.12
涂层		
石膏、隔声	5	0.24
水泥	8.5	0.41
悬吊照明装置和空气分配装置系统（平均）	3	0.15
地面		
1/2in 硬木	2.5	0.12
1/8in 乙烯基树脂瓦	1.5	0.07
沥青砂胶	12/in	0.023/mm
瓷砖		
3/4in	10	0.48
薄层	5	0.24
5.8in 纤维板隔离层	3	0.15
毡层和垫片（平均）	3	0.15
木面板	2.5/in	0.0047/mm
钢面板、块石混凝土填料（平均）	35～40	1.68～1.92
混凝土板、碎石骨料	12.5/in	0.024/mm
连接板		
2×8，16in	2.1	0.10
2×10，16in	2.6	0.13
2×12，16in	3.2	0.16
轻质混凝土填料	8.0/in	0.015/mm
墙体		
2×4 立柱，16in（平均）	2	0.10
钢立柱，16in（平均）	4	0.20
金属丝网、涂层；望板		
石膏板墙，单层 5/8in	2.5	0.12
装饰用灰泥、7/8in，线、墙纸或毛毡	10	0.48
窗户（平均），玻璃＋框架，小型，单层玻璃，木或金属框架	5	0.24
大型，单层玻璃，木或金属框架	8	0.38
双层玻璃的增重	2～3	0.10～0.15

续表

结构类别	lb/ft²	kN/m²
围墙，生产单元	10～15	0.48～0.72
护面砌体		
4in，砂浆接缝	40	1.92
1/2in，胶粘剂	10	0.48
混凝土砌块		
轻质、无筋的——4in	20	0.96
6in	25	1.20
8in	30	1.44
重质、加筋、灌浆——6in	45	2.15
8in	60	2.87
12in	85	4.07

表 16.2 **最小屋面活载**

屋面坡度条件	最小均布荷载 (lb/ft²) 结构构件上的附属受载区域 (ft²)			最小均布荷载 (kN/m²) 结构构件上的附属受载区域 (m²)		
	0～200	201～600	大于 600	0～18.6	18.7～55.7	大于 55.7
平顶或斜坡低于 4in/ft (1∶3)，拱或穹顶矢高低于 1/8 跨	20	16	12	0.96	0.77	0.575
斜坡 4in/ft (1∶3) ～12in/ft (1∶1)，拱或穹顶矢高为 1/8～3/8 跨	16	14	12	0.77	0.67	0.575
斜坡大于 12in/ft (1∶1)，拱或穹顶矢高大于 3/8 跨	12	12	12	0.575	0.575	0.575
遮篷、非布篷	5	5	5	0.24	0.24	0.24
温室、板条花房和农用建筑	10	10	10	0.48	0.48	0.48

资料来源：经出版商国际建筑行政管理人员大会的许可摘自 1991 年修订版《统一建筑规范》。

3. 楼面活载

作用在楼面上的活载代表使用时可能产生的影响。它包括人类、家具、设备和存储材料等的各种重量。所有的建筑规范均提供了不同使用条件下，建筑设计中使用的最小活载。因为不同规范的活载，缺乏一致性，通常应使用地方性规范。表 16.3 为《统一建筑规范》给出的楼面活载的数值。

虽然以均布荷载表示，但规范中的数值通常较大足以考虑普通集中的情况。对于办公室、停车库和其他用途时，规范除了考虑均布荷载之外，通常需要考虑一个特定的集中荷载。当建筑物中有重型机器、存储材料或其他重物时，这些重量都应在结构设计中予以单独考虑。

当结构构件支承较大面积时，大部分规范允许在设计时对总活载进行折减，屋面荷载的折减见表 16.2。以下为《统一建筑规范》（1991 年修订版）提出的方法，用于确定梁、桁架或柱支承较大面积楼板时允许的折减。

除了集会场所（剧院等）的楼板和活载大于 100psf（$4.79kN/m^2$）的场合以外，作用在构件上的设计活载可以根据下列公式折减：

$$R = 0.08(A - 150)$$

$$[R = 0.86(A - 14)]$$

水平构件或只承受一个方向荷载的竖向构件，折减不能超过 40%；其他竖向构件为 60%，否则 R 由以下公式计算：

$$R = 23.1(1 + D/L)$$

式中 R——折减的百分比；

A——构件支承的楼板面积；

D——支承面上每平方英尺的单位恒载；

L——支承面上每平方英尺的单位活载。

在办公建筑和某些其他建筑形式中，隔墙的位置可能不固定，可能根据使用需要，从一处移到另一处。为了提供这种便利性，习惯做法是在恒载上增加 15～20psf（0.72～$0.96kN/m^2$）。

表 16.3　　最小楼面活荷载

使用或居住		均布荷载①	集中荷载
种类	说明		
活动楼板系统	办公使用	50	2000②
	计算机使用	100	2000②
军械库		150	0
装配场③、礼堂和随其的眺台	装有座位的区域	50	0
	活动座位和其他区域	100	0
	舞台区和封闭平台	125	0
檐板、雨篷和住宅阳台		60	0
出口设施④		100	0⑤
汽车库	汽车库或修理厂	100	⑥
	私人或游乐形式摩托车库	50	⑥
医院	病房和房间	40	1000②
图书馆	阅览室	60	1000②
	存储间	125	1500②
制造间	轻型	75	2000②
	重型	125	3000②
办公室		50	2000②
印刷工厂	印刷车间	150	2500②
	著作和油印车间	100	2000②

续表

使用或居住		均布荷载①	集中荷载
种类	说明		
住宅⑦		40	0⑤
起居室⑧			
检阅台、看台、露天看台、折叠和伸缩座位		100	0
屋面板	与提供作为居住地形式的区域相同		
学校	教室	40	1000②
人行道和汽车道	公共通道	250	⑥
仓库	轻型	125	
	重型	250	
商店	零售	75	2000②
	批发	100	3000②

① 见2306节活载折减。

② 见2304节（c）第一段，荷载使用的面积。

③ 集会面积包括舞厅、操练房、体育馆、操场、广场、露台和类似的区域，通常为公用设施。

④ 出口设施的使用应包括提供10人或多人使用的走廊、外部出口阳台、楼梯、安全出口和类似的使用设施。

⑤ 独立楼梯踏步板在可能产生最大应力的位置按300lb集中荷载设计。楼梯架按表中第四列均布荷载设计。

⑥ 见2304节（c）第二段，集中荷载。

⑦ 居住区包括私人寓所、公寓和宾馆客房。

⑧ 起居室荷载应该不低于与之相关的居住荷载，但不超过50lb/ft²。

4. 侧向荷载

风和地震作用的设计随地域不同差异很大，主要根据当地建筑规范的要求控制。建筑物位于某政治实体（市、县、州或联邦政府）管辖范围之内，必须遵照建筑规范规定。虽然设计技术、结构体系的选择和建筑构造主要是由设计者决定，但必须遵循管辖区域内建筑规范的法律规定。

第15章讨论了一些有关侧向力的问题以及支撑隔板和木框架结构设计的特殊应用。关于侧向力作用和设计更全面的内容，读者可以查阅《建筑物在风及地震作用下的简化设计》（参考文献8）。本章中的实例基于本书第15章中的讨论和说明并大体与1991年版《统一建筑规范》（参考文献3）的规定一致。

16.2 建筑一：轻型木框架

图16.1为单层、长方形商业建筑。假设轻型木框架满足防火要求，我们将对该建筑物结构主要构件的设计作出说明。假定设计数据如下：

屋面活荷载=20psf（简化值）

作用在竖向外墙上的风荷载为20psf

花旗松-落叶松木框架

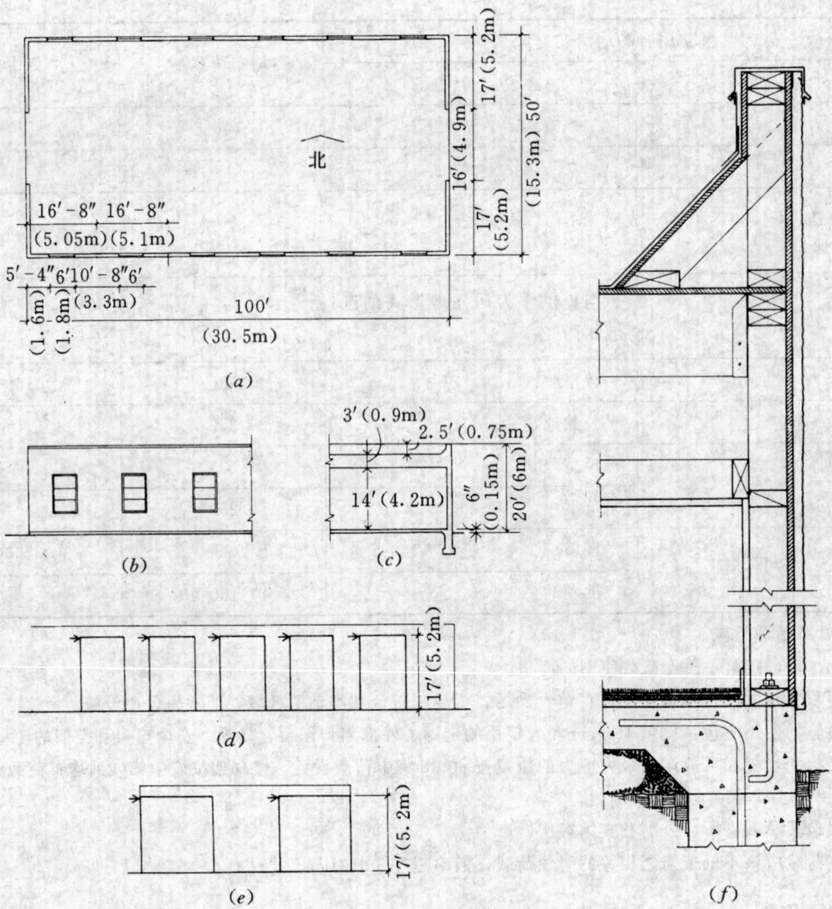

图 16.1 建筑一的总体形状

(*a*) 建筑平面图；(*b*) 局部立面；(*c*) 剖面图；(*d*) 东—西剪力墙立面；
(*e*) 南—北剪力墙立面；(*f*) 剖面详图

建筑物的总体剖面如图 16.1（*c*）所示，包括平屋顶、顶棚和外墙上的矮护墙。结构的总体特点见图 16.1（*f*）墙剖面详图。框架的特殊构造取决于结构设计中的各种决定，讨论如下。外围剪力墙的总体形状见图 16.1（*d*）和（*e*）。侧向荷载的考虑见 20 - 8 节。我们首先只考虑重力荷载下屋架结构系统的设计，当然我们记住屋顶最终要设计成水平隔板，而墙体要设计成剪力墙。

1. 重力荷载的设计

如图 16.1（*f*）所示的结构，确定屋面荷载如下：

三层防水毡和油毡绿豆砂屋面	5.5 psf
玻璃纤维绝缘合成板	0.5
1/2in 厚夹板制屋面板	1.5
椽木和木填块（估值）	2.0
顶棚接缝	1.0

1/2in 干墙板顶棚	2.5
管道、照明装置等	3.0
总屋面恒载	16.0 psf

假设内部构造如图 16.2（*a*）所示，根据屋面和顶棚框架系统和其支承的不同，存在以下几种可能性。

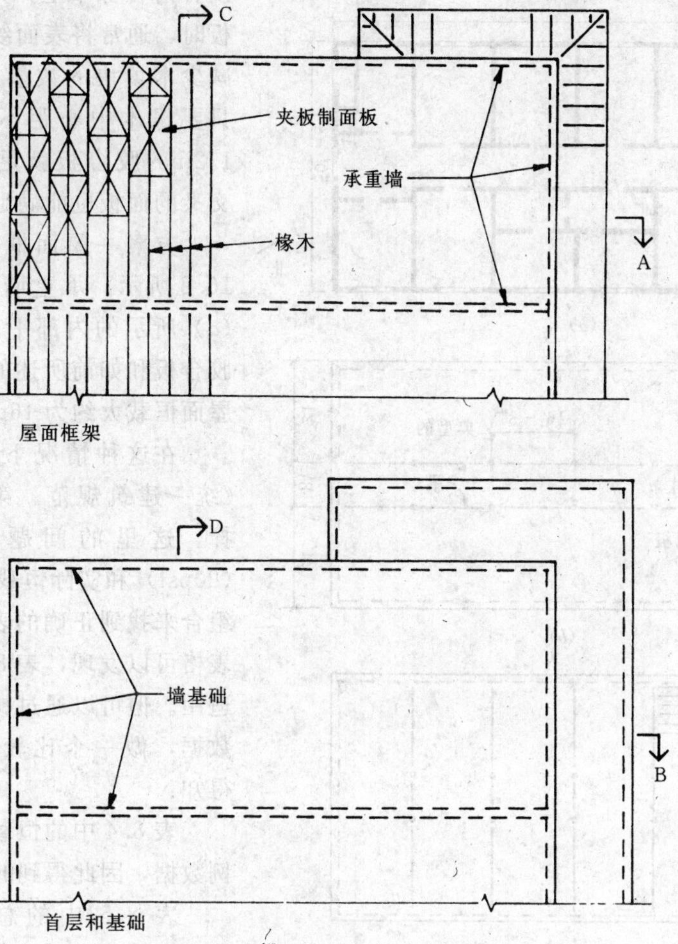

图 16.2　内部承重墙体系的结构平面图

【方案 1】　内部承重墙

在该方案中，支承屋面的主要结构构件是屋面板和椽木、墙立柱和墙脚。需要一些特殊的框架以满足墙体开洞的要求。这也要在洞口之上设置横梁，并在洞口两侧设柱。横梁最简单的形式是一个木构件，其宽度等于墙立柱的宽度，高度与开口宽度有关。柱大多由两根立柱构成，通常设置在墙端或洞口边缘。

屋顶、外墙和内墙总体设计中，屋面板和墙体衬板的选择应考虑许多因素。所有表面可以采用胶合板，但有许多其他饰面材料可供使用，并且使用越来越广泛，包括以下几种：

（1）**屋面板**：木纤维产品，如刨花板或定向纤维板。

（2）**外墙面**：与屋面相同，再加上无墙板的毛粉刷，直接应用于立柱上。

（3）**内墙**：灰泥干墙板、石膏板或木纤维产品。

屋面板所要考虑的主要问题是椽木之间的跨距、侧向荷载下水平隔板的抗剪应力，以及屋面覆盖层和隔热层所需的连接。后者对平屋顶而言通常需要最小厚度为1/2in的胶合板（目前板厚1/2在技术上是可行的，尽管差别不大）。如果胶合板边缘采用木填块，且没有落在椽木上，则放置4ft×8ft面板时，通常将表面纹理平行于椽木以减少木填块的数量。在这种情况下，只要椽木中心距不超过24in，使用1/2in的胶合板就足够了，甚至纹理交叉的面板也能满足。

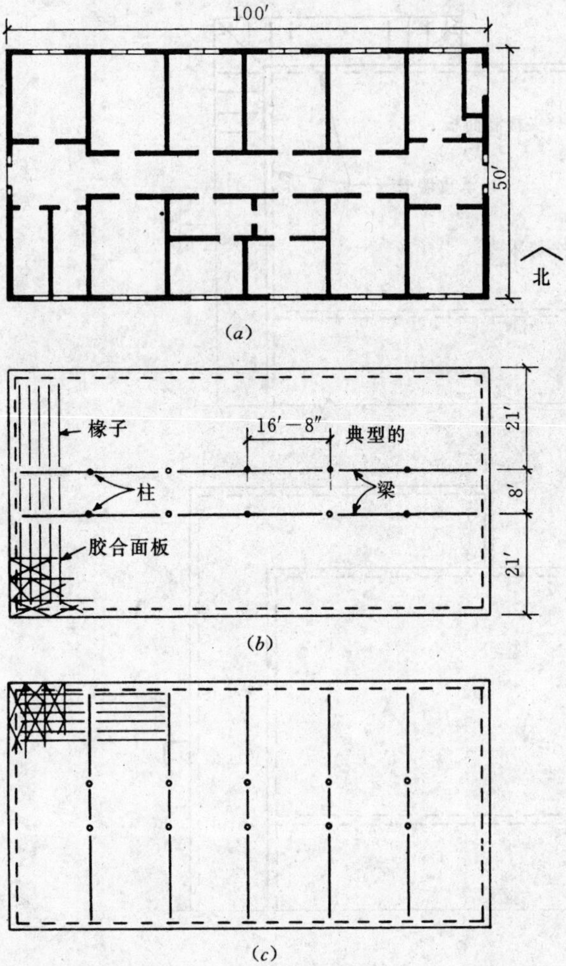

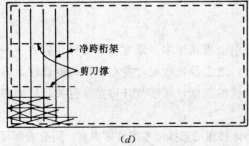

图16.3 内部构造平面图和屋面框架的组成

方案一屋面框架局部布置如图16.2所示。承重墙的位置见图16.3(*a*)所示的内部平面图。使用1/2in胶合板和如前所述的构造，无椽木的屋面恒载大约为16psf。

在这种情况下，椽木可以根据《统一建筑规范》第25章的表中选择。这里的问题根据设计活载（20psf）和实际恒载（23psf）的正确组合来找到正确的表格。从第8章的表格可以发现，表8.4和表8.5都不适用。但可以通过比较两个表格中的数据，做一个比较好的推测。因而得知：

表8.4中的恒载为8psf，小于本例数据，因此得到的解答较为勉强。

表8.5中的总荷载为（DL＋LL），比本例数据大2psf，活载大50%。因为活载作用下的挠度常常是最大跨度的限制条件，因此得到的解答较为保守。

对于二级花旗松-落叶松椽木，重复应力构件的允许弯曲应力为1006psi，其弹性模量为1600000psi（见第4章，表4.1）。对于屋面活载，其允许应力通常增加25%，则设计弯曲应力增加为 1.25×1006=1257psi。由表 8.4，可以得出 2×12、中心距为 24in，其跨度大约为 19ft，由表 8.5 得出大约为 17ft。可以通过表中查得应力分别为 1200psf 和 1300psf，然后用内插法求得应力为 1257psi。

在上述两种情况中，表中所需的弹性模量值比 2 号椽木低，因此挠度不是关键问题。因而椽木的选择是合理的，如果有疑问，可以对其弯曲应力和挠度进行验算。

2×12 椽木必须以搁栅撑和分段撑的形式设置侧向支撑。如果已经提供了如前所述用于夹板钉固的分段撑，则这个条件就很容易满足。如果未使用分段撑的面板，则必需另外考虑设置侧向支撑的要求。

如果使用 2 号标称椽木，这个跨度大约处于危险边缘。跨度较大时，椽木的间距必须很小，木材应比标称 12in 高或比标称 2in 稍厚。从这点考虑，毋庸置疑应采取其他选择，很可能采用一些特殊形式产品，比如竖向的层积构件、组合 I 形构件或轻型预制木弦杆桁架等。所有这些选择高度均可大于 12in，可以更容易地减小挠度。

承重墙设计：2×12 椽木中心距为 16in，包括椽木在内的屋面总恒载，约为 27psf，其中还包括假设使用木填块时的微增加值。作用在内墙上的总荷载为

$$(16.67\text{ft})(27+20)=784\ \text{lb/ft}\ (\text{沿墙长})$$

如果墙的高度不是很大，这个荷载可轻易地由 2×4、中心距为 16in 的立柱承担。研究表明在这种情况下，2×4 立柱可以延长至 14ft，但表 10.1 给出的最大高度为 10ft。这些墙主要是分隔空间之用，其总体坚固性或所需的隔声功能根据材料而变化。常用的 2×4 立柱，两边为灰泥板的墙作为分隔墙是非常薄的。

墙的自重加上屋面荷载在墙底产生的荷载仍然小于 2000lb/ft。虽然应该为这些承重墙设置墙脚，但这种情况下，即使在非常低的允许土压力（2000psf）的情况下，其宽度也将很小。

建筑物长边的外墙（平行于椽木）大多只承受墙体的自重以及屋顶边缘的重量。但短边上的墙，除了承受上述荷载之外，还承受半跨椽木的重量。除重力荷载以外，外立柱墙还必须抵抗直接风压或由自重引起的侧向地震荷载。因此，这些立柱的设计需要考虑轴压力和弯矩的组合。这将在风荷载设计中进行总体讨论。

【方案 2】 使用室内柱的梁框架

室内墙可以用于支承，但在许多商业建筑内，更倾向于使用单跨结构或大跨柱距。这就使将来可能根据建筑物内部空间的其他使用要求对隔墙进行重新布置。图 16.3（*b*）所示的屋顶框架系统中，在室内走廊墙壁的位置布置了两排柱。如果使用图 16.3（*a*）所示的室内平面，这些柱将与墙合为一体且看不出来。

图 16.3（*c*）所示为屋顶框架结构的第二种可能性，柱的布置如图 16.3（*b*）所示。更倾向于使用哪种方案可能各有原因。管道、照明、布线、屋面排水和消防喷水系统的安装等都可能影响选择。这里选择了图 16.3（*b*）中的方案来说明结构构件的设计过程。

薄膜形屋面的安装通常需要至少 1/2in 厚的屋面板。在平行于纹理的方向上，这种面板的跨度可以达到 32in（普通 4ft×8ft 面板的长尺寸）。如果椽木的中心距不超过 24in，就很可能采用图 16.2（*b*）和（*c*）所示的方案，放置面板时可以使板跨方向垂直于表面纹理。第二种布置的优点是可以减少边缘而不是椽木上的木填块的数量。读者可以查阅第

14 章关于胶合板结构面板的全面讨论。

假设椽木采用二级普通的最小结构用法。由表 4.1 可知，重复使用的允许弯曲应力为 1006psi，弹性模量为 1600000psi。因为荷载大都在表 8.4 范围内，可以使用该表格。根据表格可以使用 2×10、中心距 12in 或 2×12、中心距 16in 的椽木。读者可以采用第 8 章介绍的步骤对这些选择进行验算。应力分析表明，容许应力可以增加 15%或 25%（见第 4 章关于荷载耐久性调整的讨论）。

如果顶棚搁栅的跨度也为 21ft，由表 8.3 可知，可以使用 2×8、中心距 16in 或 2×10、中心距 24in 的柱。当然，顶棚搁栅的跨度一定与屋面材料有关。可以从椽木上悬吊顶棚搁栅，也可以使用内部分隔作为支承。前面所作的恒载表采用轻型顶棚框架——大多为 2×4 或 2×3 杆件——从椽木上悬挂下来。

图 16.2（*b*）所示的梁为连续两跨梁，总长为 33ft4in，一个净跨为 16ft8in。对于双跨梁，最大弯矩与单跨情况相同，主要的优点是可以减小挠度。单跨的总荷载面积为

$$16.7\times\frac{21+8}{2}=242\ \text{ft}^2$$

由表 16.2 可知，可以使用 16psf 的活载。因此作用在梁上的单位均布荷载为

$$(16+16)\times\left(\frac{21+8}{2}\right)=464\ \text{lb/ft}$$

加上梁重，设计荷载为 480lb/ft。因此最大弯矩为

$$M=\frac{wL^2}{8}=\frac{480\times16.67^2}{8}=16673\ \text{ft}\cdot\text{lb}$$

允许弯曲应力取决于梁的尺寸和假设的荷载耐久性。假定荷载耐久性增加 15%，因此有（见表 4.1）

对于 4×构件： $F_b=1.15\times1000=1150$ psi

对于 5×或更大的构件： $F_b=1.15\times1300=1495$ psi

则 $$S=\frac{M}{F_b}=\frac{16673\times12}{1150}=174\ \text{in}^3$$

因此说明 4×16 不能满足要求（$S=135.7\text{in}^3$）。

$$S=\frac{16673\times12}{1495}=134\ \text{in}^3$$

则可以使用 6×14（$S=167\text{in}^3$）或 8×12（$S=165\text{in}^3$）的构件。

虽然 4×16 的横断面积最小且表面上看来费用较小，但结构构造设计的各种考虑都会影响梁的选择。梁也可以由许多 2×构件制成组合构件。当不容易获得优质截面的较大重型木梁时，可以采用后种情况。

总之，梁可以包括胶合层积或轧制钢截面形式。这些选择的优点是可以减小梁高，并在一定程度上减小梁的长期挠度。这对跨度较大的梁尤为重要，例如图 16.3（*c*）框架方案中的梁。

梁的设计也要考虑剪力和挠度。注意双跨梁中的最大剪力略大于简支梁中的剪力 $wL^2/2$。这可能是在木梁中不使用双跨条件的原因之一，对于实心锯木截面，剪力常常是重要问题。对于此例，跨距很短，因此挠度并不是关心的主要问题，尤其在使用双跨时。

如第 7 章所述，当荷载耐久性使应力增大，两端的荷载减小时，剪力也不是关键问题。

假设屋面排水所需的屋面最小坡度为 1/4in/ft。如果屋面排水系统在外墙上，建筑立面如图 16.4（*a*）所示。从建筑物中心到长边的高度，变化约为 1/4×25＝6.25in。有许多方法可以达到此目的，包括将椽木倾斜等。

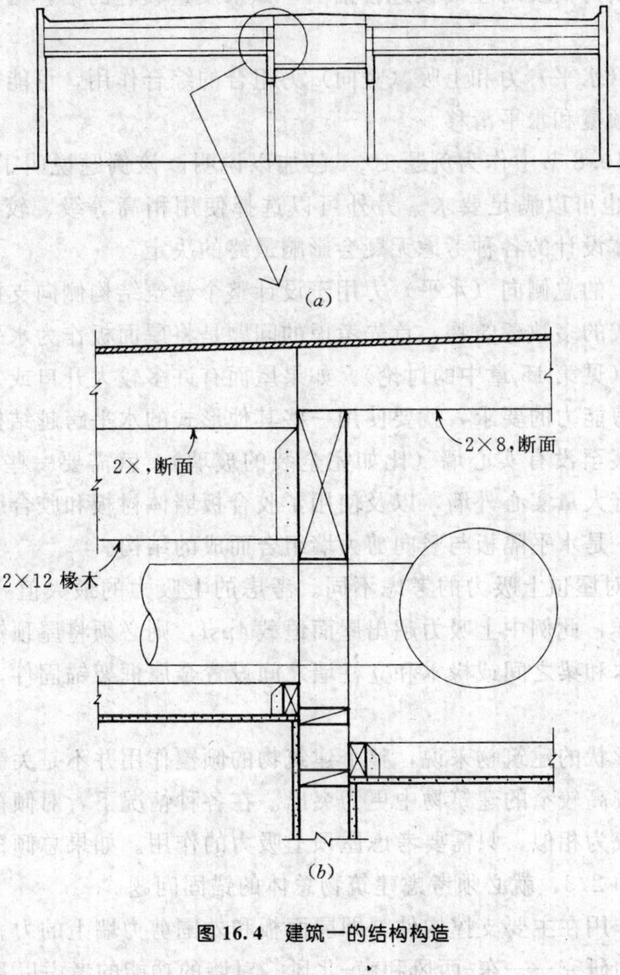

图 16.4 建筑一的结构构造

图 16.4（*b*）所示为建筑物中结构构造详图。在这张图中，椽木是平放的，通过在椽木上附着 2×断面构件以及在走廊处使用短的异型椽木，达到排水目的。走廊的顶棚搁栅直接由走廊墙壁支承，其他顶棚搁栅在端部由墙支承，而大跨搁栅悬挂在椽木的挂钩上。顶棚结构可以与屋顶结构一起设计或与室内分隔墙共同设计，根据使用要求决定。

典型的室内柱支承的荷载大约等于一根梁上的总荷载，即

$$P = 480 \times 16.67 = 8000 \text{ lb}$$

这个荷载很小，但柱高应大于 4×尺寸（见表 10.1）。如果 6×6 不会引起反对，其应力等级较低。但最好考虑使用钢管或管状截面，两者都可以应用在 2×4 立柱的隔墙上。

外墙立柱的结构设计主要应考虑由风引起的侧向弯曲。讨论如下。

2. 风载下的设计

建筑结构在风荷载作用下的设计包括以下内容：

(1) 作用在外墙上的内压和外压，它们引起墙立柱的弯曲。

(2) 作用在建筑物上的总侧向荷载，需要由屋面板和剪力墙支撑。

(3) 屋面的上吸力需要对屋面板进行锚固，如果质量较轻的话，可能需要对整个屋顶结构进行额外锚固。

(4) 由于侧向（水平）力和上吸（竖向）力组合的综合作用，可能需要考虑对建筑物进行锚固，以防止倾覆和水平滑移。

立柱的应用在10.8节中作为例题10.4已加以说明。该例题说明了等级较低的2×6立柱，中心距24in也可以满足要求。另外可以选择使用稍高等级、较小间距的2×4立柱。但对于墙的整体设计的各种考虑无疑会影响最终的决定。

作用在建筑物上的总侧向（水平）力用于设计整个建筑结构侧向支撑系统的构件。对于使用这种结构形式的多数建筑物，首先考虑的问题是将屋面板作为水平隔板使用，同时将外墙作为剪力墙（见第15章中的讨论）。如果屋面有许多较大开口或一些形式的屋面板不足以满足隔板抗剪能力的要求，就要使用一些其他形式的水平跨越结构。如果实心墙之间有很多洞口，或甚至没有实心墙（比如完全装的玻璃），就需要一些其他的竖向支撑。本建筑物，各面均有大量实心外墙，以及使用了胶合板墙体衬板和胶合屋面板。因此是典型的**箱形体系建筑**，是水平隔板与竖向剪力墙组合而成的结构。

不同建筑规范对屋顶上吸力的考虑不同。考虑的上吸力的最大值一般等于水平设计压力。如果需要这样，此例中上吸力超出屋面恒载4psf，则必须将屋顶锚固在支承上以抵抗这种作用。在椽木和梁之间或椽木和立柱墙之间设置金属框架锚固件，可以提供足够的锚固作用。

对于此例立面形状的建筑物来说，整个建筑物的倾覆作用并不是关键问题。倾覆作用在自重很小或立面较高较窄的建筑物中更为突出。在各种情况下，对倾覆作用的研究与对单一剪力墙的研究较为相似，只需要考虑屋顶上吸力的作用。如果总倾覆弯矩大于建筑物恒载引起的抵抗矩的2/3，就必须考虑建筑物总体的锚固问题。

我们进而考虑作用在主要支撑构件，即屋面板和外围剪力墙上的力。必须对建筑物进行两个方向风作用的研究——东-西风和南-北风。对墙的功能的考虑以及施加在支撑系统上的作用力大小的确定如图16.5所示。外墙压力将荷载作用于屋面板的边缘，其值大小部分取决于外墙的连跨特点。图16.5 (*a*) 给出了两种常见的情况：立柱悬挑并形成女儿墙和简支立柱和独立女儿墙结构。根据16.1 (*f*) 所示结构，假设南北墙的形式如图16.5 (*a*) 中情况2所示。则作用在屋面板上南北方向的侧向风荷载为

$$(20\text{psf})\left(\frac{10.5}{2}\right)+(20\text{psf})(2.5)=155\ \text{lb/ft}$$

在抵抗该荷载时，屋面作为跨越构件支撑在建筑物东西端剪力墙上。对于该跨度100ft并有均布荷载作用的简支梁的研究见图16.6。支座反力和最大剪力为

$$155\times\frac{100}{2}=7750\ \text{lb}$$

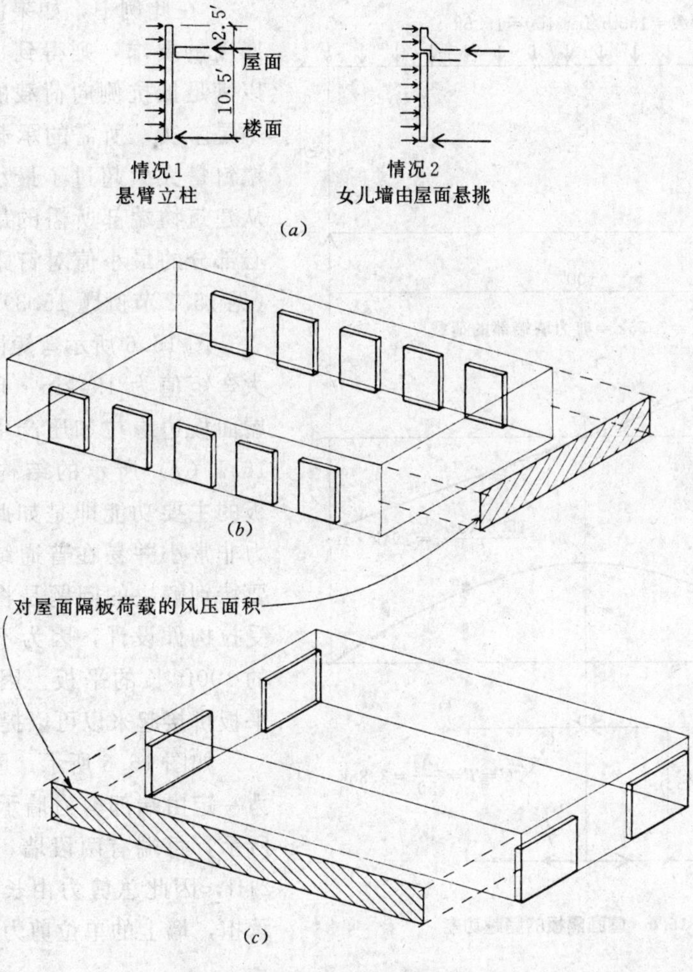

图 16.5 建筑一的墙的功能以及风压设计

(*a*) 墙抵御风的功能；(*b*) 东-西体系；(*c*) 南-北体系

这在 50ft 宽屋面隔板上产生的最大单位剪力为：

$$v=\frac{\text{剪力}}{\text{屋面宽}}=\frac{7750}{50}=155\text{lb/ft}$$

由表 15.1（见 UBC 中表 25-J-1）可以发现，屋面板有多种选择。胶合板的等级、面板厚度、支承椽木的宽度、钉子尺寸和钉距，以及木填块的使用与否（用于钉固的支承物位于胶合板边而非椽木上）等都可以变化。除满足抗剪要求以外，还有许多其他方面的考虑，如重力荷载的设计、屋面结构的总体建筑构造以及屋面和隔热层的安装问题等。对于一般柏油和防水毡薄膜覆盖的平屋顶，通常需要提供最小厚度为 1/2in（目前为 15/32in）的胶合板。如果满足这个要求，由表 15.1 可得：

结构Ⅱ，15/32in 胶合板 2×框架，所有面板边缘上使用 8d 钉，钉中心距为 6in，隔板使用木填块。

根据以上条件，由表 15.1 得出承载力为 270lb/ft。

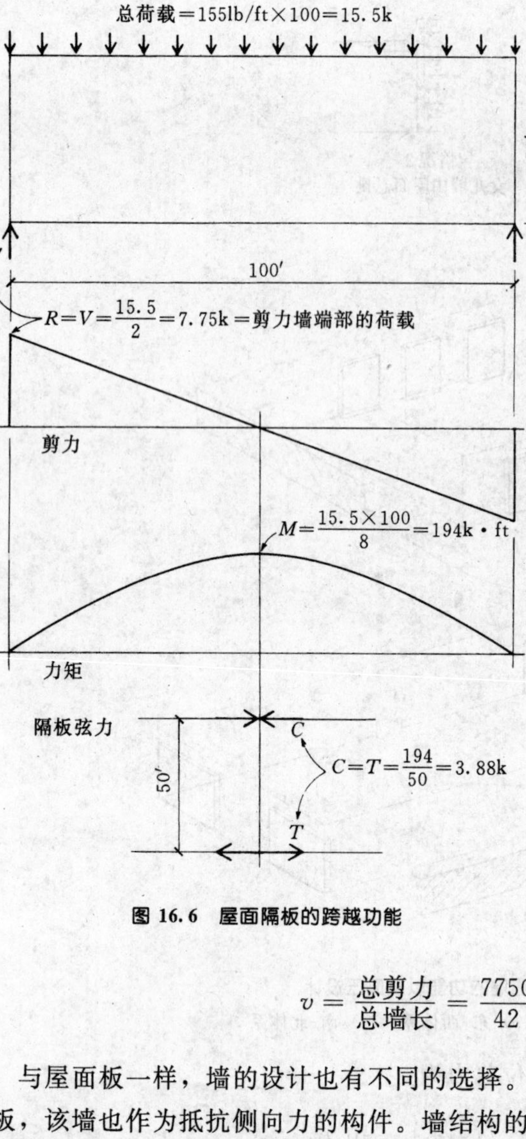

图 16.6 屋面隔板的跨越功能

在此例中，如果满足胶合板最小厚度的要求，则得到“最小”结构足以满足抵抗侧向荷载的需要。但这并不是事实，所需的承载力使得使用的锚钉量大大超过了最小值，应该可以从建筑物端部所需的最大值到屋面中心部分的最小值对钉距进行分级处理（见15.2节例题15.3）。

图16.6所示弯矩图给出的跨中最大弯矩值为194kip·ft。这用来确定屋面板边缘拉和压产生的力。在如图16.1（*f*）所示的结构中，立柱墙顶板的主要功能即是如此。本例中，该力非常小并易在普通结构中传递。需要特别解决的问题是将构件作为连续受拉构件设计，因为不可能有一整块的100ft长的平板。因此必须将多片平板拼接起来以可以提供连续的拉力。

如图16.6所示，屋面板的支座反力一定由端部剪力墙承担。如图16.1所示，每端有两段墙，平均长度均为21ft，因此总剪力由长42ft的剪力墙承担，墙上的单位剪力为

$$v=\frac{总剪力}{总墙长}=\frac{7750}{42}=185\ \mathrm{lb/ft}$$

与屋面板一样，墙的设计也有不同的选择。一般情况下在墙的外表面采用单面结构胶合板，该墙也作为抵抗侧向力的构件。墙结构的其他构件按非结构构件考虑。在这种情况下，可以由表15.2（见UBC中表25－K－1）作出如下选择：

结构Ⅱ，3/8in的厚胶合板，所有板边缘使用6d钉，钉距为6in。

同样，这是“最小”结构。对于抗剪能力要求更高的情况来说，需要使用比普通胶合板更厚的板并采用较大的钉子和较密的钉距。遗憾的是，与屋面板不同，这里的钉子不能分级——因为沿剪力墙高度的单位剪力是一个常数。

图16.7（*a*）为用于分析剪力墙倾覆作用的荷载条件。其中只包括侧向力（作用在屋面板平面）、墙自身和由墙支承的部分屋面的恒载。倾覆力矩由侧向力和它离墙基的距离的乘积。这个数值再乘以系数1.5，表示与恒载抵抗力矩（也称为回复力矩）相比所需的常用最小安全系数。如果恒载抵抗力矩小于倾覆力矩，必须加上锚固力［见图16.7（*a*）中的*T*］以增强恒载抵抗力矩。此项分析的常规计算如下所示：

倾覆力矩 $= 3.875 \times 11 \times 1.5 = 64$ kip·ft

回复力矩 $= (3+6) \times (21/2) = 94.5$ kip·ft

这表明不需要系固力。事实上，在墙的两端各有一个附加的抵抗力。在建筑物拐角，墙体很好地固定在建筑物南边或北边的墙上，提供了附加的恒载抵抗力。在墙端靠近走廊处，支柱可以作为梁的支撑（见图 16.2 框架平面）。因此梁反力的恒载部分提供附加抵抗力。最后，墙还要锚固在基础上，提供固定作用以防止墙的倾覆。目前，大部分规范都不允许使用基底螺栓抗拉力的计算数值，因为这样可能引起墙基的横向弯曲。

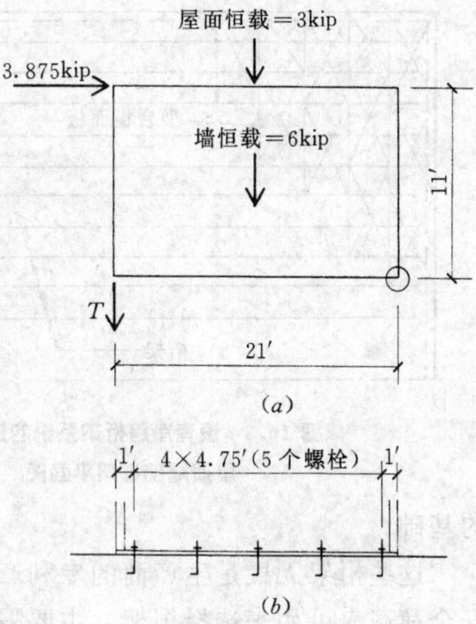

图 16.7

基底螺栓将用于抵抗墙的水平滑动，然而，螺栓连接必须满足这个需求。规范规定最小栓固为一般为螺栓直径 1/2in，离墙端距离为 1ft 间距。这种最小的螺栓的布置见图 16.7（*b*）。对 2×基底构件、单面受剪的 1/2in 螺栓，表 11.1 给出了每个螺栓的抗剪力为 470lb。则 5 个螺栓的总抗剪力加上由于风载增量的 1/3，最小螺栓连接的总抗滑动能力为

$$1.33 \times 470 \times 5 = 3125 \text{ lb}$$

由于这比所需的抗滑力稍小，必须增加螺栓的数量或尺寸。由于基底宽度的限制，从经济方面考虑，最好增大螺栓尺寸。在混凝土中安装螺栓是影响成本的主要因素，而成本却与螺栓尺寸关系不大。因此用较大的螺栓要比用较多的小螺栓经济。

在一些情况下，有必要考虑墙基础的滑动和倾覆力的作用。本例中，该力非常小且不是重要问题。但对浅基础的建筑物来说，当倾覆力和滑动力与重力相比数值很大时，在基础设计时，必须考虑抗倾覆和抗滑动作用。

侧向抵抗力设计中主要关心的一个问题是力在侧向支撑系统各个构件间的传递。剪力墙基底螺栓是这种传递的一个例子。另一个重要的传递是屋面板到剪力墙间力的传递。本例中，屋面剪力传递到在屋面板中，而墙的剪力墙板中。因为这两个构件并不直接相连，必须研究框架构造以确定剪力如何传递。如图 16.1（*f*）所示的结构，通过墙的顶板和屋面与墙面直接连接的板，可以方便地传递剪力。对于屋面板来说是很容易做到的，因为这是屋面隔板的边缘（在表 16.1 中被称为**边界**）。但对墙面板而言，这可能不是板边，为传递剪力需要的钉固必须表示出来，并在墙的部分予以说明。

对于其他类型的墙和屋面结构，力的传递不一定像图 16.1（*f*）那样简单和直接。在一些情况下，结构的普通构件间可能没有任何直接的力的传递，因此需要附加一些框架或连接装置。

【方案 3】 净跨屋面桁架

图 16.8 所示的是局部框架平面图和已修改的木屋面结构的部分构造。本结构采用轻型钢木组合桁架，跨度为 60ft，去除了内部所有的支承。选择这个结构很可能是由于建筑

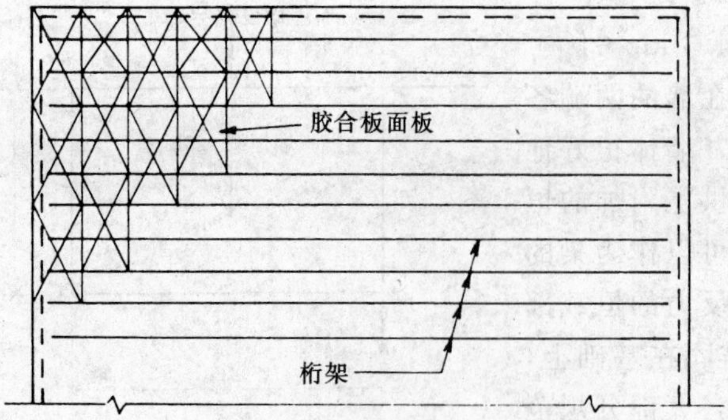

图 16.8 设有净跨桁架系统的建筑一屋顶局部框架平面图

设计的要求，为了满足将来内部空间布置的灵活性。对于用于投资出租的商业建筑，这将是较好的选择。

图16.8所示的局部框架平面图给出了这种系统的布置，标出了桁架的间距以及为侧向不稳定桁架设置的侧向支撑。在实际应用中，侧向支撑也要保证正确的间距、竖向平直度和较柔桁架的纵向平直度。一旦桁架系统安装起来就要十分牢固，而系统的正确支撑是它稳定性的基础。

这些桁架无疑是生产商的专利产品，并且这些产品的应用非常普遍。由生产商提供的安全荷载表可用来选择桁架。主要需考虑的问题是桁架的名义高度以及各构件的尺寸——尤其是木制上弦杆和下弦杆的尺寸。

桁架间距的选择不仅与桁架的承载能力有关，也与屋面板和顶棚结构的设计有关。间距2ft时屋面板可以使用普通胶合板，顶棚可使用灰泥板，这些面板直接钉固在桁架弦杆上。桁架的弦杆可不平行，以满足有屋面坡度和平顶棚的要求。这无疑是最简单、最经济的结构形式。

但对于这种跨度而言，间距2ft有些过于密集，因此此方案使用的间距为32in（仍为96in标准板的模数）面板厚7/8in。

大跨度桁架对建筑物长边上的立柱墙产生较大的竖向荷载。该构件和结构的其他主要构件的设计条件如图16.9所示。这些构件的计算在本书的其他部分也给出了相应的说明。

建筑一，方案3的实例计算总结

1. 典型屋面板，胶合板面板，跨度32in，表面纹理垂直于支承物
   UBC中表25-S-1，第7行，40/20面板，厚7/8in
   无木填块时允许跨度为32in
2. 搁栅（桁架），位于32″中心，跨度50ft（+或-）
   活载：20psf（32/12）=53.3 lb/ft
   恒载：屋架+隔层+面板+顶棚+设备，为25psf
   25（32/12）+66.7 lb/ft+搁栅重
   总荷载+53.3+66.7+120 lb/ft
   （从荷载表中选择的搁栅由工业或私人制造商提供。可以使用钢木组合或全钢搁栅，带木条的空腹搁栅固定在上弦杆上。）
3. 前承重墙，高10.5ft，带有5ft雨篷
   恒载=屋顶，（30×25）=750 lb/ft　活载=20（25+5）=600 lb/ft
   墙，（20×15）=　300
   雨篷，假定为　100　总荷载：2000 lb/ft
   总恒载=　1150 lb/ft

见10.8节立柱设计的例题计算。
带洞口的墙的支柱和横梁的设计荷载应加上风载。

图 16.9 桁架式屋顶结构计算的总结

16.3 建筑二：轻型木框架

图 16.10 表示的是将建筑一的平面图重叠形成的二层建筑。二层楼面结构的设计本质上与建筑一的屋面结构相同。但对于屋面，如 16.4 节所述，可采用跨度为 50ft 的桁架结构。

对于二层楼面结构，常用建筑规范对办公建筑设定的所需最小荷载为 50psf（见表 16.3）。但考虑到隔墙的可移性，常常需加上 20 或 25psf。如果使用的活载为 75psf，楼面设计荷载可能比屋面设计荷载大几倍。

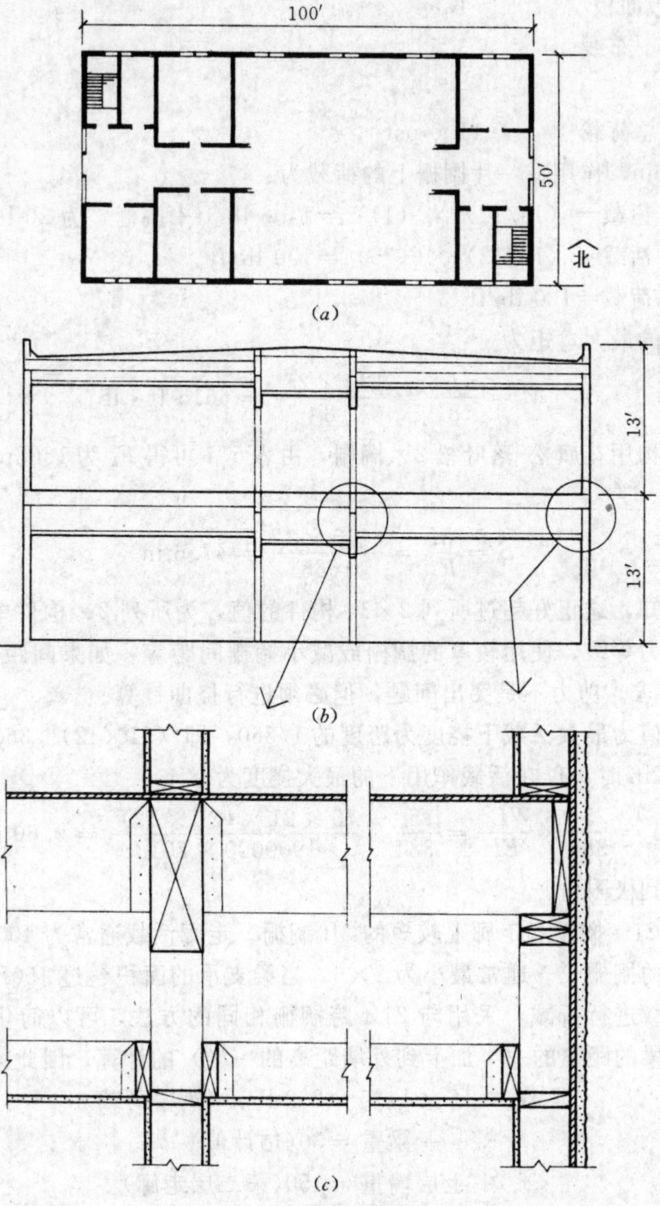

图 16.10 建筑二的总平面

虽然第二层的剪力墙与建筑一的剪力墙本质上是相同的，但是二层建筑承受的风载更大。最主要的影响是第一层剪力墙的内力。

楼面结构的另外一个区别是它完全是平的，不需要考虑屋面的坡度。将顶棚直接与桁架的下弦杆相连或利用桁架斜弦杆满足排水的要求可以达到节约的目的。

1. 楼面结构的设计

对于楼面结构的恒载，假设顶棚有独立支承（而不是悬挂在楼面搁栅上）：

毡层和垫片	3.0 psf
纤维板垫层	3.0
1/2in 胶合板面板	1.5
管道、照明、布线	3.5
除搁栅外的总荷载	11.0 psf

搁栅间距 16in，作用在一片搁栅上的荷载为

恒载＝（16/12）×（11）＝14.6 lb/ft＋搁栅，为 20 lb/ft

活载＝（16/12）×（75）＝100 lb/ft

总荷载＝120 lb/ft

21ft 跨搁栅的最大弯矩为

$$M=\frac{wL^2}{8}=\frac{120\times 21^2}{8}=6615\ \text{ft}\cdot\text{lb}$$

对于优质结构用花旗松-落叶松 2×搁栅，由表 5.1 可得 F_b 为 1668psi。因此所需的截面系数为

$$S=\frac{M}{F_b}=\frac{6615\times 12}{1668}=47.6\ \text{in}^3$$

由表 4.8 可知，这正好超过所列 2×14 构件的值，为所列 2×构件中最大值。可选择的方法是增加应力等级、使用较厚的搁栅或减小搁栅间距等。如果间距减小为 12in，2×14 就满足抗弯要求。剪力不是突出问题，但必须进行挠曲计算。

一般挠度限值为最大活载下挠度为跨度的 1/360，即（21×12）/360＝0.7 in。对于 2×14 构件间距 12in 时，仅在活载作用下的最大挠度为

$$\Delta=\frac{5}{384}\times\frac{WL^3}{EI}=\frac{5}{384}\times\frac{75\times 21\times(21\times 12)^3}{1900000\times 291}=0.60\ \text{in}$$

这说明挠度未达到极限值。

梁同时支承 21ft 搁栅和走廊上较短的 8ft 搁栅。走廊活载通常为 100psf，但跨度较小时可以使用较小的搁栅——通常最小为 2×6。当梁支承的面积超过 150ft^2 时，如 22.4 节中所述，可对活载进行折减。采用与 21ft 跨搁栅相同的方法，可以简化共跨度为 14.5ft 搁栅（到另一根梁的距离的一半加上到外墙距离的一半）的计算。因此梁的荷载为

恒载 ＝ 16 × 14.5 ＝232 lb/ft(搁栅荷载)

＋梁重 ＝30(估计值)

＋上层墙重 ＝150(第二层走廊)

总恒载 ＝412 lb/ft

$$活载 = 75 \times 14.5 = 1088\ \mathrm{lb/ft}$$

$$总荷载 = 412 + 1088 = 1500\ \mathrm{lb/ft}$$

对于均布荷载的简支梁，有

$$总荷载 = W = 1.5 \times 16.67 = 25\ \mathrm{kip}$$

$$支座反力和最大剪力 = W/2 = 12.5\ \mathrm{kip}$$

$$最大弯矩 = WL^2/8 = 1.5 \times 16.67^2/8 = 52.1\ \mathrm{kip \cdot ft}$$

对于花旗松-落叶松、一级密实等级梁，表 5.1 给出 $F_b = 1550$ psi，$F_v = 85$ psi，$E = 1700000$ psi，则

$$S = \frac{M}{F_b} = \frac{52.1 \times 12}{1.550} = 403\ \mathrm{in^3}$$

根据表 4.8，采用 8×20，$S = 475\ \mathrm{in^3}$。

如果采用截面高 20in 的构件，如 7.9 节讨论，其有效抗弯能力就会降低。则该截面实际抗弯能力减小为

$$M = C_F \times F_b \times S = 0.947 \times 1.550 \times 475 \times (1/12) = 58.1\ \mathrm{kip \cdot ft}$$

表明所选的尺寸满足要求。

如果实际梁高为 19.5in，控制剪力减小到距支座一段距离的，因此有

$$V = 12.5\mathrm{kip} - 1.5 \times \frac{19.5}{12} = 12.5 - 2.44 = 10.06\ \mathrm{kip}$$

$$f_v = \frac{3}{2}\frac{V}{A} = \frac{3 \times 10060}{2 \times 146.25} = 103\ \mathrm{psi}$$

即使控制剪力减小，也超过了允许应力值 85psi。因此梁截面必须增大至 10×20。这个截面下的，弯曲应力可以减小，也不必使用密实等级的木料。

对于跨度较小、承受荷载较大的梁来说，通常剪力为控制因素。可以对结构进行合理的调整以减小跨度或选择钢梁或胶合叠层截面以代替实心木材。

对于较小跨度荷载较大的梁来说，挠度不是控制条件，但应该进行验算。

对于第一层的室内柱，设计荷载大约等于作用在单个梁上的总荷载，即 25kip。对 10ft 高的柱，由表 10.1，可使用 6×6 截面，但考虑到各种原因，实际上更应该使用圆钢管或方钢管截面。

在东西两墙，梁端也必须设置柱。这个位置通常使用一对立柱，可以形成有足够承载力的柱子。

2. 抗风设计

抗风总体设计包括 16.3 节建筑一开始部分所列举的问题。在建筑二的底层，立柱承受的轴压力较大，但由风产生的弯矩与第二层大致相同。间距 16in 的 2×6 立柱，在第一层完全能够满足要求。如果按 16.10 节类似方法，所得的计算结果表明应力超出允许范围，立柱间距可以减小为 12in 或使用更高等级的木料。

二层建筑物的风载条件如图 16.11（*a*）所示。可以发现作用在二层楼面上的荷载为 235lb/ft。板最小厚度为 15/32in，作用在 50ft 宽的板上的剪力不是控制条件。但东西两侧的楼梯井使板的实际宽度减小为 35ft。图 16.11（*b*）表示第二层楼面板的受力图。板两端的单位控制剪力为

$$v=\frac{11750}{35}=336\ \text{lb/ft}$$

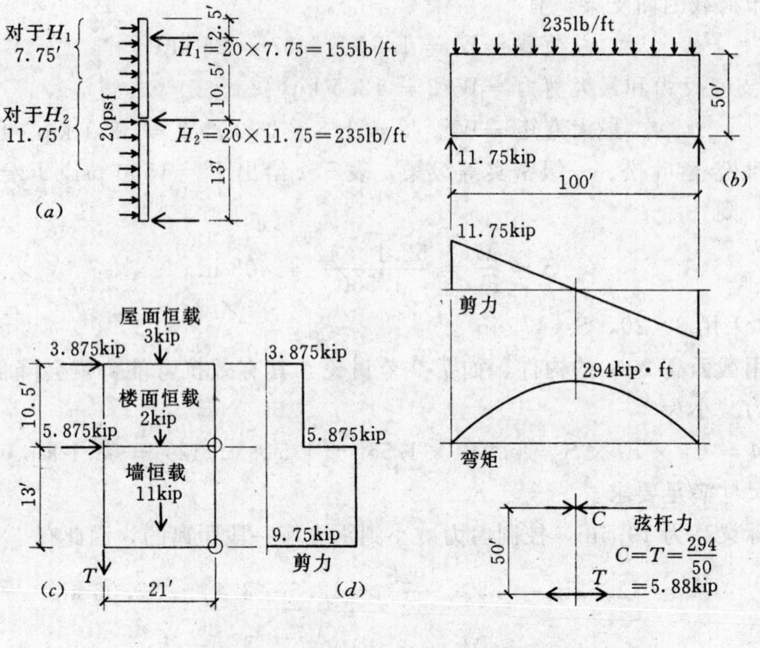

图 16.11 建筑二由风引起的侧向力计算

(*a*) 作用在水平隔板上的风载的确定；(*b*) 二层楼面板的跨越功能；
(*c*) 二层端部剪力墙的加载情况；(*d*) 剪力墙的剪力图

由表 15.1（UBC 中表 25-J-1）可以确定层面板使用的最小钉固条件。选择如下：

(1) 使用 15/32in 结构Ⅱ面板，在板周边和其他临界边缘采用 8d 钉，钉距 4in。

(2) 使用 15/32in 结构Ⅰ面板，全部采用 10d 钉，钉距 6in，3×框架。

(3) 使用 19/32in 结构Ⅱ面板，全部采用 10d 钉，钉距 6in，3×框架。

在距建筑物端部 8ft 处，面板宽度又恢复到 50ft。此处单位剪力下降为

$$v=\frac{9870}{50}=197\ \text{lb/ft}$$

因为这个数值远低于 15/32in、结构Ⅱ面板最小钉固条件时的抗剪能力，最适用的选择也许是情况（1），它只使用 4in 钉距，约为二层总楼面的 12%。

第二层楼面板的弦向力大约为 6kip，产生在墙上的框架上，如图 16.10（*c*）所示。这种情况下最好在搁栅表面设置连续的边缘构件。设计时需要考虑的问题仅仅是将构件拼接至 100ft 长。拼接的方法有好几种，构造必须与此位置墙和地面结构的构造一起考虑。节点可以使用带有木螺钉的钢皮条或带有螺栓的钢板，将使结构的灌浆最少。

二层端部剪力墙的加载情况如图 16.11（*c*）所示，荷载作用下的剪力图如图 16.11（*d*）所示。第二层墙基本上与建筑一端部墙的计算相似，见 16.3 节。因为最小结构在这里已经能满足要求，也不需要为抗倾覆而设置锚固，需要考虑的唯一问题是对侧向力

3875 lb 所作的抗滑动设计。因为该墙并非建在混凝土基础上，必须考虑除钢螺栓锚固以外的其他锚固方式。

作用在第二层墙上的侧向力必须传递到较低层（一层）墙上。如果楼板在第二层楼面处是连续的，这种传递基本是直接的，如图 16.10（*c*）所示。此时，应力传递的关键部位是第二层楼面搁栅的顶部。在该点处，侧向荷载从二层楼面板通过连续的边缘构件传递到墙。因此第一层墙所需的打钉接和楼板从这个位置开始。第二层墙所需的钉接和楼板的最后点位于第二层墙基底的位置［在二层楼面板的顶部，见图 16.10（*c*）］。用于墙的胶合板以及从此点开始向下的钉接必须满足第一层墙的要求。

在首层墙中，总剪力为 9750lb，单位剪力为

$$v=\frac{9750}{21}=464\ \text{lb/ft}$$

如果将建筑一选用的 3/8in 结构Ⅱ胶合板使用在第二层楼面（见 16.3 节），实际上可以在整个两层墙上均使用相同的胶合板，仅仅需要增加钉子的尺寸或减小钉距。表 15.2（见 UBC 中表 25-K-1）给出了 3/8in 结构Ⅱ胶合板、8*d* 钉子、钉距为 3in 时的数值为 410lb/ft。如果条件符合表格脚注 3 的条件，这个数值可以增加 20%，达到 492 lb/ft。墙的构造还有，其他选择和其他设计要考虑的因素，但对于侧向设计标准，这是满足条件的选择。

在第一层楼面处，端部剪力墙倾覆计算如下所示［见图 16.11（*c*）］：

$$\begin{aligned}\text{倾覆力矩} &= 3.875\times 23.5\times 1.5 = 136.6\ \text{kip}\cdot\text{ft}\\ &\quad + 5.875\times 13\times 1.5 = 114.6\ \text{kip}\cdot\text{ft}\\ &\quad \text{总计} = 251.2\ \text{kip}\cdot\text{ft}\\ \text{恢复力矩} &= (3+2+11)\times(21/2) = 168\ \text{kip}\cdot\text{ft}\\ &\quad \text{净倾覆力矩} = 83.2\ \text{kip}\cdot\text{ft}\end{aligned}$$

需要在墙端设置如下锚固力：

$$T=\frac{83.2}{21}=3.96\ \text{kip}$$

因为在计算中已考虑倾覆作用的安全系数 1.5，当采用使用荷载的形式时，可以考虑减小所需的锚固力为：3.96/1.5=2.64kip。此外，风载允许应力增加 1/3，这也可用于降低锚固力要求。最后，在墙的两端存在附加的恒载抵抗作用。在走廊处，梁支撑在墙端，而此墙合理且牢固地固定在建筑物角部周围的墙上。因此是否真正需要锚固装置还值得怀疑。然而多数结构设计者可能更倾向于使用此装置。

16.4 建筑三：砖木结构

本部分介绍了一种被称为**耐火砖木结构**的结构设计方法。为了满足不断增长的工业和商业需要，这种结构在 18、19 世纪得到广泛应用。这里给出了这种结构形式的一些典型构造，在 20 世纪早期，它们曾作为流行的建筑技术书籍得以出版。

在 19 世纪末、20 世纪初，耐火砖木结构的常用形式由砖砌外围墙、重木楼面、钢或钢木组合桁架屋面组成。这里参考《结构回顾》（参考文献 12）给出了这种结构的实例以及一系列说明（见图 16.12～图 16.16）。这些组合图形从 20 世纪早期出版的几本书中收

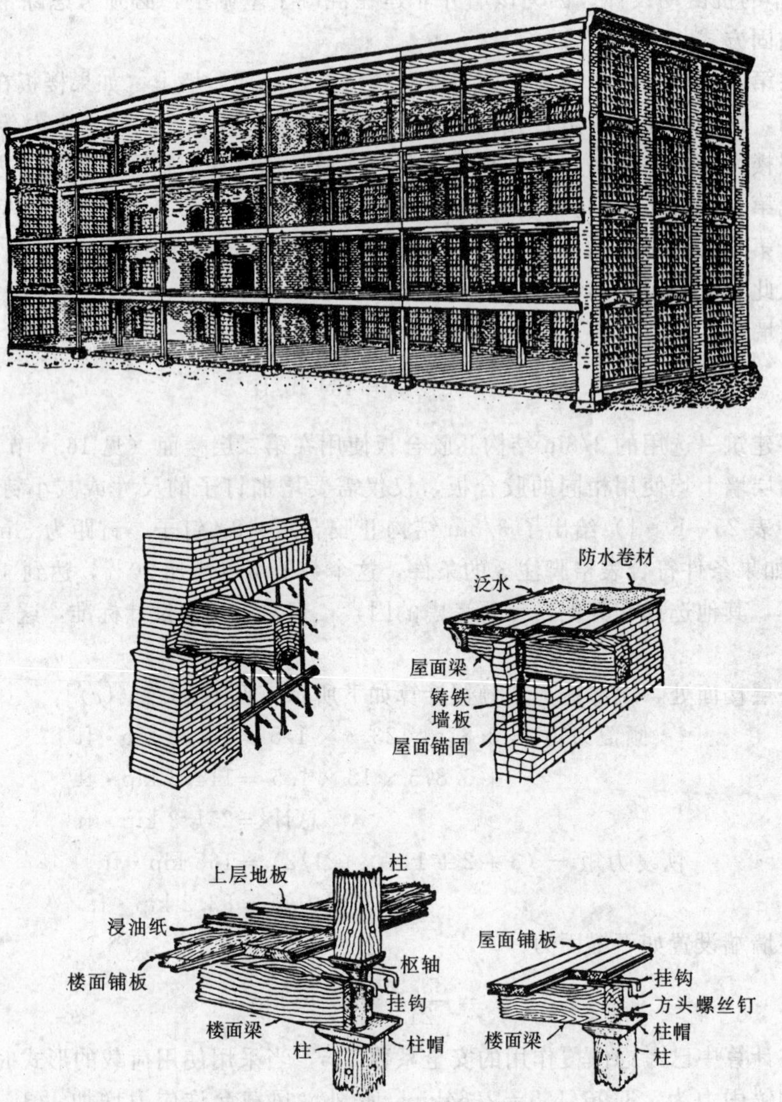

图 16.12 多层建筑物耐火砖木结构实例

［经出版商纽约的约翰·威利父子公司的许可，摘自《结构回顾》（参考文献 12）。这是摘自 1931 年由约翰·威利父子公司出版的《建筑师与结构师手册》Architects' and Builders' Handbook 中的一组图解］

集而来，见插图说明。

建筑三的整体形状如图 16.17 所示。顶层采用桁架，室内无柱，屋内的采光较好。第二和第三层楼面的室内结构由重木结件组成。这种结构的一些构造见图 16.17，其余构造讨论如下。

1. 木楼面和柱

室内总体结构见图 16.14 所示。这个结构采用重木截面柱和主梁，以及较厚的木楼板。主要结构构件满足最小厚度要求可使结构达到耐火时间的极限值（分类为Ⅳ型重木，见《统一建筑规范》）。此处假定结构在建筑物内部允许暴露在外，因此一般只需要对楼面

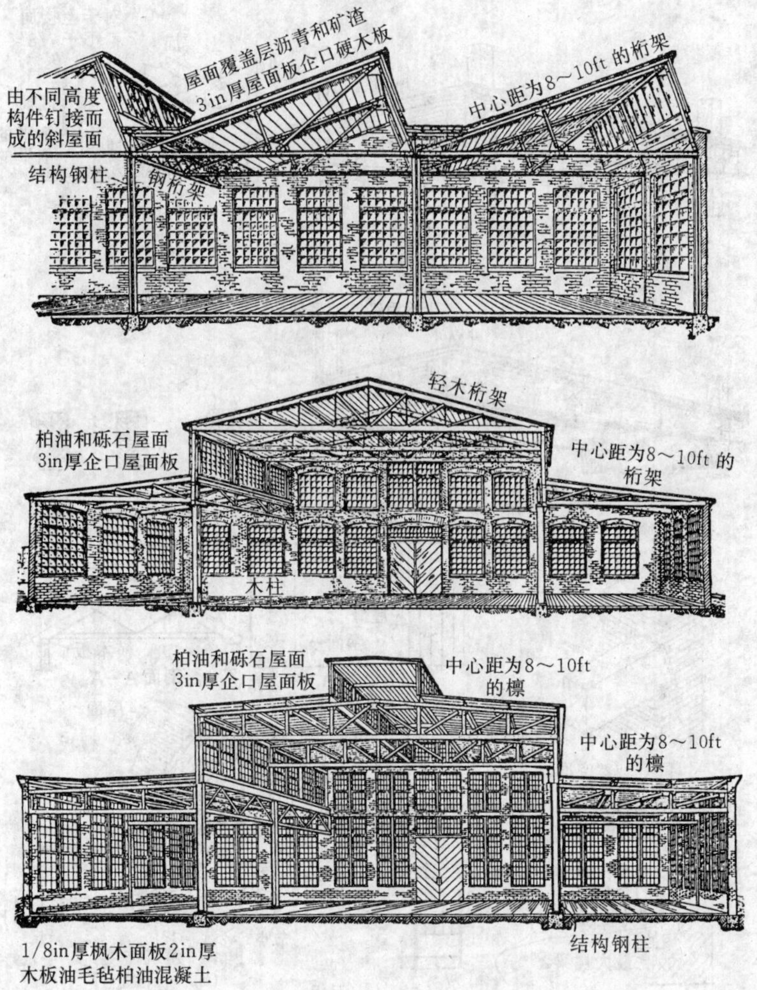

图 16.13 不同屋顶形式的单层工业建筑物耐火砖木结构实例

[经出版商纽约的约翰·威利父子公司的许可，摘自《结构回顾》（参考文献 12）。这是摘自 1931 年由约翰·威利父子公司出版的《建筑师与结构师手册》中的一组图解]

的上表面进行装饰。楼面装饰可以采用各种楼面装饰材料（硬木板条、乙烯基树脂地砖、地毯等）将这些材料放置在结构板上面，再固定在木面板顶部（见图 16.17 的构造）。

典型的上层楼面整体框架平面如图 16.18 所示。办公空间的净跨由位于室内柱和外墙墩上的主梁构成。这些主梁向外伸出以支承阳台走廊。结构楼板由木面板组成，且下表面暴露在外。主梁间设置一系列间距为 5ft 的次梁以支承楼板。

过去，这种结构的柱、梁和厚楼板一直由实心锯木构件组成。图 16.14 给出了一个可行的改进方法，其中采用成束的小构件构成较大的梁。可以将 2 个、3 个、4 个构件锚固在一起形成组合截面，如图 16.14 所示。

目前仍然可使用实心锯木构件或螺栓连接的组合构件，第三种选择为采用胶合叠层结

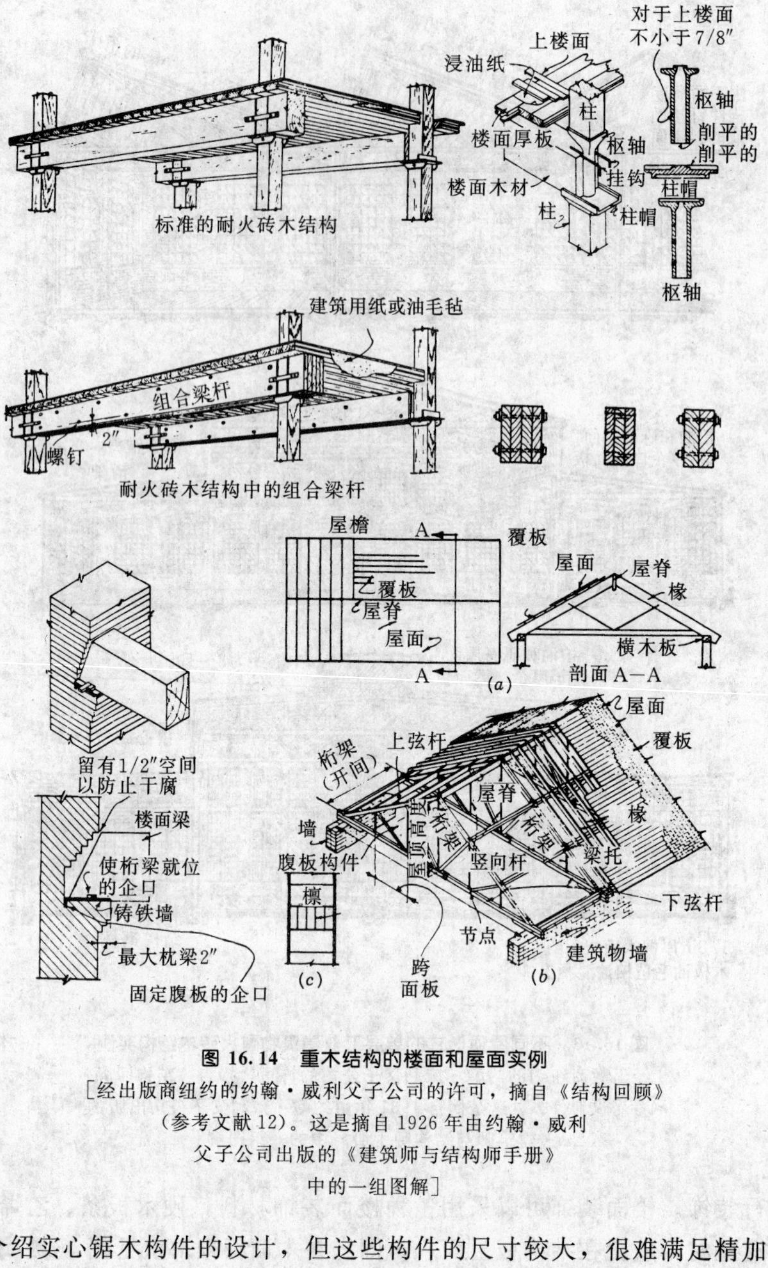

图 16.14 重木结构的楼面和屋面实例

［经出版商纽约的约翰·威利父子公司的许可，摘自《结构回顾》（参考文献 12）。这是摘自 1926 年由约翰·威利父子公司出版的《建筑师与结构师手册》中的一组图解］

构。这里将介绍实心锯木构件的设计，但这些构件的尺寸较大，很难满足精加工的外形要求。使用叠合构件的一个主要原因可能是由于具有良好的尺寸稳定性。室内木结构典型单元的计算见图 16.19。

这种系统的连接可以由钢构件进行，与图 16.12～图 16.16 所示的方法基本相同。图 16.15 所示为钢连接装置的使用，与今天生产的标准产品类似。也就是说，一般的工作（梁梁、梁柱、柱基础等的连接）都可利用与今天对应的技术完成，在一些情况下，几乎没有改动。

两种特殊的连接出现在多层柱的拼接和梁在外墙的支承位置。对于多层柱而言，与楼

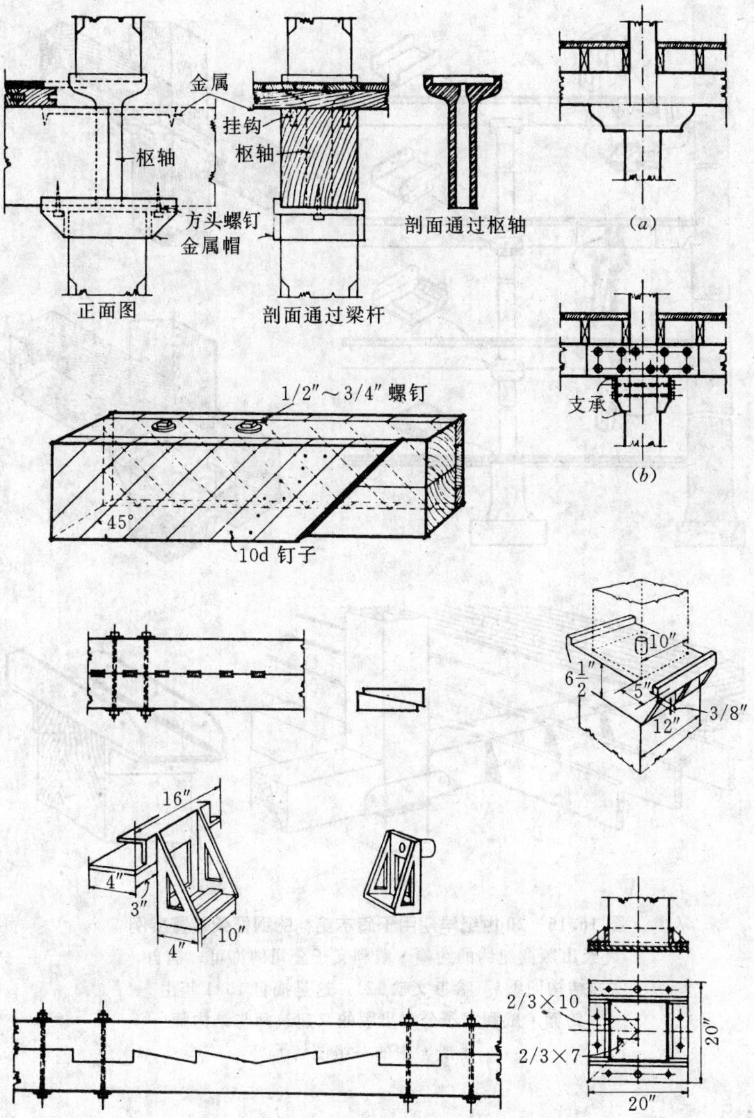

图 16.15 20世纪早期重木结构的典型构件

［经出版商纽约的约翰·威利父子公司的许可，摘自《结构回顾》（参考文献 12）。这是摘自 1932 年由约翰·威利父子公司出版的《建筑师与结构师手册》中的一组图解］

面梁的连接有以下三种可能性：

连续柱。表示是柱没有接头，而是连续地穿过节点。梁由固定在柱面上的牛腿支承。

端承柱。指上层柱直接支承在下层柱的上面，使用一个柱底和柱帽的钢制装置。在这种情况下，梁支承在同一个装置上，或支承在垫木块上，如图 16.15 所示。

枢轴。这是一种使梁穿过节点的装置，同时也可避免柱实际支承在梁上，如图 16.15

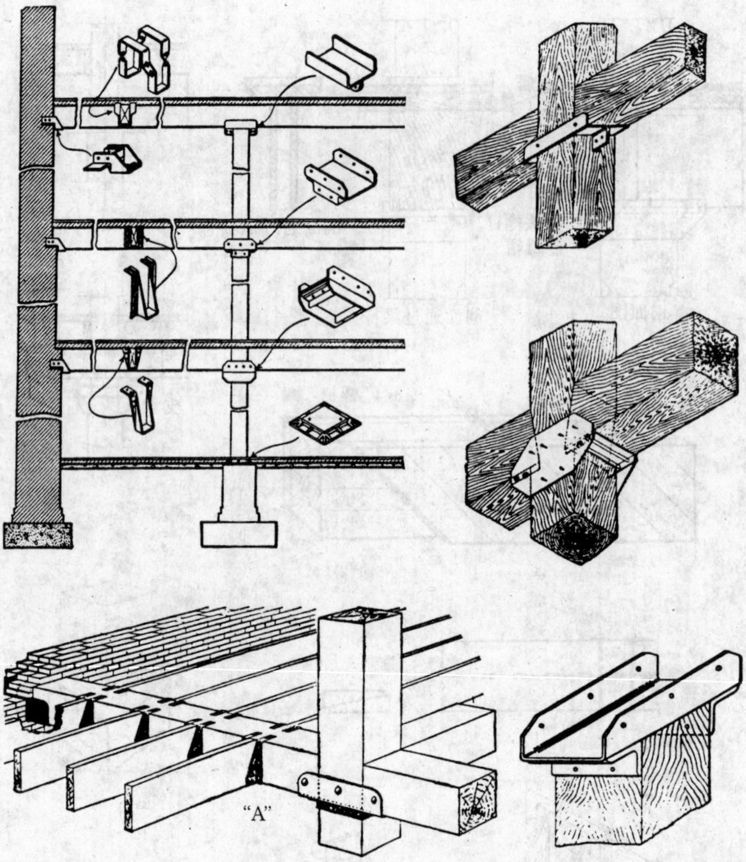

图 16.16 20世纪早期用于砖木结构的钢框架装置实例

［经出版商纽约的约翰·威利父子公司的许可，摘自《结构回顾》（参考文献12）。这是摘自1931年由约翰·威利父子公司出版的《建筑师与结构师手册》中的一组图解］

和图16.16所示。

枢轴已经不再常用，但其他两种都有可使用。一个主要问题是所需的截面构件所能达到的最大长度。一般而言，所需的长度越短，越容易寻找到较好的木材。

该建筑物的一个特殊问题是在多层内柱上设置了悬臂梁。图16.17（*d*）表示了一种改进形状的枢轴，将一个钢圆管焊接在主梁上下表面的钢板上。上层柱支承在顶板上，将荷载传递给钢管，钢管通过底板支承在下层柱上。这就保证了梁连续地穿过节点，截面积的减小仅为薄细钢管断面面积。主梁的侧向收缩不会使上层柱产生向下的移动（同样柱支承的所有结构均不会产生向下的位移）。

2. 屋顶木桁架

如图16.17的建筑立面所示，屋顶结构采用了净跨桁架。这些桁架的布置、材料和安装细节可有多种选择。在图16.13表示了铆钉和联结板的节点轻型钢桁架。这是当时和现

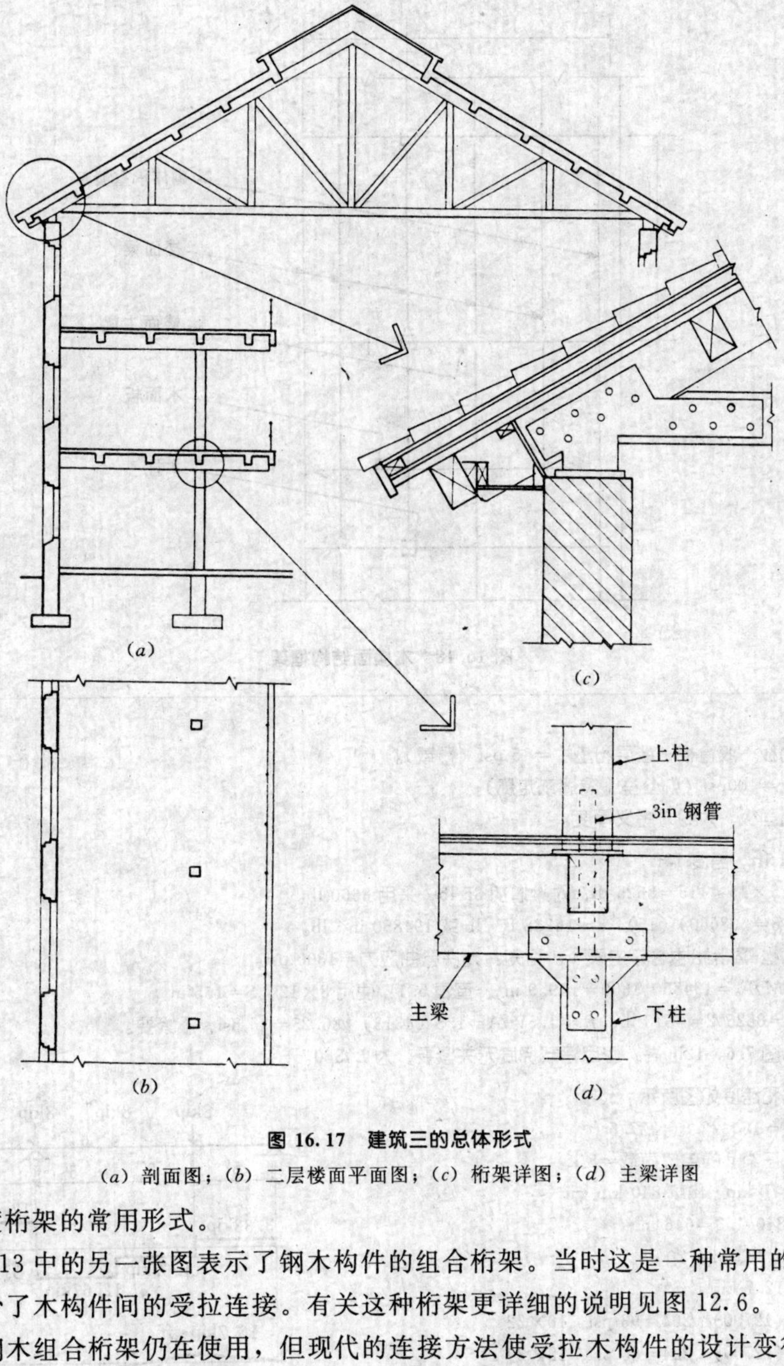

图 16.17 建筑三的总体形式

(*a*) 剖面图；(*b*) 二层楼面平面图；(*c*) 桁架详图；(*d*) 主梁详图

在中等跨度桁架的常用形式。

图 16.13 中的另一张图表示了钢木构件的组合桁架。当时这是一种常用的形式，主要是由于减少了木构件间的受拉连接。有关这种桁架更详细的说明见图 12.6。

虽然钢木组合桁架仍在使用，但现代的连接方法使受拉木构件的设计变得更加可行。这里所给的例子中所有的桁架构件均使用木构件，采用的形式如图 16.20 所示。

如图 16.20 所示为跨度 60ft 采用螺钉和钢侧板连接的实木桁架。包括预制的挑檐部分，弦杆长度大约 37ft。对于大型的单根木构件，这个长度是有问题的，因此应该考虑将两个上弦杆进行合理拼接。下弦杆要达到 60ft 长更不可能。图 16.20 包括了上弦杆和下弦杆的拼接详图。

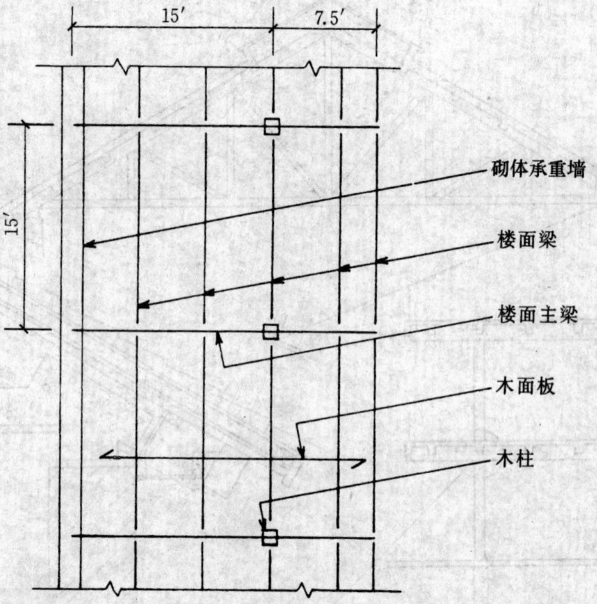

图 16.18 木楼面结构框架

楼板

假设木面板＋胶合板＋毡层和垫片＝15 psf（恒载）。

使用活载＝100psf（办公室＋隔墙或走廊）。

选择商品面板，大约 2″名义厚度。

梁，中心距 5ft，跨度 15ft

总荷载＝5×15×115＝8625 lb，对梁增加 35 lb，采用 8660 lb。

$M=WL/8=(8660)(15)/8=16238$ ft · lb 或 194850 in · lb。

一级花旗松-落叶松木材，由表 4.1 可知：允许弯曲应力＝1300 psi。

所需 $S=M/F_b=194850/1300=149.9$ in^3，查表 5.1：使用 8×12，$S=165$ in^3。

剪力：$V=8625/2=4313$ lb，$f_v=1.5V/A=1.5(4313)/86.25=75$ psi，不紧要。

挠度，见图 7.6，12in 高，使用活载挠度无关紧要，为 $L/360$。

主梁，荷载和跨度如图所示

支承面积＝15×22.5＝337.5 ft^2

活载作用在梁上的单位荷载＝8 k

最大 $M=70$ kip · ft 或 840 kip · in

所需 $S=840/1.3=646$ in^3

使用 10×22 或 12×20

最大 $V=12.7$ kip

$f_v=1.5(12700)/204=93$ psi，10×22

$f_v=1.5(12700)/224=85$ psi，12×20

（恰好满足）。

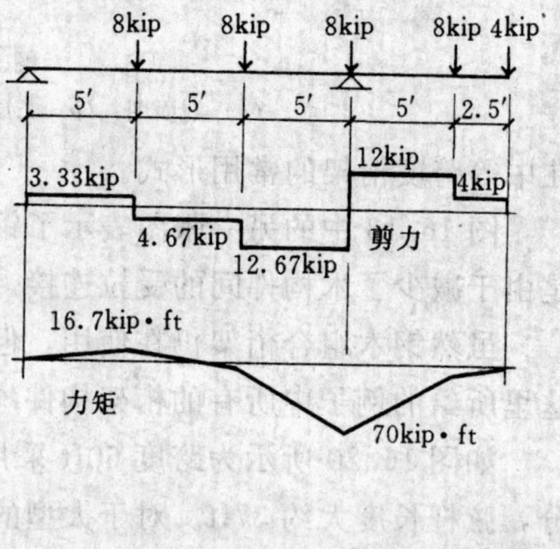

柱，到主梁底部高为 10ft 高

在首层，总荷载大约＝2×（主梁反力）＝66 kip。

查表 10.1：8×12 或 10×10 满足要求。

图 16.19 木结构设计工作总结

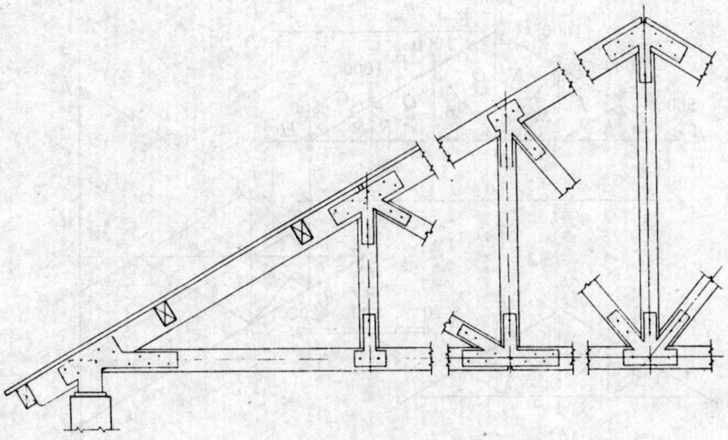

图 16.20 建筑三的桁架形式，同样可见
图 12.6，构造的原始形式

图 16.21 给出了单位重力荷载作用下桁架的分析结果。杆件的内力可用于计算同样形式桁架在不同荷载下的内力，只要简单相乘即可。根据图 16.17（*c*）所示的结构形式以及最小的屋面活载 20psf，夹承在桁架上弦杆上的檩条的总荷载大约为：活载 1800lb，恒载 3600lb。

图 16.22 给出了根据 1991 年修订版《统一建筑规范》标准引进的风载计算。这里的加载形成根据屋面坡度和在屋面平面最小直接水平风压 20psf 进行。

对图 16.21 和图 16.22 所作的分析结果见表 16.4。为便于设计，考虑了以下三种组合：

恒载＋活载

恒载＋风载［当构件受力符号相同时（拉或压）］

恒载＋风载（当净值与重力荷载作用下构件受力符号相反时）

表 16.4 桁 架 设 计 力 单位：lb

构件（见图 16.21）	单位重力荷载	恒载（1.8×单位值）	活载（3.6×单位值）	风　载	DL＋LL
1	4860C	17496C	8748C	3790T	26244C
2	3887C	13994C	6997C	2450T	20990C
3	4167T	15000T	7500T	1960T/5600C	22500T
4	3333T	12000T	6000T	3170C	18000T
5	0	0	0	0	0
6	500T	1800T	900T	820T/1460C	2700T
7	2000T	7200T	3600T	1310C	10800T
8	970T	3492C	1746C	1590C/2830T	5238C
9	1302C	4688C	2344C	2130C/3800T	7031C

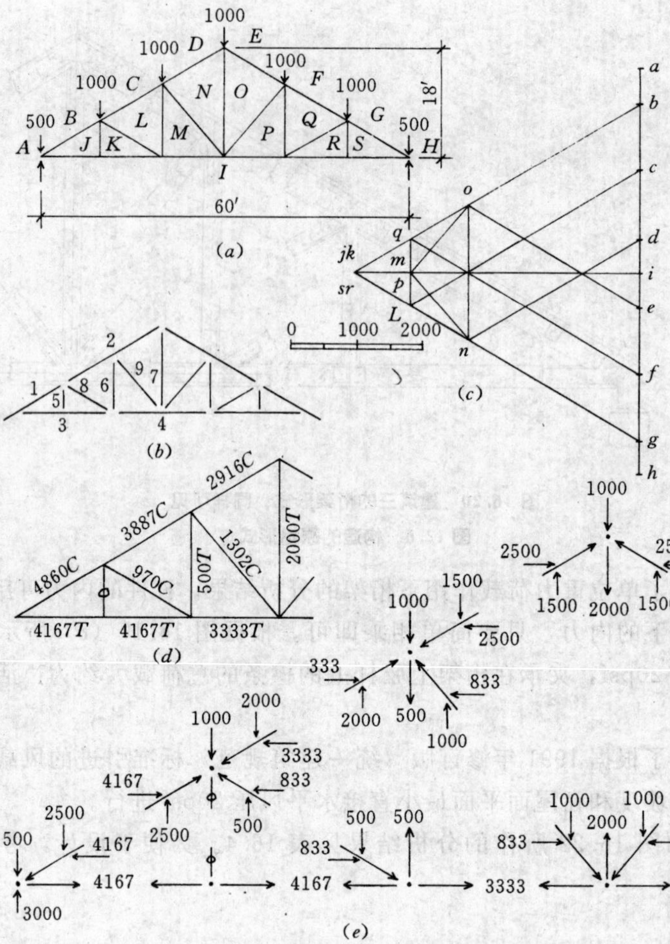

图 16.21 重力荷载作用下桁架的计算

(*a*) 重力荷载；(*b*) 构件布置；(*c*) 力图；(*d*) 构件受力；(*e*) 节点的隔离体

使用屋面活载时，如 4.3 节所述，可以考虑使用应力增加值。但在本例中，由于已经考虑了单片桁架支承的面积对活载折减，如 16.2 节所述，因此使用全部恒载加活载的数值，而不考虑荷载的折减和应力的增加。

但当使用风载时，应力的数值可以乘以系数 1.6 而增加（见 4.3 节）。因此表 16.4 中，恒载加风载的组合值由系数 1/1.6＝0.625 进行了折减。在任何组合的情况下，可以观察到此例中的风载并不是关键性的。尽管风载本身会在构件中产生一些往反作用的力，风载与恒载（总是存在的）之和并不是这样。因此独立构件受拉或受压的特点与重力荷载作用下的情况相同。

根据表 16.4 中的荷载，进行的桁架构件设计列于表 16.5 中。标明的受压构件来自表 10.1。这些选择可能较为保守，因为桁架结构可能更希望选用更高等级的木材。设计中一个关键的决定是桁架构件厚度的选择，这与图 16.20 所示的构造完全相同。表 16.5 中的选择根据常用的 6in 名义厚度（实际为 5.5in）进行。对于节点设计和上弦杆压弯组合作

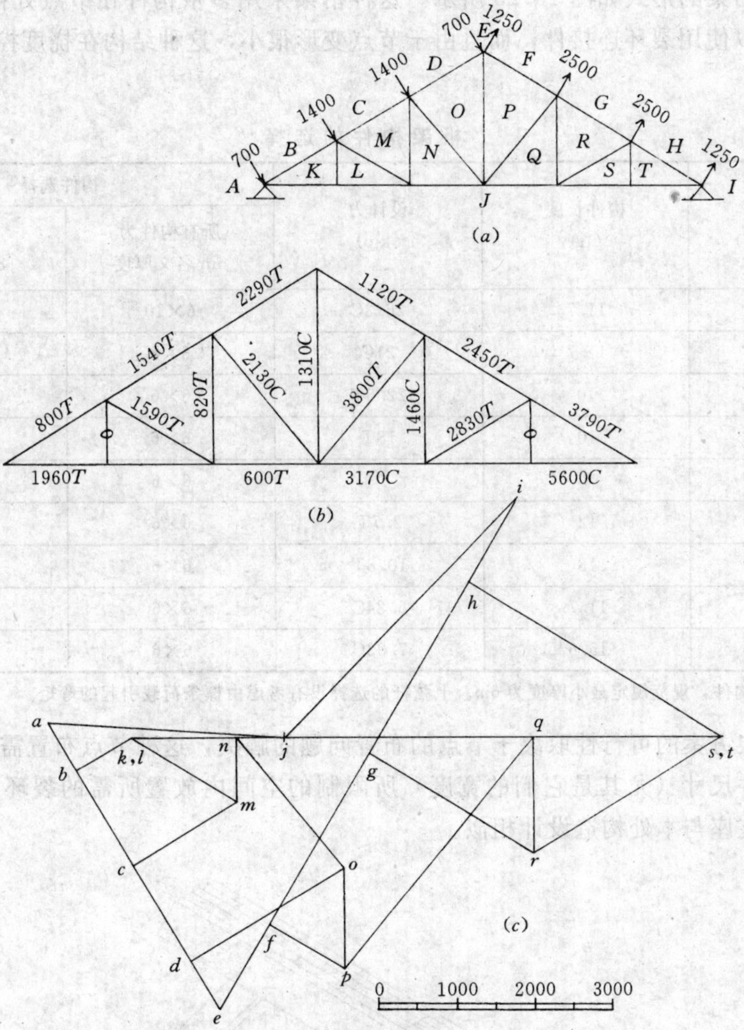

图 16.22 风载作用下桁架计算

(*a*) 风载；(*b*) 构件受力；(*c*) 力图

用的综合考虑可能会影响这一决定。

图 12.6 和图 16.20 中桁架的比较可以发现一些相似点和不同点。除了建筑物边缘屋架挑檐的方式之外，桁架的基本布置形式是相同的。在图 12.6 中，悬臂由椽木构成，而图 16.20 中，悬壁由桁架的上弦杆延伸出支座节点形成。其他的区别与节点的连接方式有关。

在图 12.6 中，木-木受压节点以直接支承的形式连结，使用构件-构件普通连接件或中间支承垫块。图 16.20 中，所有节点均使用钢板连接件。这个区别有损失也有优势，损失的是木节点具有较好的安装工艺而钢板连接的优势是焊接的可靠性和技术性。

3. 可选的桁架结构

除非与结构历史形式的关系在建筑设计中非常重要，否则上述设计不太可能得到应用。近代木桁架的形式如图16.23所示。这种桁架采用多根构件在节点处搭接形成弦杆。这种节点可以使用裂环连接件，而且由于节点变形很小，这种结构在挠度控制方面具有更大的优势。

表 16.5　　桁架构件的选择

构件（见图16.21）	构件长度 (ft)	设计力 (kip)	构件选择[①]	
			所有构件为6in名义厚度	所有构件为8in名义厚度
1	11.7	26.3C	6×10	8×8
2	11.7	21C	6×8	8×8
3	10	22.5T	6×6	8×8
4	10	18T	6×6	6×8
5	6	0	6×6	6×8
6	12	2.7T	6×6	6×8
7	18	10.8T	6×6	6×8
8	11.7	5.24C	6×6	6×8
9	15.6	7.03C	6×6	8×8

① 对于重木构件，规范规定最小厚度为6in。上弦杆的选择没有考虑由檩条荷载引起的弯矩。

这种桁架方案的可行性取决于节点的布置问题的解决，这种节点布置需要在边缘、间距和桁架构件尺寸（尤其是它们的宽度）所限制的空间内放置所需的裂环。11.6节例3所述的桁架支座与本处构造设计相似。

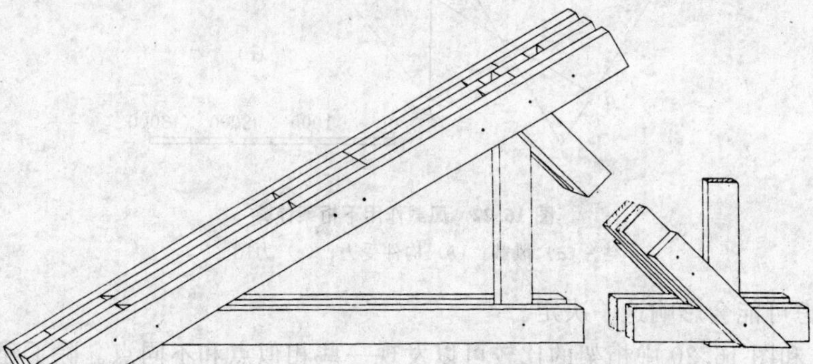

图16.23　建筑三可选的使用多单元构件的桁架结构形式，为便于比较，见图16.20

学 习 指 南

本节为读者提供了一些方法，以测试自己对本书有关内容的理解和设计能力。当学习完一章后，读者应该利用这一节的资料以检验哪些内容已经学会了。索引可以用来查找词和术语的定义。在本部分的末尾给出了自我检测题及解答。

术语

根据每章内容，复习以下术语的意思和含义。

第 1 章

木材种类
软木
硬木
结构用木材
木料
年轮
边材
心材
节疤
环裂
龟裂
裂隙
树脂囊
自然干燥
窑内干燥
含水量
标准尺寸木材
轻型框架木料
搁栅和板
横梁和纵梁
柱和原木
名义尺寸

第 2 章

应力设计
使用荷载
工作应力法
荷载系数
抗力系数

第 3 章

单位应力
力
千磅
集中荷载
均布荷载
恒载
活载
轴力
直接应力
压应力
拉应力
剪应力
变形
挠度

弹性
弹性极限
永久变形
极限强度
弹性模量
设计参数

第 4 章

弯曲应力
设计参数的修正
荷载持续时间
汉金森公式

第 5 章

形心
中性轴
惯性矩
轴转移方程（也称为平行轴定理）
截面模数
旋转半径

第 6 章

梁的形式：简支梁、悬臂梁、外伸梁、连续梁、固端梁
弯矩
弯矩中心
反力
梁剪力
剪力图
弯矩图
反弯点
弯曲应力符号规则
等效平面荷载

第 7 章

水平剪应力
静力矩
抵抗力矩
弯曲公式
表面纤维应力
梁的尺寸因子
梁的侧向支承
双向弯曲

第 8 章

搁栅
椽木
木屑板
剪刀撑
木填块

第 9 章

木面板
厚木板
木质纤维板

第 10 章

柱的长细比
翘曲
立柱结构
支柱结构
格构式柱
组合柱
柱的相互作用

第 11 章

单面搭接
普通圆头钉
方肩圆头螺栓
裂环连接件

第 12 章

桁架
节点
坡度
应力图
重木
预制桁架

第 13 章

胶合叠层木材
胶合板
夹板（胶合板制）

识别标志

第 14 章

组合板梁

组合板

叠合梁

外层受力板

杆结构

第 15 章

水平隔板

剪力墙

隔板弦杆

集合器

倾覆作用

剪力墙系固

第 16 章

恒载

活载

屋顶蓄水

活载折减

自我检测题

这里的问题大多并不是计算问题或词和术语的简单定义。如果此书的读者不能轻松地回答这些问题，建议重新阅读该书相应的部分。

第 1 章

1. 根据树木种类的划分，术语**软木**的意义是什么？
2. 根据结构用木材的鉴别，术语**木材**通常指什么？
3. 决定某种特定木料自重（单位密度）的主要因素是什么？
4. 在结构使用中，对木料缺陷关心的主要问题是什么？
5. 下列概念适用于何种目的？①名义尺寸；②加工尺寸或真实尺寸。

第 2 章

1. 建筑结构设计的总体目标是什么？
2. 在设计过程中，导致估价困难的原因是什么？
3. 能帮助设计者降低造价的常用方法是什么？
4. 与建筑结构防火性能有关的主要问题是哪些？
5. “此结构的安全系数是 2”的含义是什么？
6. 什么荷载条件是结构强度设计方法的基础？
7. 结构设计中工作应力法一般是怎样提供安全性的？

第 3 章

1. 应力作为结构设计的一个因素，其重要性是什么？
2. 恒载的特殊意义是什么？
3. 直接应力和剪应力的区别是什么？
4. 与变形有关，弹性极限的特殊意义是什么？
5. 对于不同材料的比较，弹性模量的意义是什么？

第 4 章

1. 湿度条件是如何影响结构木材设计值的？
2. 为提高允许应力，使用荷载持久性修正系数允许的活载一般标准是什么？

第 5 章

1. 虽然一个面积只有一个形心，为什么多数面积的惯性矩不是唯一的？什么样的几何形状，惯性矩只有一个值？
2. 受弯构件（如压屈作用下的柱），截面最小旋转半径的意义是什么？

第 6 章

1. 根据梁的变形特性，下列支座条件下，梁的特点是什么？
(a) 简单支承
(b) 约束支承
(c) 多支承（连续梁）

2. 当梁的力矩为正或负时，其意义是什么？
3. 作用在梁上的完整外力系统是如何构成的？
4. 梁的剪力图和弯矩图的主要关系是什么？
5. 弯矩图和梁的挠度形状的主要关系是什么？

第7章

1. 矩形截面梁剪力的简化公式的使用？
2. 哪种梁需要使用梁剪应力计算一般方程？
3. 梁的抵抗力矩和梁荷载引起的弯曲力矩之间存在的基本关系是什么？
4. 影响梁抗挠度性能两个特性是什么？

第8章

1. 通常确定搁栅和椽木间距的因素是什么？
2. 木梁完整的结构功能必须考虑的一般条件是什么？

第9章

1. 为什么在木板或厚板的表面有时使用胶合板或纤维板？
2. 当使用短木片安装地板时，采用随机控制长度拼装方法的优点是什么？

第10章

1. 为什么对于细长柱而言，材料压应力强度不是主要关心的问题？
2. 为什么多数情况下，不能简单地运用直接应力公式（$f=P/A$）进行柱的设计？
3. 实心锯木最大细长度 $L/50$ 将 2×4 立柱的高度限制至 50×1.5=75in，怎样将 2×4 立柱运用于更高的墙中？

第11章

1. 木构件间主要应力传递的设计中，两构件螺栓连接为什么不受欢迎？
2. 在木构件钉接节点中，为什么抗拔力不是结构荷载设计的可靠形式？
3. 为什么荷载方向和木材纹理方向不同时，木材上螺栓连接抵抗力不同？
4. 在木构件的螺栓节点安装抗剪装置后，结构性能是如何得以改善的？

第12章

1. 桁架区别于基本框架体系的几何特征是什么？
2. 桁架构件一般的受力特点是什么？

第13章

1. 在结构中，使用胶合叠层木构件的优点是什么？
2. 为什么胶合板通常使用奇数层？

第14章

1. 由于共同承受荷载，在组合构件中，材料的哪个基本特性对各材料之间关系的影响最大？
2. 在组合结构构件中，各部分间最基本的相互关系是什么？

第15章

1. 在建筑物抵抗侧向荷载时，水平隔板发挥何种基本传递功能？
2. 剪力墙的四大主要结构功能是什么？
3. 作为侧向支撑系统的一个构件，集合器的作用什么？
4. 胶合板抵抗侧向力时，决定其抗剪强度的基本变量是什么？

解答

第1章

1. 指针叶树的且通常描述为“常青的”原木。通常这些树的木材比那些在秋天落叶的树的木材软。
2. 表示超出“标准尺寸木材”范围之外的木材尺寸；通常木材的厚度要大于标称 4in。
3. 木料中空隙（空气体积）的体积和所含湿气（水分）的百分比。
4. 所关心的问题是结构使用中，木材缺陷对木构件强度和耐久性的潜在影响。强度可能与缺陷的位置和特性有关，例如，中间位置的梁在靠近底部有一个大的节疤时，影响较大。
5. ①用于木材的鉴定与规格；②用于确定在结构计算中的实际特性和结构构造设计中的精确尺寸。

第 2 章

1. 防止结构失效；建筑物的一般使用功能；控制建筑成本；满足已有的设计标准。还有可能是：较低的能耗；再生资源材料的使用；对环境无不利影响，不产生有害废料；材料和结构构件的可再利用等。
2. 不可预测的未来市场条件；设计者并不是实际销售人员，即实际从产品得到利益的人，建筑和其建设过程的复杂性。
3. 减少材料的使用量；使用普通常用材料；结构的简化和有序；使用施工人员熟悉的材料和程序；减少工作时间。
4. 结构自身的可燃性；在火灾中结构承载力的损失；对火约束条件的缺乏。
5. 结构的强度为估计值的二倍。
6. 能够导致结构破坏的荷载。
7. 通过安全系数对设计应力进行折减，并低于材料的破坏应力。

第 3 章

1. 这是最直接衡量结构材料抵抗力的标准。
2. 它们总是存在的；因此，它们影响结构的长期性能并总是作为荷载组合的一部分用于强度计算。
3. 直接应力正常作用（垂直于受力截面）（推/拉）；剪力作用在截面内（上滑/下滑动）。直接应力导致长度变化（缩短或伸长）；剪应力导致角度变化（开裂，侧移）。
4. 它通常是发生永久变形的临界点。
5. 它比较了材料的相对刚度。

第 4 章

1. 表中设计值通常以特定的含水量为基础的。
2. 修正大多与时间有关；时间越短，修正越多。

第 5 章

1. 除了圆形面积之外，其余截面可能的形心轴有无数条；形心轴是指通过形心任意所画的线。
2. 它表示了受弯过程中最弱的轴以及屈曲可能发生的方向。

第 6 章

1. (a) 简单支承指缺少对梁旋转的约束。“简单支承”通常也用于描述单跨梁，其端部支承不能抵御旋转作用。梁始终受正弯矩。

   (b) 支承可以抵御旋转作用，通常在梁中形成一个弯矩。在承受向下荷载的梁的端部形成负弯矩。

   (c) 如果梁是连续的，它会围绕支座旋转，但在支座处会产生弯矩，由于梁的连续性弯矩将减小。
2. 指梁中与应力条件相关的弯矩的惯用符号。对于水平梁而言，正弯矩表示下部受拉；负弯矩表示上部受拉。
3. 荷载和反力。
4. 剪力图的面积表示弯矩变化，包括大小和符号。剪力为零的点表示弯矩最大峰值所在位置。
5. 弯矩符号表示梁旋转的方向；弯矩为零处表示反弯矩的位置（旋转方向的变化）。

第7章

1. 矩形截面的指定几何特性。
2. 除了简单矩形的其他几何形状截面。
3. 它们必须达到平衡；如果抵抗力矩不足的话，梁将会破坏。
4. 截面的几何形状和尺寸，它们决定了截面的惯性矩，并且通过弹性模量决定了材料的相对刚度。

第8章

1. 用于结构的面板和顶棚材料的类型、形式和单位尺寸。
2. 弯曲应力、水平剪应力、挠度、侧向支撑和支座。

第9章

1. 应用一些饰面（楼面和屋面）以使表面更光滑，或提高侧向荷载作用下隔板的性能。
2. 相对简支板而言，形成更合理的连续板。使板的弯曲应力和挠度减小。

第10章

1. 屈曲是关心的主要问题，而不是应力。抗屈曲是抗弯的基础；刚度由材料弹性模量和截面的旋转半径决定。
2. 多数柱在设计时，不仅考虑压应力。考虑屈曲时的允许应力是构件刚度的函数，当构件未知时，其刚度也未知。
3. 固定在立柱上的墙面装修材料将立柱支撑在弱轴上（1.5in方向）。因此在另一轴上为控制条件，且无支撑高度的极限值为50×3.5=175in。

第11章

1. 因为节点的基本作用包括节点的扭转。这对主要荷载而言是不能接受的。
2. 木料的收缩使钉子松动，使拔抗力变得非常不可靠。
3. 当荷载平行或垂直于纹理方向时，木材的允许抵抗应力不同。
4. 连接较紧时，在受载的过程中滑移较小。通常强度会明显提高。

第12章

1. 构件的三角形布置。
2. 构件只承受直接的轴向拉力或压力。

第13章

1. 改善的尺寸稳定性；减小纹理方向和材料缺陷的影响；可在关键位置预先放置高质量的材料。
2. 为使两面层的纹理方向相同。

第14章

1. 材料的弹性模量，这决定了它们的相对抗力。
2. 它们相互黏结，强度足以保证组合构件发挥一根构件所需的结构功能。

第15章

1. 它们集合总侧向荷载的一部分并将它们分布到支撑系统的竖直构件中（剪力墙等）。
2. 抵抗水平剪力，作为竖直悬臂梁时抵抗弯矩，在墙基部分抵抗倾覆和滑移。
3. 通常在水平隔板中，将力传递到某些支撑构件中（剪力墙等）。
4. 胶合板的类型和厚度；钉子的类型、尺寸和间距；在框架系统中胶合楼板的布置方式；设置必需的木框架以满足“有木填块隔板”的条件。

习题答案

这些是本书各章节练习题的答案。给出的答案可以检验读者所做练习题的正确性。但如果在努力解决题目之前就看答案的话，那么就不能达到出这些练习题的目的了。

只看原文中的计算例题，并不能培养计算技能。如果想提高计算能力，就在没有帮助的条件下做这些练习题，所给的答案只利用来验证计算结果的正确性。

在某些情况下，所得的数字答案在有限精度下是完美的，这一点在结构设计的计算中很常见。在有些形式的设计问题中，正确答案不止一个，在这种情况下，所给的答案可能只是其中之一。

第 4 章

4.4.A　879psi

第 5 章

5.6.A　计算验证了表中数据

5.6.B　计算验证了表中数据

5.6.C　柱 $I=201.062in^4$；比 8×8 的工小

5.6.D　$4084in^4$

5.6.E　计算验证了表中数值

5.6.F　$r=2in$

第 6 章

6.3.A　$R_1=9.5kip$；$R_2=6.5kip$

6.3.B　$R_1=9.9kip$；$R_2=14.1kip$

6.3.C　$R_1=7.257kip$；$R_2=7.943kip$

6.3.D　$R_1=16.228kip$；$R_2=15.772kip$

6.3.E　$R_1=8.286kip$；$R_2=17.714kip$

6.3.F　$R_1=11.644kip$；$R_2=21.556kip$

6.4.A　R_1=最大剪力=14.889kip；R_2=11.111kip；在荷载为 16kip 处，剪力为零

6.4.B　$R_1=R_2$=最大剪力=7200lb；剪力在跨中为零

6.4.C　R_1=最大剪力=9.6kip；$R_2=6.4kip$；在荷载为 8kip 处，剪力为零

6.4.D　$R_1=11.111kip$；$R_2=6.889kip$；最大剪力=7.111kip；在 R_1 处以及荷载为 14kip 处，剪力为零

6.4.E　$R_1=5.0625kip$；$R_2=8.4375kip$；最大剪力=5.7375kip；在 R_2 处以及距 R_1 5.625ft 处，剪力为零

6.4.F　$R_1=16.5kip$；$R_2=10.5kip$；最大剪力=10.5kip；在 R_1 处以及荷载为 9kip 处，剪力为零

6.5.A　在荷载为 10kip 处 $M=59.56kip\cdot ft$；在荷载为 16kip 处，最大 $M=88.89kip\cdot ft$

6.5.B　在跨中处，最大 $M=32.4kip\cdot ft$

6.5.C　在荷载为 8kip 处，最大 $M=50.4kip\cdot ft$

6.5.D　在 R_1 处，最大负 $M=16kip\cdot ft$；在荷载为 14kip 处，最大正 $M=55.11kip\cdot ft$；R_1 右侧 2.25ft 处，

M 为零

6.5.E 在 R_2 处，最大负 $M=4.05\text{kip}\cdot\text{ft}$；距 R_1 5.625ft 处，最大正 $M=14.24\text{kip}\cdot\text{ft}$

6.5.F 在 R_1 处，最大负 $M=18\text{kip}\cdot\text{ft}$；在荷载为 9kip 处，最大正 $M=34\text{kip}\cdot\text{ft}$

6.5.G R_1 右 1.88ft 处

6.7.A $R_1=R_3=1.25\text{kip}$；$R_2=5.5\text{kip}$；最大剪力 = 2.75kip；在荷载为 4kip 处，最大正 $M=6.25\text{kip}\cdot\text{ft}$；在 R_2 处，最大负 $M=7.5\text{kip}\cdot\text{ft}$；反弯点位于距中间支承两边各 2.727ft 处

第 7 章

7.4.A 最大剪力 = 6kip；最大剪应力 = 70.2psi

7.4.B 支座处最大剪应力 = 94.7psi，但距支座 9.5in 处，剪力只有 2778lb，剪应力为 79.7psi，低于极限应力 85psi；因此，梁是安全的

7.4.C 支座处最大剪应力 = 98.9psi，但距支座 11.5in 处，剪力只有 6050lb，剪应力为 83.1psi，低于极限应力 85psi；因此，梁是安全的

7.5.A 50.85psi

7.8.A 1702psi

7.8.B 6×14

7.8.C 8×12

7.12.A 1.18in

7.12.B 1.30in

7.13.A 1) 273psi；2) 1.50in

7.14.A 最大计算弯曲应力 = 1899psi；如果允许应力 1400psi 在无雪载时乘以系数 1.25 增大到 1750psi，仍然低于计算应力；因此梁尺寸不足

第 8 章

8.3.A 6×14；挠度 = 0.39in

8.3.B 剪力起控制作用；14×18 为所需最薄的板；12×22 其次

8.6.A ①2×10，16in；②2×12，24in

8.6.B 计算结果应该验证表格中的答案

8.6.C 2×12，24in，不足；可以使用 2×12，16in

8.7.A 2×6

8.7.B 较低的允许应力不在表格中；大概可以使用 2×8，但需要计算

8.7.C 2×10

8.8.A 2×12

8.8.B 2×12；与跨度极限非常接近

8.8.C 2×12

第 10 章

10.2.A 6×6（说明：所有 10.2 问题的答案均来自表格）

10.2.B 10×10

10.2.C 10×10

10.2.D 12×12

10.6.A 19kip

10.8.A 2×4，24in，不应该使用（超过极限 6%）；使用 2×4，16in 或可以使用 2×6，24in

10.8.B 可以使用；互相作用公式增加到 0.987

第 11 章

11.1.A 假设不使用调整系数，基于螺栓 $T=14400\text{lb}$；作用在木材上的拉力不是关键问题

11.1.B 840lb

11.1.C 图表不十分精确；公式（见 4.5 节）给出每个螺栓的数值为 1573lb；承载力为 3146lb

11.2.A 1050lb

11.6.A 7040lb；外部构件为控制条件

第 14 章

14.1.A 21220lb

参　考　文　献

1 *National Design Specification for Wood Construction*, and its supplement: *Design Values for Wood Construction*, National Forest Products Association, Washington, D. C., 1991

2 *Timber Design Manual*, 3rd ed., American Institute of Timber Construction, Wiley, New York, 1985

3 *Uniform Building Code*, 1991 ed., International Conference of Building Officials, Whittier, CA

4 *Western Woods Use Book*, 3rd ed., Western Woods Products Association, Portland OR, 1983

5 *Performance-Rated Panels*, American Plywood Association, Tacoma, WA, 1984

6 *Dwelling House Construction*, 4th ed., Albert Dietz, M. I. T. Press, Cambridge, MA, 1974

7 *Design of Wood Structures*, 3rd ed., Donald Breyer, McGraw-Hill, New York, 1993

8 *Simplified Engineering for Architects and Builders*, 8th ed., Harry Parker, Wiley, New York, 1993

9 *Simplified Design for Wind and Earthquake Forces*, 2nd ed., James Ambrose and Dimitry Vergun, Wiley, New York, 1990

10 *Simplified Design of Building Foundations*, 2nd ed., James Ambrose, Wiley, New York, 1988

11 *Simplified Design of Building Trusses*, 3rd ed., Harry Parker, Wiley, New York, 1982

12 *Construction Revisited*, James Ambrose, Wiley, New York, 1993